普通高等教育公共基础课系列教材

大学计算机基础
（Windows 10 + Office 2016）

姚志鸿　郑宏亮　张也非　主　编

侯中原　孙博成　王婷婷　副主编

科学出版社

北　京

内 容 简 介

为适应"大学计算机基础"课程的改革要求，同时满足全国计算机等级考试（二级）中 Office 软件升级到 2016 版的需要，本书由长期从事计算机基础教学的教师将计算机应用、计算机文化、计算思维导论、Office 2016 等内容融合后精心编写而成。

全书共 8 章，内容包括计算机技术概述、计算机系统、操作系统、Office 2016 办公软件、计算机网络技术、软件技术、数据库技术和计算思维。

本书注重内容的系统性与完整性，力求实现深度和广度的平衡，适合作为高等院校"大学计算机基础"课程的教材，也可作为全国计算机等级考试公共基础部分的培训教材。

图书在版编目（CIP）数据

大学计算机基础：Windows 10 + Office 2016 / 姚志鸿，郑宏亮，张也非主编. —北京：科学出版社，2021.1

ISBN 978-7-03-066742-7

Ⅰ. ①大… Ⅱ. ①姚… ②郑… ③张… Ⅲ. ①Windows 操作系统-高等学校-教材 ②办公自动化-应用软件-高等学校-教材 Ⅳ. ①TP316.7 ②TP317.1

中国版本图书馆 CIP 数据核字（2020）第 218716 号

责任编辑：宋 丽 杨 昕 / 责任校对：赵丽杰
责任印制：吕春珉 / 封面设计：东方人华平面设计部

科 学 出 版 社 出版
北京东黄城根北街 16 号
邮政编码：100717
http://www.sciencep.com

铭浩彩色印装有限公司印刷
科学出版社发行 各地新华书店经销
*

2021 年 1 月第 一 版 开本：787×1092 1/16
2021 年 1 月第一次印刷 印张：13 1/2
字数：320 000
定价：41.00 元
（如有印装质量问题，我社负责调换〈铭浩〉）
销售部电话 010-62136230 编辑部电话 010-62135397-2032

前　言

掌握信息技术、学会使用信息资源是现代人必备的基本素质，而计算机基础教育则是学习和掌握信息技术的必备课程。"大学计算机基础"课程的改革思路是将"计算机应用""计算机文化""计算思维导论"等课程充分融合，跟踪计算机技术发展的趋势，反映计算机应用领域的新技术。

本书的定位是基于计算机应用基础、拓展计算机文化、启发计算思维，以理论为主体，以实践为重点，以调整学生的知识结构和提高学生的能力素质为目的，体现计算机基础教育的目标和要求，服务于高等院校"大学计算机基础"课程的教学。本书充分考虑学生掌握 Office 2016 高级应用技能和参加全国计算机等级考试（Microsoft Office 高级应用）的需求，增补了 Office 2016 的核心内容。

本书依据教育部高等学校大学计算机课程教学指导委员会提出的《大学计算机基础课程教学基本要求》编写而成。全书用浅显易懂的语言介绍计算机相关的基本概念与基础理论，辅之以相应的实例，并对计算机科学领域的新知识和新概念进行必要的介绍。考虑部分学生有参加全国计算机等级考试的需求，还兼顾了全国计算机等级考试（二级）的新大纲中对公共基础部分的要求。

全书分为 8 章，包括计算机技术概述、计算机系统、操作系统、Office 2016 办公软件、计算机网络技术、软件技术、数据库技术和计算思维等内容。

为方便读者学习，本书提供配套的教学课件和相关素材等辅助教学资源。同时，还出版与本书配套的《大学计算机实践（Windows 10 + Office 2016）》（张凤梅等主编，科学出版社），主要内容包括硬件操作基础、常用办公软件的使用方法等。

本书由姚志鸿、郑宏亮、张也非任主编，侯中原、孙博成、王婷婷任副主编，刘德山、王海霞、秦凯、邢俊红参与了编写工作。

由于编者水平有限，书中难免存在不足之处，恳请读者批评指正。

编　者

2020 年 8 月

目　　录

第 1 章　计算机技术概述

计算机是人类最伟大的科学技术发明之一，对信息化社会生产和人们生活产生了极其深刻的影响。在我国实现全面建成小康社会的宏伟目标，坚持以信息化带动工业化，以工业化促进信息化，走新型工业化道路的进程中，以计算机技术、网络通信技术和多媒体技术为主要标志的信息技术已涉及所有领域，并渗透到信息化社会的各行各业。不同学科有不同的专业背景，计算机则是拓展专业研究的有效工具。学习必要的计算机知识，掌握一定的计算机操作技能，是现代人的知识结构中不可缺少的组成部分。

本章主要内容如下：

1）计算机的发展与未来。

2）计算机的分类与应用。

3）计算机中信息的表示方式。

4）多媒体信息的表示与处理。

5）信息与网络安全。

1.1　计算机的发展与未来

随着社会文明的发展，人类不断地发明和改进专用的计算工具，从古老的"结绳记事"，到算筹、算盘、计算尺、差分机，直到 1946 年电子数字积分计算机（electronic numerical integrator and computer，ENIAC）诞生，计算工具经历了从简单到复杂、从低级到高级、从手动到自动的发展过程，目前仍在不断地进化。

仅经过短短的 70 多年，计算机已经从像 ENIAC 这样笨重、昂贵、容易出错、仅用于科学计算的机器，发展成可信赖的、通用的、遍布现代社会每一个角落的机器。

发明第一台计算机的人并没有预测到计算机技术会如此快速地发展。然而，计算机技术在过去 70 多年里的发展与未来 70 年的变化相比将会相形见绌，将来我们会觉得今天最好的计算机很原始，就像我们今天看待 70 多年前的 ENIAC 一样。

计算机的产生是人类追求智慧的心血和结晶，计算机技术也必将随着人类对智慧的不懈追求而不断发展。

1.1.1　计算机的诞生

现在所说的计算机，其全称是"通用电子数字计算机"。"通用"是指计算机可以服务于多种用途，"电子"是指计算机是一种电子设备，"数字"是指计算机内部的一切信息都是用二进制（"0"和"1"）进行编码的。

电子计算机是 20 世纪最伟大的科学技术发明之一，对人类的生产活动和社会活动产生了极其重要的影响，并以蓬勃的生命力飞速发展。它的应用从最初的军事科研扩展到社会的各个领域，已形成规模巨大的计算机产业，带动了全球范围的技术进步，由此引发了深刻的社会变革。

计算机已遍及学校、企事业单位，并进入普通的百姓家中，成为信息社会必不可少的工具。

1. "理想计算机"的提出

1936 年，英国科学家艾伦·麦席森·图灵（Alan Mathison Turing，图 1-1）发表了著名的关于"理想计算机"的论文，后人称之为图灵机（Turing machine，TM）。图灵机由三部分组成：一条无限长度的带子、一个读写头和一个控制装置。图灵机理论说明了机器计算的本质，奠定了现代算法的雏形，证明了通用电子数字计算机是可能制造出来的。一般认为，现代计算机的基本概念源于图灵，为纪念图灵对计算机的贡献，美国计算机博物馆于 1966 年设立了"图灵奖"，该奖项被公认为计算机领域的诺贝尔奖。

图 1-1　图灵

2. ABC

世界上第一台电子数字计算设备是阿塔纳索夫-贝瑞计算机（Atanasoff-Berry computer，ABC），如图 1-2 所示。这台计算机是由美国爱荷华州立大学的约翰·文森特·阿塔纳索夫和他的研究生克利福特·贝瑞在 1937 年设计的，不可编程，仅仅用于求解线性方程组，并在 1942 年成功进行了测试。然而，这台计算机用纸卡片读写器实现的中间结果存储机制是不可靠的。而且，在发明者约翰·文森特·阿塔纳索夫因为第二次世界大战任务而离开爱荷华州立大学之后，这台计算机的研制工作就没有继续进行。

图 1-2　约翰·文森特·阿塔纳索夫和 ABC

ABC 开创了现代计算机的重要元素，包括二进制算术和电子开关，但是因为缺乏通用性、可变性与存储程序的机制，所以将其与现代计算机区分开来。这台计算机在 1990 年被认定为美国电气与电子工程师协会（Institute of Electrical and Electronics Engineers，IEEE）的里程碑之一。

3. ENIAC

20 世纪，社会的发展和科学技术的进步对新的计算工具提出了更高、更强烈的需求。随着第二次世界大战的爆发，各国科学研究的主要精力转向为军事服务。为了设计更先进的武器，提高计算工具的计算速度和精度成为人们开发新型计算工具的重点所在。美国的军械部门为了计算弹道和射击表，启动了研制电子数字积分计算机的计划，这个任务交给了宾夕法尼亚大学物理学教授约翰·莫克利和他的研究生普雷斯帕·埃克特。

1946 年 2 月 15 日，标志人类计算工具历史性变革的巨型机器 ENIAC 宣布研制成功，如图 1-3 所示。其主要元件是电子管，每秒能完成 5 000 次加法运算或 300 多次乘法运算，比当时运算速度最快的计算工具快 300 倍。该机器使用了 1 500 个继电器、18 800 个电子管，占地 170m²，重达 30 多吨，能耗为 150 千瓦，耗资 40 多万美元，真可谓是"庞然大物"。虽然 ENIAC 仍有不能存储程序、需要用线路连接的方法来编排程序等缺点，但它使过去借助机械的分析机需要 7～20 小时才能计算一条弹道的工作时间缩短到 30 秒，使科学家们从大量的计算工作中解放出来。ENIAC 的问世标志着电子计算机时代的到来。

图 1-3　ENIAC

虽然 ENIAC 显示了电子元件在运算速度上的优越性，但它没有最大限度地实现电子技术所提供的巨大潜力。ENIAC 的主要缺点是：存储容量小；程序是"外插型"的；为了进行几分钟的计算，要花费几个小时进行准备，包括接通各种开关和线路等。

在当时，ENIAC 普遍被认为是第一台现代意义上的计算机，而之前的 ABC 直到 1960 年才广为人知，人们陷入了谁才是第一台电子计算机的争论中。1973 年，美国联邦地方法院注销了 ENIAC 的专利，并给出结论：ENIAC 的发明者从阿塔纳索夫那里继承了电子数字计算机的主要构件思想。因此，ABC 被认定为世界上第一台电子计算机。

4. EDVAC

1945 年 6 月，普林斯顿大学数学教授冯·诺依曼（von Neumann）发表了离散变量自动电子计算机（electronic discrete variable computer，EDVAC）方案，从此确立了现代计算机的基本结构，如图 1-4 所示。

图 1-4　冯·诺依曼及 EDVAC

冯·诺依曼提出计算机应有五大基本组成部分：运算器、控制器、存储器、输入设备和输出设备，并且描述了这五大部分的功能和相互关系。同时，提出了"采用二进制"和"存储程序"这两个重要的基本思想。冯·诺依曼对 ENIAC 的设计提出过建议，1945 年 3 月，他在共同讨论的基础上起草 EDVAC 设计报告初稿。与图灵机的理论模型相比，冯·诺依曼结构给出了计算机工程的实现方案，这对后来计算机的设计有着决定性的影响，特别是确定计算机的结构，采用存储程序及二进制编码等，至今仍为电子计算机设计者所遵循。

需要强调的是，EDVAC 方案是集体智慧的结晶，冯·诺依曼的伟大功绩在于他运用渊博的数理知识和非凡的分析、综合能力，在 EDVAC 的总体配置和逻辑设计中起到了关键的作用。

可以说，现代计算机的发明绝不是仅凭杰出科学家的个人努力就能完成的，研制电子计算机不仅需要巨大的资金，而且需要数学家、逻辑学家、电子工程师及组织管理人员的密切合作，需要团队的共同努力。

1.1.2　计算机的发展历程

1. 电子计算机的发展

从第一台电子计算机诞生至今，计算机技术以前所未有的速度迅猛发展，经历了大型计算机阶段和微型机及网络阶段。对于传统的大型机，通常根据计算机所采用的电子元件不同将其划分为电子管计算机、晶体管计算机、中小规模集成电路计算机，以及大规模和超大规模集成电路计算机等四代，如表 1-1 所示。

表 1-1　计算机发展的四个阶段

性能参数	第一代计算机	第二代计算机	第三代计算机	第四代计算机
时间	1946—1957 年	1958—1964 年	1965—1971 年	1972 年至今
主要电子器件	电子管	晶体管	中小规模集成电路	大规模和超大规模集成电路
内存储器	汞延迟线	磁芯存储器	半导体存储器	半导体存储器
外存储器	纸带、卡片、磁带和磁鼓	磁盘、磁带	磁盘、磁带	磁盘、光盘等大容量存储器
处理速度（每秒执行的指令数）	几千～几万条	几十万条	几百万条	上亿条
代表机型	UNIVAC-I	IBM-7000 系列机	IBM-360 系列机	IBM4300 系列、3080 系列、3090 系列和 900 系列

第一代计算机的主要特点为内存储器容量非常小（仅为 1 000～4 000 B），计算机程序设计语言处于最低阶段，用一串"0"和"1"表示的机器语言进行编程，直到 20 世纪 50 年代才出现了汇编语言，且尚无操作系统出现，操作困难。其体积庞大、造价昂贵、运算速度低、存储容量小、可靠性差、操作方法复杂，主要应用于军事目的和科学研究领域。

第二代计算机的主要特点为采用了晶体管这种体积小、重量轻、开关速度快、工作温度低的电子元件，内存储器容量也扩大到几十万字节。计算机软件有了较大发展，出现了监控程序并发展成为后来的操作系统，同时推出了 BASIC、FORTRAN、COBOL 高级程序设计语言。与第一代计算机相比体积小、成本低、重量轻、功耗低、运算速度快、功能强和可靠性高，主要应用范围由单一的科学计算扩展到数据处理和事务管理等其他领域。

第三代计算机的主要特点为体积、重量、功耗进一步减小或减少，运算速度、逻辑运算功能和可靠性进一步提高。软件在这个时期形成了产业，出现了分时操作系统；提出了结构化、模块化的程序设计思想，出现了结构化的程序设计语言 Pascal。这一时期的计算机同时向标准化、多样化、通用化发展。

第四代计算机的主要特点为磁盘的存取速度和容量大幅度上升，体积、重量和功耗更进一步减小或减少，计算机的性能价格比基本上以每 18 个月翻一番的速度上升。操作系统向虚拟操作系统发展，数据库管理系统不断完善和提高，程序语言进一步发展和改进，软件行业发展成为新兴的高科技产业，计算机的应用领域不断向社会各个方面渗透。

2. 微型计算机的诞生与发展

微型计算机也称微型机、个人计算机（personal computer，PC）。从 ENIAC 诞生到 20 世纪 70 年代初，计算机一直向巨型化方向发展，巨型化是指计算速度和存储容量不断提高。从 20 世纪 70 年代初期开始，计算机又向微型化方向发展，微型化是指计算机的体积大幅度减小、价格大幅度降低。

PC 真正的雏形应该是苹果机，它是由苹果（Apple）公司的创始人——史蒂夫·乔布斯和他的同伴在一个车库里组装出来的。这两个普通的年轻人坚信电子计算机能够大众化、平民化，他们的理想是制造普通人都买得起的 PC。车库中诞生的苹果机在美国高科技史上留下了神话般的光彩。

1981 年，IBM 公司正式推出了首台个人计算机——IBM PC，采用主频为 4.7MHz 的 Intel 8088 微处理器，运行微软公司开发的 MS-DOS 操作系统。IBM PC 的诞生具有划时代的意义，它首创了个人计算机的概念，为 PC 制定了企业通用的工业标准。

昂贵而庞大的计算机演变为适合个人使用的 PC，应当归功于超大规模集成电路的迅猛发展。PC 所具有的强大的信息处理功能来源于称为微处理器的大规模集成电路芯片，微处理器包含了运算器和控制器。世界上第一个通用微处理器 Intel 4004 于 1971 年问世，它包含了 2 300 个晶体管，支持 45 条指令，工作频率为 1MHz，尺寸规格为 3mm×4mm。尽管它的体积小，但计算性能远远超过当年的 ENIAC。20 世纪 80 年代推出的 IBM PC 采用了 Intel 8088 微处理器，其后短短几年间，80286 微处理器、80386 微处理器、80486 微处理器相继推出。1993 年，Intel 公司的奔腾（Pentium）系列微处理器诞生。随后，"奔腾时代"的大幕拉开，Intel 公司分别于 1995 年推出了 Pentium Pro，1997 年推出了 Pentium II，1999 年推出了 Pentium III。2004 年，Intel 公司发布了 Pentium 4 微处理器，该处理器首次采用纳米工艺，支持超线程技术，采用新的金属触点接口，并可用于制造更轻薄的笔记本式计算机。2005 年 4 月，Intel 公司的第一款双核处理器平台——酷睿双核处理器问世，标志着多核处理器时代的到来。

微型计算机在诞生之初就配置了操作系统，其后操作系统也在不断发展中。操作系统发展的第一个阶段为单用户、单任务的操作系统。继 1976 年美国 Digital Research 公司研制出 8 位的 CP/M 操作系统之后，还出现了 CDOS、MDOS 和 MS-DOS 等磁盘操作系统，操作系统发展的第二个阶段是以多用户、多道作业和分时为特征的现代操作系统，其典型代表有 UNIX、Windows、Linux、Solaris、OS/2 等。现代操作系统普遍具有多用户和多任务、虚拟存储管理、网络通信支持、数据库支持、多媒体支持、应用编程接口（API）支持、图形用户界面（graphical user interface，GUI）等功能。目前，随着智能手机、平板计算机等移动电子设备的发展，移动操作系统（如 iOS、Android 等）逐渐成为操作系统中新的领军者。

1.1.3 计算机技术的发展趋势

1. 形态多样化

未来的计算机将更轻薄，便携性更突出；可拆卸式键盘、可折叠显示屏也许会成为未来笔记本式计算机的主流配置。以谷歌眼镜、苹果手表为代表的各种可穿戴设备中的计算机会将人类"全副武装"，它们不仅在许多特殊任务领域得到充分利用，而且还将进入人们的日常生活。

2. 非接触式操作

人机交互不再依赖键盘和鼠标，触摸屏除了在智能手机和平板计算机上广泛应用外，也已经配置于部分台式计算机和笔记本式计算机上。在未来，计算机不再是必须用手来操作的机器，从微软公司的体感（Kinect）设备的手势控制，到苹果公司的智能语音助手（Siri）语音控制，再到谷歌眼镜的眼球控制，我们可以期待在未来用完全不同的方式操纵计算机。

3. 物联网

物联网（internet of things）是一种基于互联网实现的物与物、人与物和人与人之间的信息交换功能网络。物联网意味着人们接触到的任何物体都可能变成一个计算机终端，都可能与智能手机实现无缝连接。物联网的一些应用，如移动支付、智慧地球计划等已经普及，但很难预料未来物联网会给人们的生活带来怎样的影响。

4. 人工智能计算机

随着大数据、云计算、集成电路等新技术的发展，人工智能进入了崭新的、飞速发展的阶段。大数据技术的快速发展为人工智能奠定了基础，依据大数据的深度学习可以建立人工神经网络，获得更好的预测能力。移动互联网让人们有了新的服务需求，让人工智能数据的维度及人机交互技术得到长足的发展，而通信、芯片等信息产业的发展也给人工智能的实现打下了基础。

人工智能技术将是下一轮技术的核心，其应用已经从专业的工业领域扩展到与人们生活息息相关的服务领域。目前，人工智能在无人驾驶、无人机、机器人等领域的应用日益成熟，并引起广泛关注，可以预见未来将是人工智能的时代。

1.1.4　未来新型计算机系统

1. 超级计算机

高速度、大容量、功能强大的超级计算机可用于处理庞大而复杂的问题。例如，航天工程、石油勘探、人类遗传基因等现代科学技术和国防尖端技术，都需要具有超高速度和超大容量的超级计算机。

研制超级计算机的技术水平体现了一个国家的综合国力，因此，超级计算机的研制是各国在高新技术领域竞争的热点。

2. 微型计算机

微型化是大规模集成电路出现后发展最迅速的技术之一，计算机的微型化能更好地促进计算机的广泛应用。因此，发展体积小、功能强、价格低、可靠性高、适用范围广的微型计算机是计算机发展的一项重要内容。

3. 智能计算机

到目前为止，计算机在处理过程化的计算工作方面已达到相当高的水平，是人力所不能及的，但在智能性工作方面，计算机还远远不如人脑。

如何让计算机具有人脑的智能，模拟人的推理、联想、思维等能力，甚至研制出具有某些情感和智力的计算机，是计算机技术的一个重要发展方向。

4. 普适计算机

20 世纪 70 年代末，人类进入了"个人计算机时代"。许多研究人员认为，现在已经进入了"后个人计算机时代"，计算机技术将融入各种工具并实现相应的功能。

当计算机在人类的日常生活中无处不在时，就进入了"普适计算机时代"，普适计算机将为人们带来前所未有的便利和高效。

5. 网络与网格

由于互联网和万维网在世界各国已经不同程度地普及和接近成熟，人们关心互联网和万维网之后是什么？答案是网格。有关专家做了初步论证：互联网实现了计算机硬件的连通，万维网实现了网页的连通，而网格则试图实现互联网上所有资源（包括计算资源、软件资源、信息资源、知识资源等）的连通。施乐 PARC 未来研究机构的负责人保罗·萨福预测了下一代网络："今天的网络是工程师做的，2050 年的网络是生长出来的。"

6. 新型计算机

处理器和大规模集成电路的发展正在接近理论的极限，人们正在努力研究超越物理极限的新方法，新型计算机可能会打破计算机现有的体系结构。目前正在研制的新型计算机主要有如下几种。

（1）光子计算机

光子计算机是相对电子计算机而言的。光子计算机由光信号来传递、存储和处理信息，光子作为信息载体，以光互连代替导线互连，以光硬件代替电子硬件，以接近每秒 30 万千米的速度传递和处理信息。

光子计算机由激光器、光学反射镜、透镜、滤波器等光学元件和设备构成，靠激光束进入反射镜和透镜组成的阵列进行信息处理，以光子代替电子，以光运算代替电运算，如图 1-5 所示。光的并行、高速，天然地决定了光子计算机的并行处理能力很强，具有超高运算速度。光子计算机还具有与人脑相似的容错性，系统中某一元件损坏或出错时，并不影响最终的计算结果。光子在光介质中传输所造成的信息畸变和失真极小，光传输、转换时能量消耗和散发热量极低，因此光子计算机对环境条件的要求比电子计算机对环境的要求低得多。

图 1-5 使用光处理信息的芯片

由此可见，光子计算机最重要的优势是信息的并行传输、高速处理、大容量存储及运行的低功耗，这决定了光子计算机在存储和运算速度等方面的性能远超电子计算机。随着现代光学与计算机技术、微电子技术相结合，在不久的将来，光子计算机或将成为人类的通用工具。

（2）生物计算机

生物计算机是受人脑具有强大信息处理能力的启发，模拟人脑的生物功能，实现数字计算的一类高性能计算设备。生物计算机是利用遗传工程技术，将具有开关特性的蛋白质分子作为生物元件和生物芯片制成的计算机。

生物计算机的生物元件比电子计算机的电子元件要小很多，由蛋白质构成的集成电路，其大小只相当于硅片集成电路的十万分之一。生物计算机的生物元件开关速度比传统计算机要快得多，可模拟人脑的生物特性，具有人脑的并行处理功能，运算速度比现在最快的超级计算机还要快 10 万倍左右，而其能量消耗仅相当于普通计算机的十亿分之一，且具有巨大的存储能力。更为独特的是，由于蛋白质分子有自我组合的能力，生物芯片一旦出现故障，可自我修复，实现自愈合和自改善，因此，生物计算机可靠性非常高，且具有一定的永久性。生物计算机具有生物活性，能够与人体的组织有机地结合起来，尤其是能够与大脑和神经系统相连，这样一来，生物计算机就可直接接受大脑的综合指挥。

生物计算机涉及计算机科学、脑科学、分子生物学、生物物理、生物工程、电子工程等多个相关学科，是全球高科技领域最具活力和发展潜力的一门学科。尽管目前生物计算机还存在着诸如信息提取困难等缺点，但我们相信，随着技术的不断进步，这些问题终将得到解决，生物计算机的应用前景不可小觑。

（3）量子计算机

量子计算机是一种遵循量子力学规律进行高速运算、存储及处理量子信息的物理装置。不同于电子计算机，量子计算机用来存储数据的对象是量子比特，它使用量子算法进行数据操作。量子计算机采用并行的计算方式，因此其运算速度非常快，运算能力非常强。量子计算机的运算速度相当于很多台电子计算机的并行运算速度。

在经典计算机中，基本信息单位为比特，运算对象是各种比特序列。与此类似，在量子计算机中，基本信息单位是量子比特，运算对象是量子比特序列。所不同的是，量子比特序列不但可以处于各种正交态的叠加态上，还可以处于纠缠态上。这些特殊的量子态，不仅提供了量子并行计算的可能，还将带来许多奇妙的性质。

目前很多国家和机构都在研发量子计算机。2007 年 2 月，加拿大 D-Wave 系统公司宣布研制成功 16 位量子比特的超导量子计算机 D-Wave，如图 1-6 所示。2014 年 1 月，美国国家安全局宣布正在研发一款用于破解加密技术的量子计算机，希望破解几乎所有类型的加密技术。2015 年 12 月，多家美国媒体报道，美国航空航天局与谷歌公司宣布，他们制造出了第一台真正利用量子机制运算的计算机。尽管这些设备是否真正实现了量子计算还未得到学术界的广泛认同，但量子计算机的研发已是不争的热点。

图 1-6　D-Wave 计算机

2013 年 6 月，由中国科学技术大学潘建伟院士领衔的量子光学和量子信息团队，首次成功实现了用量子计算机求解线性方程组的实验。2015 年，中国科学技术大学杜江峰研究组在固态自旋体系中实现了达到容错阈值的普适量子逻辑门，这一成果代表了目前固态自旋体系量子操控精度的世界最高水平。2020 年 12 月 4 日，中国科学技术大学宣布该校潘建伟等成功构建 76 个光子的量子计算原型机"九章"，求解数学算法高斯玻色取样只需 200 秒。

量子计算机不仅运算速度超级快，与普通计算机相比，它还能解决非常复杂的问题。在寻找问题解决方案的时候，量子计算机采用与人类思维相似的方式，这将令它们可以执行许多人类才能胜任的工作。未来的量子计算机能够提供更为精确的气象预测、更高效的药物研发、更精准的空中和地面交通控制、更安全的加密通信、加速太空探索、实现人工智能的机器学习等令人激动的应用。尽管实现这些目标还有很长的路要走，但我们相信，在不久的将来，人们在量子计算机领域会有重大突破。

除了以上几种计算机外，未来的新型计算机还包括纳米计算机、超导计算机、化学计算机、拟态计算机等，虽然这些计算机还处于探讨试验阶段，但随着科技的不断进步，未来的计算机会像其他事物一样不断地发展变化。

需要强调的是，一个新的计算机时代的开始并不意味着旧的计算机时代的终结。现在，人们生活在一个研究型计算机、个人计算机和网络计算机并存的时代，并进入一个计算机无处不在的普适计算机时代。

技术的发展很难预测，技术给社会带来的影响更难预测，没人能在 20 世纪 40 年代预测计算机技术会给人们现在的生活带来如此深远的影响。预测未来 10～20 年的计算机技术发展情况最好的办法就是观察目前实验室里的研究成果，虽然我们无法知道实验室里的哪些研究成果最终可以获得成功，也无法知道预测未来的结果是否正确，但是有一点可以肯定，那就是创造未来需要靠人类自己。

1.2　计算机的分类与应用

1.2.1　计算机的分类

随着计算机及相关技术的迅速发展，计算机类型也不断分化，形成了各种不同种类的计算机。按照计算机的运算速度、字长、存储容量等综合性能指标，可将计算机分为巨型机、大型机、小型机和微型机。

随着计算机制造技术的进步，各种类型的计算机性能指标都在不断改进和提高，以至于过去一台大型计算机的性能可能还比不上今天一台微型计算机，因此计算机的类别划分很难有一个精确的标准。在此，根据计算机应用领域及其综合性能指标，将计算机分为微型计算机、服务器、工作站、高性能计算机、嵌入式计算机。

1. 微型计算机

微型计算机也称个人计算机，它通过大规模集成电路技术将计算机的核心部件——运算器和控制器集成在一块称为中央处理器（central processing unit，CPU）的芯片上，是为满足个人需要而设计的一种计算设备。微型计算机通常能运行多种类型的应用软件，广泛应用于办公、学习、娱乐等社会生活的各个方面，是发展最快、应用最普及的计算机。人们日常使用的桌面计算机、便携式计算机、掌上型计算机等都是微型计算机。

2. 服务器

服务器是指在网络环境下为网络上的多个用户提供服务的计算机系统。目前的 Internet 就是基于服务器的，大多数网站通过在服务器上运行的各类软件为网络用户提供信息资源共享和各种服务。

在网络环境下，根据提供的服务类型不同，可将服务器分为文件服务器、数据库服务器、应用程序服务器、Web 服务器、邮件服务器等。

服务器需要存储大量的网络信息资源，并需要同时为多个网络用户提供服务，因此在存储能力、处理能力、稳定性、可靠性、安全性、可管理性等方面要求较高。由于需要支持的

图 1-7　企业级机架式服务器

网络用户数量不同，对服务器的功能和性能要求也不尽相同。性能较好的微型计算机就能满足小型企业内部服务器的功能需求，而对于需要同时支持大量网络用户的应用环境，则需要使用专门的高性能服务器。根据服务器的综合性能，可分为入门级服务器、工作组级服务器、部门级服务器、企业级服务器；根据服务器外形，可分为机架式服务器、刀片服务器、塔式服务器、机柜式服务器。如图 1-7 所示为一款企业级机架式服务器。

3. 工作站

工作站是一种高端的微型计算机，通常配有高分辨率的大屏幕、多屏显示器及大容量存储器，主要面向专业应用领域，具备强大的数据运算与图形、图像处理能力。工作站主要应用于工程设计及制造、图像处理、动画制作、信息服务、模拟仿真等专业领域。

常见的工作站有图像处理工作站、计算机辅助设计工作站、办公自动化工作站等。不同任务的工作站有不同的硬件和软件配置。

另外，在计算机网络系统中连接服务器的终端机也称为工作站。计算机网络系统中的工作站仅是网络中的任何一台普通微型机或终端，是网络中的任一用户节点。

4. 高性能计算机

高性能计算机（high performance computing，HPC），通常称为超级计算机，是由很多处理器（机）组成的，能承担普通计算机和服务器所不能处理的大型复杂任务和计算密集型问题。它是目前功能最强、速度最快的一类计算机，其浮点运算速度已达到每秒千万亿次。HPC 主要应用于国防、航天、气象等科学工程计算领域，是一个国家综合科技实力的重要标志。

国际高性能计算机 TOP 500 组织是发布全球已安装的 HPC 性能排名的权威机构，该机构以系统实测的线性系统软件包（linear system package，Linpack）测试值及 2014 年开始采用的高性能共轭梯度（high performance conjugate gradient，HPCG）测试为基准对 HPC 进行排名，每隔半年发布一次。

如图 1-8 所示为由国防科技大学研制的"天河二号"计算机，曾连续六次获得全球高性能计算机 TOP 500 排名的第一位。

图 1-8　"天河二号"高性能计算机系统

5. 嵌入式计算机

嵌入式计算机是指嵌入被控对象内部，实现被控对象智能化的专用计算机系统。嵌入式计算机系统是以应用为中心，软硬件可裁剪的，适用于应用系统对功能、可靠性、成本、体积、功耗等综合性能有严格要求的专用计算机系统。

嵌入式计算机的应用领域非常广泛，几乎涵盖了日常生活中所有的电器设备。日常使用的电冰箱、全自动洗衣机、空调、智能手机、工业自动化仪表、医疗仪器、POS 机等都采用了嵌入式计算机技术。

随着物联网的发展，网络用户终端延伸并扩展到了任何物品与物品之间进行的信息交换和通信中，这就要求智能终端必须具备嵌入式系统。作为物联网重要技术组成的嵌入式计算机，将会有更广泛的应用前景。

1.2.2　计算机的作用

众所周知，计算机具有快速、高效、记忆和自动化处理等一系列的特点，这为信息的处理带来了极大的方便，计算机在信息化社会中的主要作用如下。

1）极高的运算速度，可高效率、高质量地完成数据加工处理的任务。

2）"海量"的存储设备使世界的空间变大，大量图书、档案资料压缩存储在磁盘或光盘上，便于信息的长期保存和反复使用。

3）多媒体技术使计算机渗透到社会的各个领域，并使人与计算机之间建立起更为默契、融洽的新型关系。

4）计算机网络缩短了世界的距离，网络用户之间，甚至物品与物品之间都可以通过网络进行信息传递和资源共享。

5）智能化的决策支持系统应用于管理信息，为决策科学化的实现提供了可能。

总之，计算机在信息化社会中的作用不断扩大，已经成为人们生产和生活中离不开的工具和"伙伴"。

1.2.3　计算机的应用领域

从计算机诞生至今，计算机应用的发展非常迅速，已经深入到社会生活的各个领域，从科研、生产、商业、医疗、教育到家庭生活，计算机无处不在。目前，计算机的应用主要分为以下几个方面。

1. 科学与工程计算

计算机可应用于完成科学研究和工程技术中所提出的数值计算问题，如人造卫星轨迹计算、导弹发射的各项参数计算、房屋抗震强度的计算等。

科学计算是计算机最早的应用领域，研制第一台电子计算机的目的就是用于军事计算，计算机发展的初期也主要用于科学计算。迄今为止，在航天技术、气象预报、地震预测、工程设计等领域，科学计算仍然是计算机应用的一个重要方向。

科学和工程计算作为一门整合性、工具性、方法性的科学，包括近年来在各种科学与工程领域中逐步形成的计算性学科分支，如计算力学、计算物理、计算化学、计算环境科学等。在生物科学、医学、系统科学、经济学、社会科学中也都开始发展科学和工程计算理论。由于许多实验需要昂贵的仪器设备，观测时间很长或反应时间很短，以及测量上存在困难，计算模型已用来代替大部分的实验，成为各学科的重要工具。例如，汽车的碰撞实验，目前可以用计算机进行数值仿真，有时物理实验中很难测得的现象，如混沌系统及孤立子等，也都是先通过科学计算发现的，在气象、地震、核能技术、石油勘探、航天工程、密码解译等领域，计算机已成为重要的工具。

2. 信息管理

信息管理是计算机应用最广泛的领域。现代社会是信息化社会，随着生产力的发展，信息量急剧膨胀，信息已经与物质、能量一起被列为人类活动的三个基本要素。信息管理就是对各种信息进行收集、存储、加工、整理、分类、统计、利用和传播等一系列活动的统称，其目的是获取有用的信息，为决策提供依据。

目前，计算机信息管理已广泛应用于企业管理、物资管理、辅助决策、文档管理、情报检索、文字处理、医疗诊断、数字媒体艺术等各个行业。信息管理和实际应用领域相结合产生了很多的应用系统，如办公领域的办公自动化系统、生产领域的制造资源规划系统、商业流通领域的电子商务系统等。

3. 自动控制

在工业生产过程中，计算机自动控制系统将工业现场的模拟量、开关量及脉冲量，经放大电路和模/数、数/模转换电路传送给计算机的处理系统，由计算机进行数据采集、显示及现场控制。计算机自动控制系统还应用于交通控制、通信控制、武器控制等方面。

4. 计算机辅助工程

计算机辅助工程是指利用计算机进行工程设计、产品制造、性能测试等。

计算机辅助系统主要包括计算机辅助设计（computer aided design，CAD）、计算机辅助制造（computer aided manufacturing，CAM）、计算机辅助测试（computer aided testing，CAT）、计算机集成制造系统（computer integrated manufacturing system，CIMS）和计算机辅助教学（computer aided instruction，CAI）。

CAD 是利用计算机及图形设备辅助设计人员进行产品设计和工程技术设计。在设计中，可通过人机交互来更改设计和布局，反复迭代，直至满意为止。它能使设计过程逐步趋向自动化，大大缩短了设计周期，增强产品在市场上的竞争力。CAD 已广泛应用于飞机、汽车、机械、电子和建筑等领域。

CAM 是利用计算机系统进行生产设备的管理、控制和操作。CAM 技术可以提高产品质量、降低成本、缩短生产周期、提高生产效率和改善劳动条件。将 CAD 和 CAM 技术集成，则可实现设计生产自动化，这种技术被称为 CIMS，它是无人化工厂的基础。

CAI 是在计算机的辅助下进行各种教学活动。CAI 最大的特点是交互教学和个别指导，它改变了传统的教师在讲台上讲课而学生在课堂内听课的教学方式。近年来迅速发展的远程教育、网络教育更是在教学的各个环节大量使用了各种计算机系统。

5. 人工智能

人工智能（artificial intelligence，AI）是通过计算机模拟人类的智能行为，如感知、思维、推理、学习、理解等，建立智能信息处理理论，进而设计可以展现某些近似于人类智能行为的计算系统。

人工智能既是计算机当前的重要应用领域，也是今后计算机发展的主要方向之一。尽管在人工智能领域中存在诸多的技术难题，但仍取得了一些重要成果，这样的领域包括语言处理、自动定理证明、智能数据检索系统、视觉系统、问题求解、人工智能方法和程序语言、自动程序设计等。

近年来，人工智能技术高速发展，为人类生活带来了许多便利，包括语音识别技术、图像分析技术、无人驾驶汽车、医疗诊断、翻译工具及具有一定思维能力的智能机器人等。但是，人工智能的巨大潜力也给人类社会带来潜在的威胁，我们需要警惕人工智能科技的过度发展，防止人工智能失去控制。

6. 网络应用

计算机网络是将分布于世界各地的计算机系统用通信线路和通信设备连接起来，以实现计算机之间的数据通信和资源的共享。网络和通信的快速发展改变了传统的信息交流方式，加快了社会信息化的步伐。网络应用的日趋大众化和普及化正深刻改变着人们的工作方式和生活方式。

随着移动技术的飞速发展，物联网、云计算、移动互联等已经成为网络应用的重要模式。

计算机及其相关技术的快速发展和普及推动了社会信息化的进程，改变了人们的工作、生活、消费、娱乐等活动方式，极大地提高了工作效率和生活质量。在未来，计算机的应用领域将继续扩展，并将开拓人们无法预见的新领域。

1.3 计算机中信息的表示方式

基于计算机的信息处理涉及计算机硬件、软件、多媒体、网络、通信等各种技术，下面介绍计算机信息处理的一般过程及所涉及的主要技术，这些技术在后续章节中会进一步阐述。

计算机中所表示和使用的信息可分为三大类，包括数值信息、文本信息和多媒体信息。数值信息用来表示量的大小和正负；文本信息用来表示一些符号和标记；多媒体信息表示声音、图画、影视等。各种信息在计算机内部都是用二进制编码形式表示的。

1.3.1　数制的概念

人们在生产实践和日常生活中，创造了多种表示数的方法，这些数的表示规则称为数制。例如，常用的十进制数，钟表计时中使用的六十进制数，计算机中使用的二进制数等。

1. 十进制数

1）组成。十进制数由 0～9 共 10 个数字字符组成，如 15、819.18 等。

2）运算规则。加法规则是"逢十进一"，减法规则是"借一当十"。

任何一个十进制数都可以写成各个位上数字的展开形式，如

$$(819.18)_{10}=8\times10^2+1\times10^1+9\times10^0+1\times10^{-1}+8\times10^{-2}$$

2. 二进制数

1）组成。二进制数由 0 和 1 共两个数字字符组成，如 101、110.11 等。

2）运算规则。加法规则是"逢二进一"，减法规则是"借一当二"。

计算机中采用二进制数是因为二进制数具有如下特点。

① 简单可行，容易实现。因为二进制仅有两个数码——0 和 1，可以用两种不同的稳定状态（如有磁和无磁、高电位与低电位）来表示。计算机的各组成部分都由仅有两个稳定状态的电子元器件组成，既容易实现，又稳定可靠。

② 运算规则简单。进行加法运算时"逢二进一"，即 0+0=0，0+1=1，1+0=1，1+1=0（有进位）。进行减法运算时"借一当二"，即 0-0=0，0-1=1（有借位），1-0=1，1-1=0。

③ 适合逻辑运算。二进制中的 0 和 1 正好分别表示逻辑代数中的假值（false）和真值（true），更容易实现逻辑运算。

任何一个二进制数都可以写成各个位上数字的展开形式，如

$$(101.11)_2=1\times2^2+0\times2^1+1\times2^0+1\times2^{-1}+1\times2^{-2}$$

二进制数的明显缺点是数字冗长、书写繁杂且容易出错、不便阅读。所以，在计算机技术文献的书写中，常用八进制和十六进制数表示。

3. 八进制数

1）组成。八进制数由 0～7 共 8 个数字字符组成，如 17、56.17 等。

2）运算规则。加法规则是"逢八进一"，减法规则是"借一当八"。

任何一个八进制数都可以写成各个位上数字的展开形式，如

$$(56.17)_8=5\times8^1+6\times8^0+1\times8^{-1}+7\times8^{-2}$$

4. 十六进制数

1）组成。十六进制数由 0～9 和 A、B、C、D、E、F 共 16 个数字字符组成，其中 A、B、C、D、E、F 分别表示数码 10、11、12、13、14、15，如 17B、56.CE 等。

2）运算规则。加法规则是"逢十六进一"，减法规则是"借一当十六"。

任何一个十六进制数都可以写成各个位上数字的展开形式，如

$$（56.CE）_{16}=5\times16^1+6\times16^0+C\times16^{-1}+E\times16^{-2}$$

5. R 进制数

归纳以上数制的特点，可以构造出任意的 R 进制数（三进制数、五进制数等）。

1）组成。R 进制数由 R 个数字字符组成。

2）运算规则。加法规则是"逢 R 进一"，减法规则是"借一当 R"。

任何一个具有 n 位整数和 m 位小数的 R 进制数 N 都可以写成各个位上数字的展开形式，如

$$（N）_R=a_{n-1}\times R^{n-1}+a_{n-2}\times R^{n-2}+\cdots+a_2\times R^2+a_1\times R^1+a_0\times R^0+a_{-1}\times R^{-1}+\cdots+a_{-m}\times R^{-m}$$

3）基数。一个计数制所包含的数字符号的个数称为该数制的基数，用 R 表示。例如，十进制数的基数 $R=10$，二进制数的基数 $R=2$，八进制数的基数 $R=8$，十六进制数的基数 $R=16$。

为了区分不同数制的数，本书约定对于任一 R 进制的数 N，记作（N）$_R$。例如，（1010）$_2$、（703）$_8$、（AE05）$_{16}$，分别表示二进制数 1010、八进制数 703 和十六进制数 AE05。不用括号及下标的数，默认为十进制数，如 256。人们也习惯在一个数的后面加上字母 D（十进制）、B（二进制）、O（八进制）、H（十六进制）来表示该数的进位制。例如，1010B 表示二进制数 1010；AE05H 表示十六进制数 AE05。

4）位值（权）。任何一个 R 进制的数都是由一串数码表示的，其中每一位数码表示的实际值大小，除数码本身的数值外，还与它所处的位置有关，由位置决定的值叫作位值（权或位权），用基数 R 的 i 次幂（R^i）表示。

假设一个 R 进制数具有 n 位整数，m 位小数，那么其位权为 R^i，其中，$m\leqslant i\leqslant n-1$。显然，对于任一 R 进制数，其最右边数码的权最小，最左边数码的权最大。

应当指出，二进制数、八进制数和十六进制数都是计算机领域中常用的数制，所以在一定范围内直接写出它们之间的对应表示，也是需要读者掌握的。表 1-2 列出了 0～15 这 16 个十进制数与其他三种数制的对应表示。

表 1-2　四种计数制的对应表示

十进制数	二进制数	八进制数	十六进制数	十进制数	二进制数	八进制数	十六进制数
0	0000	0	0	8	1000	10	8
1	0001	1	1	9	1001	11	9
2	0010	2	2	10	1010	12	A
3	0011	3	3	11	1011	13	B
4	0100	4	4	12	1100	14	C
5	0101	5	5	13	1101	15	D
6	0110	6	6	14	1110	16	E
7	0111	7	7	15	1111	17	F

1.3.2　数制间的转换

1. 非十进制数转换成十进制数

方法：将非十进制数的数值按其位权展开，再将各项相加。

【例 1.1】将二进制数 1010.101 转换成十进制数。

$1010.101B=1×2^3+0×2^2+1×2^1+0×2^0+1×2^{-1}+0×2^{-2}+1×2^{-3}=8+2+0.5+0.125=(10.625)_{10}$

【例1.2】将八进制数154.6转换成十进制数。

$(154.6)_8=1×8^2+5×8^1+4×8^0+6×8^{-1}=64+40+4+0.75=(108.75)_{10}$

【例1.3】将十六进制数2BA.8转换成十进制数。

$2BA.8H=2×16^2+11×16^1+10×16^0+8×16^{-1}=512+176+10+0.5=(698.5)_{10}$

2. 十进制数转换成非十进制数

方法：将十进制数转换成非十进制数时，要将该数的整数部分和小数部分分别转换。其中，整数部分采用"除基数取余数"法；小数部分采用"乘基数取整数"法。最后将两部分拼接起来即可。

"除基数取余数"法的具体操作方法为：将十进制数的整数部分连续地除以要转换成的数制的基数，直到商数等于零为止，得到的余数（必定小于基数）就是对应非十进制数的整数部分的各位数字。但必须注意，第一次得到的余数为非十进制数的最低位，最后一次得到的余数为非十进制数的最高位。

"乘基数取整数"法的具体操作方法为：将十进制数的小数部分连续地乘以要转换成的数制的基数，直到小数部分为零，或达到所要求的精度为止（小数部分可能永不为零），得到的整数就是对应非十进制数中小数部分的各位数字。但必须注意，第一次得到的整数为非十进制数的最高位，最后一次得到的整数为非十进制数的最低位。

【例1.4】将十进制数57.24转换成二进制数。

整数部分 　　　　　　　　　　　　　　小数部分

所以，$(57.24)_{10}≈(111001.001)_2$。

【例1.5】将十进制数57.24转换成八进制数。

整数部分 　　　　　　　　　　　　　　小数部分

所以，$(57.24)_{10}≈(71.17)_8$。

【例 1.6】将十进制数 57.24 转换成十六进制数。

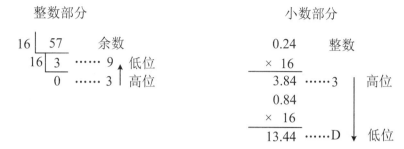

所以，$(57.24)_{10} \approx (39.3D)_{16}$。

3. 二进制数与八进制数之间的相互转换

方法：将二进制数转换成八进制数时，要以该二进制数的小数点为中心向左右两边每三位划分为一组（中间的 0 不能省略），两头位数不够时可以补 0，然后将每组的三位二进制数转换成一位八进制数。将八进制数转换成二进制数的过程正好与其相反，即将一位的八进制数转换成三位的二进制数。

【例 1.7】将二进制数 10110101.11 转换成八进制数。

$$(\underline{010}\ \underline{110}\ \underline{101}.\ \underline{110})_2\ （高低位各补一个0）$$
$$\downarrow\quad\downarrow\quad\downarrow\quad\ \downarrow$$
$$(\ 2\quad 6\quad 5.\quad 6\ )_8$$

【例 1.8】将八进制数 265.6 转换成二进制数。

与例 1.7 过程相反，略。

4. 二进制数与十六进制数之间的相互转换

方法：将二进制数转换成十六进制数时，要以该二进制数的小数点为中心向左右两边每四位划分为一组（中间的 0 不能省略），两头位数不够时可以补 0，然后将每组的四位二进制数转换成 1 位十六进制数。将十六进制数转换成二进制数的过程正好与其相反，即将一位的十六进制数转换成四位的二进制数。

【例 1.9】将二进制数 10110101101.100111 转换成十六进制数。

$$(\underline{0101}\ \underline{1010}\ \underline{1101}.\ \underline{1001}\ \underline{1100})\ （高位补一个0，低位补两个0）$$
$$\downarrow\quad\ \downarrow\quad\ \downarrow\quad\ \downarrow\quad\ \downarrow$$
$$(\ 5\quad\ A\quad\ D.\quad 9\quad\ C\ )$$

【例 1.10】将十六进制数 5AD.9C 转换成二进制数。

与例 1.9 过程相反，略。

5. 八进制数与十六进制数之间的相互转换

方法：八进制数与十六进制数之间的转换要借助二进制数。将八进制数转换成十六进制数时，首先将该八进制数转换成相应的二进制数，然后将转换后的二进制数转换成相应的十六进制数。将十六进制数转换成八进制数时，首先将该十六进制数转换成相应的二进制数，然后将转换后的二进制数转换成相应的八进制数。

1.3.3　数值信息的表示

1. 机器数与真值数

在计算机中，因为只有"0"和"1"两种形式，所以为了表示数的正、负号，也必须以"0"和"1"表示。通常把一个数的最高位定义为符号位，用"0"表示正，"1"表示负，称为数符，其余位仍表示数值。把在计算机内存放的正负号数码化的数称为机器数，把计算机外部由正负号表示的数称为真值数。

如真值数（+0101100）$_2$，其机器数为00101100，存放在计算机中如图1-9所示。

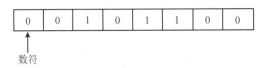

图1-9　机器数

机器数表示的范围受到字长和数据的类型限制。若字长和数据类型确定，机器数能表示的范围也确定。例如，若表示一个整数，字长为8位，最大值为01111111，最高位为符号位，因此此数的最大值为127。若数值超过127，就会"溢出"。为了表示较大或较小的数，常用浮点数来表示。

2. 定点数与浮点数

在计算机中通常难以表示小数点，故在计算机中对小数点的位置进行了相应的规定。因此计算机中的数又有定点整数、定点小数和浮点数之分。

（1）定点整数

定点整数所表示的数据最小单位为1，可以认为它是小数点定在数值最低位右边的一种数据。定点整数分为带符号和不带符号两类。对于带符号的数，符号位被放在最高位，如图1-10所示。可以将带符号整数写成 $N=\pm a_{n-1}a_{n-2}\cdots a_2a_1a_0$，其值的范围是 $|N|\leqslant 2^n-1$，n 为字长。

对于不带符号的整数，所有的 $n+1$ 位二进制位均视作数值，如图1-11所示。将不带符号的整数写成 $N=\pm a_n a_{n-1} a_{n-2}\cdots a_2 a_1 a_0$，此数值表示的范围是 $0\leqslant N\leqslant 2^{n+1}-1$。

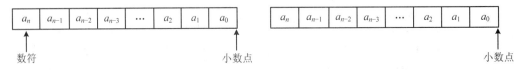

图1-10　带符号的定点整数　　　　　　图1-11　不带符号的定点整数

在计算机中，一般可以使用不同位数的几种整数，如8位、16位和32位等。例如，用定点整数表示十进制整数100，假定某计算机的定点整数占两个字节，因为100=（1100100）$_2$，所以其在计算机内的表示如图1-12所示。

图1-12　十六位定点整数

注意，最左位的"0"与次左位的"0"意义不同，前者表示数符，后者表示数值。

（2）定点小数

定点小数是指小数点准确固定在数据某一个位置上的小数。一般把小数点固定在最高数据位的左边，小数点前边再设一位符号位，如图 1-13 所示。按此规则，任何一个小数都可以写成 $N=\pm a_{-1}a_{-2}a_{-3}\cdots a_{-m}$ 的形式。

图 1-13　定点小数

如果在计算机中用 $m+1$ 个二进制位表示上述小数，则可以用最高（最左）一个二进制位表示符号，而用后面的 m 个二进制位表示该小数的数值。小数点不用明确表示出来，因为它总是定在符号位与最高数值位之间。对用 $m+1$ 个二进制位表示的小数来说，其值的范围是 $|N|\leqslant 1-2^{-m}$。例如，用定点数表示十进制纯小数-0.324，假设某计算机的定点小数占两个字节，那么 $-0.324\approx-(0.010100101111000)_2$。定点小数表示法主要用在早期的计算机中。

（3）浮点数

二进制数 110.011 可以表示为 $N=(110.011)_2=(0.110011)_2\times 2^{+(11)_2}$，任何一个二进制浮点数可表示为 $N=\pm s\times 2^{\pm j}$。其中 j 称为 N 的阶码，j 前面的正负号称为阶符，s 称为 N 的尾数，s 前的正负号称为数符。在浮点表示方法中，小数点的位置是浮动的，阶码 j 可取不同的数值。

为了在计算机中存放方便和提高精度，必须用规格化形式唯一地表示一个浮点数。规格化形式规定尾数值的最高位为 1。对于数 110.011，其规格化浮点数形式唯一地表示为 $(0.110011)_2\times 2^{+(11)_2}$。一般浮点数的存储格式如图 1-14 所示。

阶符	阶码	数符	尾数

图 1-14　浮点数的存储格式

在浮点数表示中，数符和阶符都各占一位，阶码是定点整数，阶码的位数决定了数的范围，尾数是定点小数，尾数的位数决定了数的精度，在不同字长的计算机中，浮点数占的字长不同，一般为两个或四个机器字长。例如，二进制数 $N=-0.1101\times 2^{+(11)_2}$ 在机器中的表示形式如图 1-15 所示。

图 1-15　浮点数的表示形式

1.3.4　文本信息的表示

1. 西文信息的表示

计算机中的所有信息都是用二进制编码表示的，用以表示文本信息的二进制编码称为字符编码。美国信息交换标准码（American Standard Code for Information Interchange，ASCII）是由美国国家标准学会制定的、标准的单字节字符编码方案。

　　ASCII 有七位码和八位码两种版本。国际通用的七位 ASCII 是用七位二进制数表示一个字符的编码，其编码范围为 0000000B～1111111B，共有 128（2^7）个不同的编码值，相应地表示 128 个不同字符的编码。标准的七位 ASCII 字符集如表 1-3 所示。

表 1-3　标准 ASCII 字符集

十进制	十六进制	字符	十进制	十六进制	字符	十进制	十六进制	字符	十进制	十六进制	字符
0	00	NUL	32	20	SP	64	40	@	96	60	`
1	01	SOH	33	21	!	65	41	A	97	61	a
2	02	STX	34	22	"	66	42	B	98	62	b
3	03	ETX	35	23	#	67	43	C	99	63	c
4	04	EOT	36	24	$	68	44	D	100	64	d
5	05	ENQ	37	25	%	69	45	E	101	65	e
6	06	ACK	38	26	&	70	46	F	102	66	f
7	07	BEL	39	27	'	71	47	G	103	67	g
8	08	BS	40	28	(	72	48	H	104	68	h
9	09	HT	41	29	)	73	49	I	105	69	i
10	0A	LF	42	2A	*	74	4A	J	106	6A	j
11	0B	VT	43	2B	+	75	4B	K	107	6B	k
12	0C	FF	44	2C	,	76	4C	L	108	6C	l
13	0D	CR	45	2D	-	77	4D	M	109	6D	m
14	0E	SO	46	2E	.	78	4E	N	110	6E	n
15	0F	SI	47	2F	/	79	4F	O	111	6F	o
16	10	DLE	48	30	0	80	50	P	112	70	p
17	11	DC1	49	31	1	81	51	Q	113	71	q
18	12	DC2	50	32	2	82	52	R	114	72	r
19	13	DC3	51	33	3	83	53	S	115	73	s
20	14	DC4	52	34	4	84	54	T	116	74	t
21	15	NAK	53	35	5	85	55	U	117	75	u
22	16	SYN	54	36	6	89	56	V	118	76	v
23	17	ETB	55	37	7	87	57	W	119	77	w
24	18	CAN	56	38	8	88	58	X	120	78	x
25	19	EM	57	39	9	89	59	Y	121	79	y
26	1A	SUB	58	3A	:	90	5A	Z	122	7A	z
27	1B	ESC	59	3B	;	91	5B	[	123	7B	{
28	1C	FS	60	3C	<	92	5C	\	124	7C	|
29	1D	GS	61	3D	=	93	5D	]	125	7D	}
30	1E	RS	62	3E	>	94	5E	^	126	7E	~
31	1F	US	63	3F	?	95	5F	_	127	7F	DEL

　　七位 ASCII 表对大、小写英文字母及阿拉伯数字、标点符号、控制符等特殊符号规定了编码。表中每个字符都对应一个数值，称为该字符的 ASCII 值，如数字 "0" 的 ASCII 值为

48（30H），字母"A"的码值为 65（41H），"a"的码值为 97（61H）等。从表中可以看到 128 个编码中有 34 个控制符编码（00H～20H、7FH）和 94 个字符编码（21H～7EH）。计算机内部用一个字节（8 位二进制位）存放一个七位 ASCII，最高位置为 0。

扩展的 ASCII 使用 8 位二进制位表示一个字符的编码，可表示 256（2^8）个不同字符的编码。

2. 汉字信息的表示

ASCII 只对英文字母、阿拉伯数字、标点符号及控制符进行编码。为了用计算机处理汉字，同样需要对汉字进行编码。从汉字编码的角度看，计算机对汉字信息的处理过程实际上是各种汉字编码间的转换过程。这些编码主要包括汉字输入码、汉字信息交换码、汉字内码和汉字字形码等。

（1）汉字输入码

为将汉字输入计算机而编制的代码称为汉字输入码，也称外码。目前汉字主要是通过标准键盘输入计算机的，所以汉字输入码都是由键盘上的字符或数字组合而成。

汉字输入码是根据汉字的发音或字形结构等多种属性和汉字有关规则编制的，目前常用的汉字输入码有拼音码、五笔字型码、自然码等。拼音输入法是根据汉字的发音进行编码，称为音码；五笔字型输入法是根据汉字的字形结构进行编码，称为形码；自然输入法是以拼音为主，辅以字形字义进行编码，称为音形码。

对于同一个汉字，不同的输入法有不同的输入码，如"中"字的全拼输入码是"zhong"，双拼输入码是"vs"，而五笔输入码是"kh"。这几种不同的输入码通过输入字典转换统一到汉字信息交换码之下。

（2）汉字信息交换码

用于汉字信息处理系统之间或汉字信息处理系统与通信系统之间进行信息交换的汉字代码，简称交换码。

1）汉字字符编码。随着计算机的普及，汉字字符编码经历了如下几个发展阶段。

① 1980 年，中国国家标准总局发布了第一个汉字编码字符集标准，即《信息交换用汉字编码字符集基本集》（GB 2312—1980）。该标准规定了进行一般汉字信息处理时所用的 7445 个字符编码，其中包括 682 个非汉字图形符（如序号、数字、罗马数字、英文字母、日文假名、俄文字母、汉语注音等）和 6763 个汉字的代码。其编码原则为：汉字用两个字节表示，每个字节用七位码（高位为 0）。国家标准将汉字和图形符号排列在一个 94 行 94 列的二维代码表中，每两个字节分别用两位十进制编码，前字节的编码称为区码，后字节的编码称为位码，此即区位码。

② 1995 年，全国信息技术标准化技术委员会制定了《汉字扩展规范》（GBK 1.0）。GBK 字符集是国家标准扩展字符集，是 GB 2312—1980 的扩展方案，兼容 GB 2312—1980 标准。GB 2312—1980 只支持简体中文，而 GBK 支持简体中文和繁体中文。GBK 收录 21003 个汉字，882 个符号，共计 21885 个字符。GBK 与 GB 2312—1980 都是 16 位的。

③ 2000 年 3 月，信息产业部和质量技术监督局在北京联合发布了《信息技术 信息交换用汉字编码字符集 基本集的扩充》（GB 18030—2000）。该标准收录了 27 000 多个汉字，还收录了藏、蒙、维等主要少数民族的文字。GB 18030—2000 是取代 GBK 1.0 的正式国家标准，在技术上是 GBK 的超集，并与其兼容。

④ 2005 年 11 月，国家质量监督检验检疫总局和中国国家标准化管理委员发布《信息技术 中文编码字符集》（GB 18030—2005）。该标准收录了 70 244 个汉字，采用单字节、双字节和四字节三种方式进行编码，其有一个非常庞大的编码空间，几乎覆盖了现在所有编码方式的字符。

2）Unicode。传统的字符编码方案大都存在一个共同的问题，即无法同时支持多语言环境。大量非西文国家的编码标准都是各国自己制定的，因此各国文字字符编码的二进制数范围也是独立的，这就造成某个国家的某个文字编码与另一国家的某个文字编码相同的问题。随着 Internet 的发展，为了满足跨语言、跨平台进行文本转换和处理，以便在全世界范围内为各国文本的传输、交流提供方便，国际标准化组织制定了统一的文字编码标准——Unicode，简称统一码或万国码。

Unicode 为每种语言的每个字符设定了统一并且唯一的二进制编码。Unicode 采用 16 位的编码，也就是每个字符占用 2B，这样理论上一共最多可以表示 2^{16} 个字符，基本满足各种语言的使用。目前 Unicode 尚有大量未使用的编码空间，可用于特殊用途或未来的扩展。

（3）汉字内码

汉字内码是在计算机内部对汉字进行存储、处理的汉字代码。当一个汉字输入计算机后就转换为内码，然后才能在机器内传输、处理。目前，对应于国标码，一个汉字的内码也用 2B 存储，并把每字节的最高二进制位置"1"作为汉字内码的标识，以免与单字节的 ASCII 产生歧义。

汉字内码的形式多种多样，系统不同，其机内码也不同。以 Windows 为例，在 Windows 中，汉字存储的是其对应的 Unicode 编码，然后用代码页适应各种语言。一个汉字的 Unicode 编码在内存中占 2B。

（4）汉字字形码

目前，汉字信息处理系统中产生汉字字形的方式大多是数字式的，即以点阵的方式形成汉字，所以这里讨论的汉字字形码是指确定一个汉字字形点阵的代码，也称字模或汉字输出码。

汉字是方块字。在计算机中，将显示一个汉字的方块等分成有 n 行 n 列的格子，简称方块为点阵。凡笔画所到的格子，其中的点为黑点，用二进制数"1"表示，白点用二进制数"0"表示。这样，一个汉字的字形就可用一串二进制数表示。例如，16×16 汉字点阵有 256 个点，需要 256 位二进制位来表示一个汉字的字形码。这就是汉字点阵的二进制数字化。图 1-16 是"中"字的 16×16 点阵字形示意图。

在计算机中，8 个二进制位组成 1B，它是度量存储空间的基本单位。可见一个 16×16 点阵的字形码需要 16×16÷8=32B 存储空间，同理，24×24 点阵的字形码需要 24×24÷8=72B 存储空间，32×32 点阵的字形码需要 32×32÷8=128B 存储空间。

显然，点阵中行数、列数划分越多，字形的质量越好，锯齿现象也就越少，但存储汉字字形码所占用的存储容量也越多。

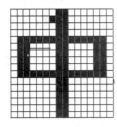

图 1-16 "中"字的 16×16 点阵字形示意图

汉字字形通常分为通用型和精密型两类。其中，通用型汉字字形点阵分成三种，分别为简易型 16×16 点阵、普通型 24×24 点阵、提高型 32×32 点阵。精密型汉字字形用于常规的印刷排版，由于信息量较大（字形点阵一般在 96×96 点阵以上），通常采用信息压缩存储技术。

汉字的点阵字形在汉字输出时要经常使用，所以要把各个汉字的字形码固定地存储起来。存放各个汉字字形码的实体称为汉字库。为满足不同需要，还出现了各种各样的字库，如宋体字库、仿宋体字库、楷体字库、简体字库和繁体字库等。

汉字的点阵字形的缺点是放大后会出现锯齿现象，很不美观。中文 Windows 下广泛采用了 TrueType 类型的字形码，用数学方法来描述一个汉字的字形码。采用这种字形码的汉字可以无限放大而不产生锯齿现象。

1.4　多媒体信息的表示与处理

具有多媒体功能的计算机除了可以处理数值和字符信息外，还可以处理图像、声音和视频等多种媒体信息。

在信息技术中，多媒体信息是多种媒体的综合，一般包括文本、声音和图像等多种媒体形式。多媒体技术是一种数字技术，是指将文字、图形、图像、声音、视频等多种媒体利用计算机进行数字化采集、获取、加工、存储和传播而综合为一体的技术，使信息的表现达到声、图、文并茂的效果。

多媒体信息具有生动性、多样化、交互性、集成性等特点，是人类生产、学习和生活中信息的重要表现形式，也是计算机中信息表示和处理的重要内容。在互联网中，图像、声音、视频等信息的传播和利用也日益普及。随着信息技术的发展，多媒体信息的存储、加工和传播的技术日趋成熟。

目前，计算机中处理的多媒体信息，除了文本信息以外，主要包括图形图像、音频和视频信息。

1.4.1　数字图像

计算机中的图像有两种格式，即位图图像和矢量图形。除了用于静态信息表现外，它们也是构成动画或视频的基础。

1. 位图图像

（1）位图图像的概念

位图图像也称栅格图像，简称位图，是在空间和亮度上已经离散化的图像。可以把一幅位图理解为由多个网格点组成的图像，每个网格都对应图像上的一个点，这些点被称为像素（pixel）。像素的颜色等级越多，图像越逼真。

位图适合表现细致、层次和色彩丰富，包含大量细节的图像。位图占用存储空间较大，一般需要进行数据压缩，但是在放大时清晰度会降低并且会出现锯齿。图 1-17 所示为位

图 1-17　位图及局部放大后的效果

图原图及局部放大后的效果。

影响位图显示质量的因素主要有分辨率和颜色深度。

1）分辨率。分辨率包括屏幕分辨率、图像分辨率和像素分辨率。

屏幕分辨率是指某一特定显示方式下，计算机屏幕上最大的显示区域，以水平方向和垂直方向的像素数表示。确定扫描图片的目标图像大小时，要考虑屏幕分辨率。

图像分辨率是指数字化图像的大小，以水平方向和垂直方向的像素数表示。图像分辨率与屏幕分辨率可能不同。当图像大小与屏幕分辨率相同时，图像刚好充满整个屏幕。如果图像的分辨率大于屏幕分辨率，则屏幕上只能显示该图像的一部分。

像素分辨率是指一个像素的长和宽的比例（也称像素的长宽比）。在像素分辨率不同的机器间传输图像时，图像会产生畸变，所以在不同的图形显示方式或计算机系统间转移图像时，要考虑像素分辨率。

2）颜色深度。颜色深度是指位图中每个像素所占的二进制位数。屏幕上的每个像素都占有一个或多个位，用来存放与它相关的颜色信息。颜色深度决定了位图中出现的最大颜色数。目前颜色深度分别为 1、4、8、24 和 32。若颜色深度为 1，则表明位图中每个像素只有一个颜色位，也就是只能表示两种颜色，即黑与白，亮与暗，或其他两种色调（或颜色），这通常称为单色图像或二值图像。若颜色深度为 8，则每个像素有 8 个颜色位，位图可支持 256 种不同的颜色。自然界中的图像至少有 256 种颜色。如果颜色深度为 24，位图中每个像素有 24 个颜色位，可包含 16 777 216 种不同的颜色，则称该位图为真彩色图像。

颜色深度值越大，显示的图像色彩就越丰富，画面也会越自然、逼真，但数据量也会随之增大。

3）图像文件的大小。图像文件的大小是指在存储时整幅图像所占用的空间，单位是字节，它的计算公式如下：

$$图像文件的存储空间=图像分辨率×图像深度÷8$$

式中，图像分辨率=高×宽。高是指垂直方向上的像素个数，宽是指水平方向上的像素个数。例如，一幅 640×480 的真彩色图像（24 位）的数据量为 640×480×24÷8=921 600B≈900KB。

显然，图像文件所需要的存储空间较大，在多媒体应用软件的制作中，应适当地调整图像的宽、高和图像的深度，并可采用数据压缩技术对文件进行处理以减小图像文件的大小。

（2）模拟图像的数字化

人眼看到的各种图像，如风景、人物、存在于纸介质上的图片、光学图像等都是模拟图像，其图像的亮度变化是连续的。计算机只能处理数字信息，要使计算机能处理图像信息，需要将模拟图像转化为数字图像，这一过程称为模拟图像的数字化。

模拟图像数字化过程包括如下两个步骤。

1）采样：就是将二维空间上模拟图像的连续亮度信息转化为一系列有限的离散数值，具体做法是将二维空间上的模拟图像在水平和垂直方向上分割成矩形点阵的网状结构。采样结果是整幅图像画面被划分为由 $m×n$ 个像素点构成的离散像素点集合。

2）量化：就是将亮度取值空间划分成若干个子区间，在同一子区间内的不同亮度值都用这个子区间内的某一确定值代替，这就使取值空间离散化为有限个数值。这个实现量化的过程就是模/数转换过程，相反，把数字数据恢复成模拟数据的过程称为数/模转换。

图像的数字化过程是使连续的模拟量变成离散的数字量，相较于原来的模拟图像，数字化过程带来了一定的误差，会使图像重现时有一定程度的失真。影响图像数字化质量的主要参数就是前面提到的分辨率和颜色深度。

（3）常见的位图格式

位图的格式有很多种，常见文件格式包括 BMP 格式、JPEG 格式、GIF 格式、PSD 格式等。

1）BMP 格式。BMP 格式是在 Windows 环境中交换与图像有关数据的一种标准格式，因此在 Windows 环境中运行的图形图像软件都支持 BMP 图像格式，其扩展名为.bmp。BMP格式的每个文件存放一幅图像，可以用多种颜色深度保存图像，根据用户需要可以选择图像数据是否采用压缩形式存放，通常 BMP 格式的图像默认采用非压缩格式。

2）JPEG 格式。JPEG 格式文件的扩展名为.jpg 或.jpeg，是常用的图像文件格式，是一种有损压缩格式。使用 JPEG 格式存储图像能够将图像压缩在很小的存储空间，图像中重复或不重要的数据会丢失，因此能够大幅压缩图像的存储空间，但也容易造成图像数据的损伤。因为 JPEG 格式的文件尺寸较小、下载速度快，目前各类浏览器均支持 JPEG 图像格式。

3）GIF 格式。GIF 格式文件的扩展名为.gif。目前，大多数图像软件支持 GIF 文件格式，它特别适合于动画制作、网页制作及演示文稿制作等领域。GIF 格式的文件对灰度图像表现最佳，图像文件小，下载速度快。

4）PSD 格式。PSD 是 Adobe 公司为图像处理软件 Photoshop 建立的标准文件格式，扩展名为.psd。这种格式可以存储 Photoshop 中图片的所有信息，包括图层、通道、颜色模式等。PSD 格式所包含图像数据信息较多，因此比其他格式的图像文件所需要的存储空间大得多。

5）TIFF 格式。TIFF 格式文件的扩展名为.tif 或.tiff，是一种通用的位图文件格式，具有图形格式复杂、存储信息多的特点，多用于高清晰度数码照片的存储，所占空间较大。动画制作软件 3ds Max 中的大量贴图就是 TIFF 格式的。

6）PNG 格式。PNG 是一种新兴的网络图形格式，具有存储形式丰富的特点。

（4）获取位图

位图通常用于创建实际的图像（如照片）。数码相机和手机也可将照片存储为位图，扫描产生的图像也是位图。得到的位图是由一系列表示像素的二进制位进行编码的，可以使用图形软件通过改变单个像素的方式对这类图形进行修改或编辑。

位图可以通过以下途径获取。

1）用数码相机或数字摄像机获取数字图像。数码相机和数字摄像机能直接以数字的形式进行拍摄，并都带有能与计算机相连的标准接口，可以将拍摄的数字图像传输到计算机中进行编辑和保存。

2）使用工具绘制图像。也可以利用画图、Photoshop、SAI 等软件创作所需要的图形，这种方法可以很方便地生成画面，如图案、插画等。

3）用数字转换设备或软件获取数字图像。这种方式可以将模拟图像转换成数字图像，如使用截图软件或视频采集卡截取动态视频，得到的一帧就是一幅画面。使用扫描仪可以将平面图像（如照片、杂志页面或书上的图片）转化成位图。

4）从数字图像库中获取图像。目前数字图像库越来越多，它们存储在 CD-ROM、磁盘或 Internet 上。图像的内容、质量和分辨率等都可以选择，获取数字图像后可以进行进一步的编辑和处理。

2. 矢量图形

（1）矢量图形的概念

矢量图形也称几何图形或图形，它是用一组指令来描述的，这些指令给出构成该画面的所有形状（直线、曲线、矩形、椭圆等）、位置、颜色等各种属性和参数。计算机在显示图形时，从文件中读取指令并转化为屏幕上显示的图形效果。

由于矢量图形是由点和线组成的，因此图像文件记录的是图形中每个点的坐标及相互关系。当放大或缩小矢量图形时，图形的质量不受影响。矢量图形占用空间小，并且基于矢量的图形，其清晰度与分辨率无关。

矢量图形文件常用扩展名有.wmf、.ai、.swf、.svg 等。

（2）矢量图形和位图的比较

矢量图形适合于大部分的线条、标志、简单的插图以及可能需要以不同的大小显示或打印的图表。与位图比较，矢量图形具有如下优、缺点。

1）在改变大小时，矢量图形比位图效果更佳。在改变矢量图形的大小时，图中的各个对象会按比例改变，从而保持其边缘的光滑（图 1-18），而位图边缘在放大后可能会产生锯齿。

2）矢量图形占用的存储空间通常比位图少。如图 1-18 所示的 SWF 格式文件仅占用 1KB 的存储空间，而同一图像的 BMP 位图存储空间超过 500KB。当然，矢量图形所占用的存储空间和图形的复杂程度有关。

图 1-18　改变大小的矢量图

3）在矢量图形中编辑对象比在位图中更容易。

4）矢量图形通常不如位图真实。大部分的矢量图形往往具有类似卡通图画的外观，而不是从照片中获得的真实外观。

（3）矢量图形的创建

扫描仪和数码相机都不能生成矢量图形，可以使用 CorelDRAW、Illustrator 和 CAD 等绘图软件来创建矢量图形。这些软件可以由人工操作进行交互式绘图，或是根据一组或几组数据绘出各种几何图形，并可以对图形的各个组成部分进行缩放、旋转、扭曲、上色等编辑和处理工作。

1.4.2　数字音频

声音是人们用来传递信息、交流感情的方便且熟悉的方式之一。数字音频是指一个用来表示声音强弱的数据序列，它是由模拟声音经抽样、量化和编码后得到的。

1. 声音数字化

声音是一种具有一定的振幅和频率、随时间变化的声波。话筒（麦克风）可以将声音转换成电信号，但这种电信号是一种模拟信号，不能由计算机直接处理，需要先进行数字化，即将模拟的声音信号经过模/数转换变换成计算机所能处理的数字声音信号，然后利用计算机进行存储、编辑或处理。现在几乎所有的专业化声音录制、编辑都是数字化的。在数字声音回放时，进行数/模转换，将数字声音信号变换为实际的声波信号，经放大后再由扬声器播出。

把模拟声音信号转变为数字声音信号的过程称为声音的数字化，它是通过对声音信号进行采样、量化和编码来实现的。声音数字化的过程如图 1-19 所示。

图 1-19 声音的数字化过程

从声音数字化的角度考虑，影响声音质量的因素主要有三个，分别为采样频率、采样精度和声道数。下面对它们及音频数据量计算进行介绍。

（1）采样频率

采样频率就是一秒内采样的次数。采样频率越高，时间间隔划分越小，单位时间内获取的声音样本数越多，数字化后的音频信号就越好，当然所需要的存储空间也越大。目前对声音进行采样的三个标准采样频率分别为 44.1kHz、22.05kHz 和 11.025kHz。

（2）采样精度

采样过程每取得一个声波样本，就表示一个声音幅度的值。表示采样值的二进制位数称为采样精度，也称量化位数，即每个采样点能够表示的数据范围和精度。量化位数的多少决定了采样值的精度。现在一般使用 8 位和 16 位两种量化位数。

对一个采样而言，使用的位数越多，则得到的数字波形与原来的模拟波形越接近，同时需要存储的信息量越多，数字音频的音质就越好。

（3）声道数

声道数是指一次采样所记录产生的声音波形个数，分为单声道和双声道。如果是单声道，则只产生一个声音波形。双声道（双声道立体声）产生两个声音波形，立体声音色、音质好，但所占用的存储空间成倍增长。

（4）音频数据量计算

通过对上述三个在声音数字化时影响声音质量的因素进行分析，可以得出声音数字化的数据量（即音频数据量），其计算公式如下：

$$音频数据量=采样频率×采样精度×声道数÷8×时间$$

式中，音频数据量的单位是字节（B）；采样频率的单位是赫兹（Hz）；采样精度的单位是位（bit）。

根据上述公式，用 44.1kHz 的采样频率进行采样，采样精度选择 16 位，录制 1s 的双声道（立体声）节目，其波形文件所需的数据量如下：

$$44\,100×16×2÷8×1=176\,400（B）$$

2. 数字音频的文件格式

音频数据以文件的形式保存在计算机中。音频文件主要有 WAVE、MP3、RA 和 WMA 等格式。

（1）WAVE 格式

WAVE 格式是一种通用的音频数据文件格式，WAVE 格式文件的扩展名为.wav，即波形文件。WAVE 文件没有采用压缩算法，因此多次修改和剪辑也不会失真，而且处理速度也相对较快，几乎所有的播放器都能播放 WAVE 格式的音频文件。但其波形文件的数据量比较大，数据量的大小直接与采样频率、量化位数和声道数成正比。

（2）MP3 格式

MP3 是按 MPEG 标准的音频压缩技术制作的数字音频文件格式。MP3 是一种有损压缩，压缩比可达 10∶1 甚至 12∶1，因其压缩率大、文件较小，是目前最流行的网络声音文件格式。一般说来，1min CD 音质的 WAVE 文件约需 10MB 的存储空间，而经过 MP3 标准压缩可以达到 1MB 左右，且基本保持不失真。目前所有的媒体播放工具几乎都支持 MP3 格式。

（3）RA 格式

RA 是由 RealNetworks 公司开发的一种具有较高压缩比的音频文件格式，RA 格式文件的扩展名为.ra。RA 文件的压缩比可达 96∶1，因此文件占用的存储空间小，适合采用流媒体的方式实现网上实时播放，即边下载边播放。同样也由于其压缩比高，声音失真比较严重。

（4）WMA 格式

WMA（windows media audio）是 Microsoft 公司推出的与 MP3 格式齐名的一种音频格式，WMA 格式文件的扩展名为.wma。WMA 文件可以保证所需的存储空间仅为 MP3 文件的一半，但却能保持相同的音质。现有的大多数媒体播放工具都支持 WMA 文件的播放。

（5）MIDI 文件

MIDI（musical instrument digital interface，音乐乐器数字接口），实际上是一种技术规范，是把电子音乐设备与计算机相连的一种标准，是控制计算机与具有 MIDI 接口的设备之间进行信息交换的一整套规则。

把一个带有 MIDI 接口的设备连接到计算机上，就可记录该设备产生的声音，这些声音实际上是一系列的弹奏指令。将电子乐器的弹奏过程以命令符号的形式记录下来，形成的文件就是 MIDI 文件，扩展名为.mid。MIDI 文件中存储的不是声音的波形数据，因此文件紧凑，占用的存储空间较小。

1.4.3　数字视频

从传统意义上讲，以电视、录像等为代表的视频技术属于模拟电子技术范畴。随着计算机多媒体技术的发展，动态视频逐步采用数字技术。视频数据采集和处理是多媒体技术的重要内容之一。

1. 视频

视频是随时间连续变化的一组图像，其中的每一幅称为一帧（frame）。当帧速率达到 12 帧/秒（12f/s）以上时，可以产生连续的显示效果。通常视频还配有同步的声音，所以存储视频信息需要占用巨大的存储空间。

视频分为模拟视频和数字视频两类。早期的电视视频信号的记录、存储和传输都采用模拟方式，现在的 VCD、DVD、数字式摄像机、数字电视中的视频信号都属于数字视频范畴。

2. 视频的数字化

数字视频的获取可以通过对模拟视频的数字化获得。当视频信号被数字化后，就能实现许多模拟信号不能实现的处理，如不失真地无限次复制，长时间保存且无信号衰减，更有效地编辑、创作和进行特殊效果的艺术加工，用计算机播放视频等。

视频数字化和音频数字化过程相似，即在一定的时间内以一定的速度对单帧视频信号进行采样、量化、编码，并通过视频捕捉卡或视频处理软件来实现模/数转换、色彩空间变换和编码压缩等。

视频数字化后，如果不对视频信号加以压缩，则数据量根据帧乘以每幅图像的数据量大小来计算。例如，在计算机上连续显示分辨率为 1 024×768 的 24 位真彩色高质量的视频图像，按照每秒 24 帧计算，显示时长 1min，需要的数据存储空间如下：

$$1\,024×768×24÷8×24×60≈3.4（GB）$$

视频图像数据量非常大，这就带来了图像数据的压缩问题。可以通过压缩、降低帧速、缩小画面尺寸等方式来降低数据量。

3. 视频的文件格式

（1）AVI 格式

AVI 格式文件是 Windows 操作系统的标准格式，是 Video For Windows 视频应用软件使用的格式。AVI 格式很好地解决了音视频信息的同步问题，采用有损压缩方式，可以达到很高的压缩比，是目前比较流行的视频文件格式。

（2）MOV 格式

MOV 格式是 Apple 公司在 Macintosh 计算机中使用的音/视频文件格式，现在已经可以在 Windows 环境下使用。由于 MOV 格式采用 Intel 公司的 INDEO 有损压缩技术，以及音/视频信息混合交错技术，因此 MOV 格式视频的图像质量优于 AVI 格式。

（3）MPEG 格式

MPEG 格式是采用 ISO/IEC 颁布的运动图像压缩算法国际标准进行压缩的视频文件格式。MPEG 平均压缩比为 50∶1，最高达 200∶1，该格式质量高、兼容性好。VCD 上的电影、卡拉 OK 的音视频信息就是采用这种格式进行存储的，播放时需要 MPEG 解压卡或 MPEG 解压软件的支持。

（4）流媒体视频格式

互联网的普及和多媒体技术在互联网上的应用，迫切要求能实时传送视频、音频、动画等媒体文件的技术。在这种背景下，流式传输技术及流媒体应运而生。流媒体是为实现视频信息的实时传送和实时播放而产生的用于网络传输的视频格式，视频流放在缓冲器中，可以边传输边播放。在 Internet 上较为常用的流媒体视频格式有以下几种。

1）RM 格式。它由 RealNetworks 公司推出，包括 RealAudio（RA）、RealVideo（RV）和 RealFlash（RF）三种格式。RA 格式用来传输接近 CD 音质的音频数据，RV 格式主要用来在低速率的网络上实时传输活动视频影像，RF 则是一种高压缩比的动画格式。

2）QT 格式。它是由 Apple 公司推出，可用 QuickTime 播出的视频格式，用于保存音频和视频信息，具有先进的音频和视频功能，被包括 Apple Macintosh OS、Microsoft Windows 在内的所有主流计算机操作系统支持。

3）ASF 格式。它是由 Microsoft 公司推出的高级流格式。音频、视频、图像、控制命令脚本等多媒体信息可通过 ASF 格式，以网络数据包的形式传输，实现流式多媒体内容的发布。

4．视频获取和编辑

（1）获取数字视频文件

可以通过视频卡和数码摄像机来获取视频文件。利用视频卡可以获取模拟视频输入，把模拟视频信号接到视频卡输入端，经转换成为数字视频图像序列。利用数码摄像机可以直接获取视频数字信号，并保存在数码摄像机存储卡上，然后通过 USB 接口直接输入计算机。

使用软件制作数字视频是另外一种获取视频的方法。可以利用软件截取 VCD 上的视频片段，获得高质量的视频素材，也可以使用三维动画软件制作视频文件。

（2）数字视频编辑

在对视频信号进行数字化采样后，可以对视频信号进行编辑和加工，如对视频信号进行删除、复制、改变采样频率、改变视频（音频）格式等操作。

现在的数字视频编辑采用非线性编辑技术。非线性编辑的优势在于使用随机存取设备就可以方便地编辑和安排视频剪辑。但是，视频编辑需要很大的硬盘空间，所以在开始编辑前，要确保计算机硬盘有足够的可用存储空间，且计算机应有超过 4GB 的内存。

当视频的连续镜头被传输到计算机并被存储到硬盘以后，即可开始使用视频编辑软件来进行视频剪辑，这些软件包括 Adobe Premiere、Apple-Final Cut Pro、Ulead Video Studio 等。其中，视频软件 Premiere 是功能较强的编辑工具，可以编辑各种视频片断，添加各种特效，实现字幕、图标和其他视频效果，配音并对音频进行编辑调整等。

视频文件的播放需要安装视频播放软件。视频播放软件种类非常多，一些操作系统，如 Windows 中的媒体播放器也可播放视频文件。

1.4.4　数据压缩技术

1．数据压缩

数据压缩技术是多媒体技术发展的关键技术之一，是计算机处理语音、静止图像和视频图像数据进行数据网络传输的重要基础。未经压缩的图像及视频信号数据量是非常大的。例如，一幅分辨率为 640×480 像素的 256 色图像的数据量为 300KB 左右，数字化标准的电视信号的数据量每分钟约 10GB。这样大的数据量超出了多媒体计算机的存储和处理能力。因此，为了使这些数据能够被存储、处理和传输，就必须进行数据压缩。由于语音的数据量较小，且基本压缩技术已成熟，因此目前的数据压缩研究主要集中在图像和视频信号的压缩方面。

2．无损压缩和有损压缩

数据压缩是通过改善编码技术来减少数据存储时所需的空间，当需要使用原始数据时，再对压缩文件进行解压缩。如果压缩后的数据经解压缩后，能准确地恢复压缩前的数据，则称为无损压缩，否则称为有损压缩。

无损压缩是通过统计被压缩数据中重复数据的出现次数来进行编码的。无损压缩由于能够确保解压后的数据不失真，一般用于文本数据、程序及重要图片和图像的压缩。无损压缩比一般为 2∶1～5∶1，压缩比例小，因此不适合实时处理图像、视频和音频数据。典型的无损压缩软件有 WinZip、WinRAR 软件等。

有损压缩利用了人类视觉对图像的某些频率成分不敏感的特性,允许压缩过程中损失一定的数据。虽然不能完全恢复原始数据,但是所损失的部分对理解原始数据的影响极小,却换来了大得多的压缩比。目前国际相关组织已经联合制定了两个压缩标准,即 JPEG 和 MPEG 标准。

3. JPEG 和 MPEG

联合图像专家组(Joint Photographic Experts Group,JPEG)标准适用于连续色调和多级灰度的静态图像。对单色和彩色图像的压缩比通常分别为 10∶1 和 15∶1,常用于 CD-ROM、彩色图像传真和图文管理,多数 Web 浏览器支持 JPEG 图像文件格式。

运动图像专家组(Moving Picture Experts Group,MPEG)标准不仅适用于运动图像,也适用于音频信息,它包括 MPEG 视频、MPEG 音频、MPEG 系统(视频和音频的同步)三部分,MPEG 视频是 MPEG 标准的核心。MPEG 已发布了 MPEG-1、MPEG-2、MPEG-4、MPEG-7 和 MPEG-21 等多种标准。

1.5　信息与网络安全

随着社会信息化进程的深入,无论对国家还是个人,信息都是重要的资源,保障信息安全已经成为十分紧迫的任务。随着互联网应用的普及,网络攻击的手段层出不穷,而互联网本身又存在安全缺陷,故保障信息安全面对诸多困难。

1.5.1　信息安全的含义与特征

信息安全主要涉及信息存储的安全、信息传输的安全,以及对信息内容授权使用审核方面的安全。我国在 1997 年 7 月实施了《计算机信息系统安全专用产品分类原则》,对信息安全做了明确的定义:防止信息财产被故意或偶然的非授权泄露、更改、破坏或使信息被非法的系统辨识、控制,即确保信息的完整性、保密性、可用性和可控性这四个特性。

1)完整性。完整性是指信息未经授权不能被改变的特性,即信息在存储或传输过程中保持不被偶然或蓄意删除、修改、伪造、重放、插入等破坏和丢失的特性。只有得到授权的人才能够修改,并且能够判别出信息是否已被改变。完整性要求信息保持原样,正确地生成、存储和传输。

2)保密性。保密性是指确保信息不泄露给未授权用户、实体或进程,不被非法利用,即信息的内容不能被未授权的第三方获知。这里所指的信息不但包括国家秘密,而且包括各种社会团体、企业组织的工作秘密和商业秘密,还包括个人隐私。

3)可用性。可用性是指可被授权实体访问并按需求使用的特性。无论何时,只要被授权者需要,就能够取得所需的信息,攻击者不能占用所有的资源而妨碍被授权者的使用,系统必须是可用的,不能拒绝服务。网络环境中的拒绝服务、破坏网络和破坏系统的正常运行等都属于对可用性的攻击。

4)可控性。可控性是对信息的传播及内容具有控制能力的特性,即授权机构可以随时控制信息的保密性。

概括地说，计算机信息安全的核心是通过计算机、网络、密码安全技术，保证信息在信息系统及公用网络中传输、交换和存储信息过程的完整性、保密性、可用性和可控性。

1.5.2　信息安全的威胁

随着信息传输的方式不断增多，人们获取信息的渠道越来越广，信息在存储、处理和交换过程中，面临如下几种威胁。

1. 非法窃取信息

非法窃取信息的方式有很多，如信息截取、黑客攻击、利用技术缺陷获取等。

1）信息截取。通过信道进行信息的监听和截取，直接获取机密信息；或通过对信息的流量和通信频度、长度进行分析，间接获取有用信息。这种方式不破坏信息的内容，不易被发现。

2）黑客攻击。黑客指的是利用技术专长攻击网站或计算机的技术人员。任何网络系统、站点都存在被黑客攻击的可能性，而黑客又善于隐蔽，难以追踪，因此黑客攻击已经成为网络安全的重大隐患。

3）利用技术缺陷获取。在硬件和软件系统设计过程中，由于认知能力和技术发展的局限性，系统中会不可避免地存在安全漏洞和后门，由此就埋下了信息的安全隐患。

2. 恶意代码

恶意代码，顾名思义是一段对计算机系统实施破坏的程序，它通过各种传播途径植入计算机系统，伺机展开破坏或非法获取信息等。常见的恶意代码有陷阱门、病毒、木马等。

1）陷阱门。陷阱门是某个程序的秘密入口，通过该入口，程序可以绕过正常的登录过程，直接对资源进行访问。

2）病毒。病毒是狭义的恶意代码，是指插入计算机程序中的破坏计算机功能或数据的代码。计算机病毒具有复制能力，能够快速蔓延，又常常难以根除。它们能将自身附着在各种类型的文件上，当文件被复制或从一个用户传送到另一个用户时，它们就随同文件一起蔓延开来。

3）木马。木马也称木马病毒。与一般的病毒不同，它不会自我繁殖，也并不刻意地感染其他文件，它通过伪装自身来吸引用户下载执行。一旦木马被运行，被植入木马的系统将会有一个或几个端口被打开，攻击者便可以肆意毁坏、窃取被植入者的文件，甚至远程操控被植入者的计算机系统。

3. 拒绝服务攻击

拒绝服务攻击是通过某种方法耗尽被攻击方的网络设备或服务器资源，使其不能正常提供服务的一种攻击手法。拒绝服务攻击分为直接攻击和间接攻击两种。

随着网络应用的深入，网络信息安全威胁在规模、严重程度及复杂性等方面有增无减，网络犯罪手段多样化、信息隐私的监管力度亟待加强、企业信息安全防范意识薄弱和手段缺失等各种现状对信息安全保护提出了更大的挑战。

1.5.3　工作和生活中的信息安全

1. 账号与密码被盗

不法分子开发或购买木马程序，伪装成其他类型的文件，通过邮件、即时通信工具或文件下载等途径进行传播。普通用户在不经意间下载执行该文件后，就有可能被窃取账号与密码等敏感信息。

2. 信用卡被盗刷

在生活中，我们很有可能在不经意间泄露或被窃取信用卡账号、CVV 代码、信用卡有效期和密码等敏感信息。这些信息被不法分子窃取后，就有可能导致信用卡被盗刷，从而造成经济损失，危害个人财产安全。

除此之外，我们还可能在生活中遇到网络诈骗和钓鱼网站等，这些会对个人的隐私信息、财产造成危害，影响人们的正常生活。

3. 网络设备面临的威胁

路由器是常用的网络设备，是企业内部网络与外界通信的出口，一旦黑客攻陷路由器，长时间掌握了控制内部网络访问外部网络的权限，将产生严重的后果。

4. 操作系统面临的威胁

目前，常用的操作系统是 Windows、Linux 及 iOS，这些操作系统也面临着网络安全威胁。一方面，操作系统本身存在漏洞，黑客可能利用这些漏洞入侵操作系统；另一方面，黑客有可能采取非法手段获取操作系统权限，对系统进行非法操作或破坏。因此，人们需要重视操作系统的安全。

5. 应用程序面临的威胁

计算机上运行着大量的应用程序，包括邮箱、数据库、各种工具软件等，这些应用程序也面临着严峻的网络安全问题。例如，邮箱因被攻击而无法正常提供服务，甚至导致邮件信息泄露，企业数据库被攻击会造成大量交易信息或用户信息泄露等。

1.5.4　网络空间安全

1. 网络空间安全的主要内容

网络空间安全包括物理安全、网络安全、系统安全、应用安全、数据安全，还包括大数据背景下的先进计算安全问题、舆情分析、隐私保护、密码学及应用等，涵盖产业界所理解的主要安全方面的内容。这些内容相互依存、相互交织、相互渗透、相互牵制，构成了网络空间安全整体的基础结构。

2. 我国网络空间安全面临的严峻挑战

在网络空间面临重大机遇的同时，网络空间安全形势也日益严峻，国家政治、经济、文化、社会、国防安全及公民在网络空间的合法权益都面临着风险与挑战。

（1）网络渗透危害政治安全

政治稳定是国家发展、人民幸福的基本前提。利用网络干涉他国内政、攻击他国政治制度、煽动社会动乱、颠覆他国政权，以及大规模网络监控、网络窃密等活动严重危害国家政治安全。

（2）网络攻击威胁经济安全

网络和信息系统已经成为关键基础设施乃至整个经济社会的神经中枢，若遭受攻击，将发生重大安全事件，可能会导致能源、交通、通信、金融等基础设施瘫痪，造成灾难性的后果，严重危害国家经济安全和公共利益。

（3）网络有害信息危害文化安全

网络上各种思想文化层出不穷，优秀传统文化和主流价值观面临冲击。网络谣言、颓废文化和淫秽、暴力、迷信等违背社会主义核心价值观的有害信息会侵蚀青少年身心健康，败坏社会风气，误导价值取向，危害文化安全。

（4）网络恐怖和违法犯罪破坏社会安全

恐怖主义、分裂主义、极端主义等势力利用网络煽动、策划、组织和实施暴力恐怖活动，直接威胁人民生命财产安全、社会秩序。计算机病毒、木马等在网络空间传播蔓延，网络欺诈、黑客攻击、侵犯知识产权、滥用个人信息等不法行为大量存在，一些组织肆意窃取用户信息、交易数据、位置信息及企业商业秘密，严重损害国家、企业和个人利益，影响社会的和谐与稳定。

（5）网络空间的国际竞争方兴未艾

国际上争夺和控制网络空间战略资源、抢占规则制定权和战略制高点、谋求战略主动权的竞争日趋激烈。个别国家强化网络威慑战略，加剧网络空间军备竞赛，世界和平受到新的挑战。

思考题

1. 计算机的发展经历了哪几个阶段？各阶段的主要特征是什么？
2. 计算机的类型有哪些？
3. 简述计算机的应用领域。
4. 什么是基数？什么是位权？
5. 简述二进制数、八进制数、十进制数及十六进制数之间相互转换的方法。
6. 什么是 ASCII？
7. 说明图像数字化的过程。如何估算数字化后图像文件的大小？
8. 什么是矢量图？什么是位图？两者之间有什么区别？
9. 音频文件格式有哪些？
10. 常用的流媒体视频格式有哪些？各有什么特点？

第 2 章　计算机系统

随着计算机技术的飞速发展及其在社会各个领域中的广泛应用，计算机已经成为人们在工作和生活中不可缺少的重要工具之一。为了使其更好地服务于人们的工作与生活，理解和掌握计算机系统的组成和工作原理是十分重要的。

本章主要内容如下：

1）计算机系统结构。

2）计算机工作原理。

3）微型计算机硬件系统。

4）计算机软件系统。

2.1　计算机系统结构

2.1.1　计算机系统的组成

计算机系统主要由硬件（hardware）系统和软件（software）系统两大部分组成。硬件是指能看得见、摸得着的实际物理设备，如通常看到的台式计算机会有机柜或机箱，内部装有各种电子元器件，还有键盘、鼠标、显示器和打印机等外部设备，它们是计算机工作的物质基础。软件是指各类程序和数据，包括计算机本身运行所需要的系统软件和完成用户任务所需要的应用软件。计算机系统的基本组成如图 2-1 所示。

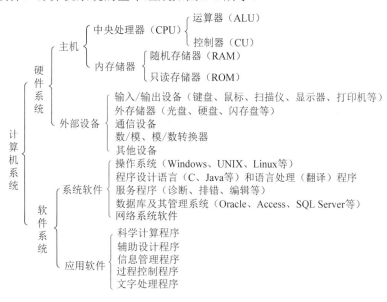

图 2-1　计算机系统的基本组成

2.1.2 冯·诺依曼计算机

计算机自诞生以来发展迅速，现代计算机在性能指标、运算速度、工作方式、应用领域等方面都发生了很大的变化，但是计算机的基本结构没有改变，依然属于冯·诺依曼结构。

1. 冯·诺依曼思想

1945年，著名美籍匈牙利数学家冯·诺依曼提出了一个完整的通用电子计算机的设计方案。在该方案中，冯·诺依曼总结并提出了如下思想。

1）计算机应包括运算器、控制器、存储器、输入设备和输出设备等基本部件。

2）计算机内部采用二进制数来表示指令和数据。每条指令一般具有一个操作码和一个地址码。其中，操作码表示运算性质，地址码指出操作码在存储器中的地址。

3）将编写好的程序送入内存储器，然后启动计算机工作，无须操作人员干预，计算机就能自动逐条读取指令和执行指令。

2. 冯·诺依曼结构

按照冯·诺依曼思想，计算机的硬件由运算器、控制器、存储器、输入设备和输出设备五大部分组成，其中，运算器和控制器一起构成了计算机的大脑，即CPU。采用冯·诺依曼思想的计算机结构称为冯·诺依曼结构，其结构图如图2-2所示。

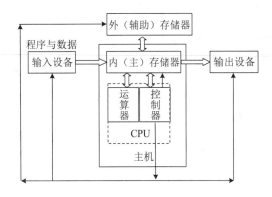

图2-2 冯·诺依曼计算机结构图

图2-2中，双线箭头代表数据信号流向，传输的是指令、地址、数据；单线箭头代表控制信号流向，传输的是控制器发出的控制信号。根据数据流方向可以看出计算机的工作流程分为输入、处理、输出。首先计算机将完成任务所需的程序和数据通过输入设备送入计算机内存储器中；然后CPU从内存储器中取出指令，通过分析后发出控制信号指挥各个部件协调处理；最后通过输出设备输出处理结果。

2.1.3 硬件系统核心部件

计算机硬件系统的核心部件包括运算器、控制器、存储器、输入设备、输出设备。

1. 中央处理器的组成

中央处理器是计算机最重要的部件，计算机中的各种运算和控制都由中央处理器来完成。中央处理器的内部结构从总体上来看主要包括三大部分：运算器、控制器和寄存器，如图 2-3 所示，它们通过中央处理器内部总线连接在一起。

（1）运算器

运算器是对数据进行加工处理的部件，它在控制器的控制下与内存储器交换数据，负责进行算术运算、逻辑运算和其他操作。在运算器中含有用于暂时存放数据或结果的寄存器。

运算器主要由算术逻辑单元（arithmetic logic unit，ALU）、内部寄存器（包括标志寄存器、通用寄存器和专用寄存器组）及内部总线三部分组成，其核心是算术逻辑单元。算术逻辑单元执行的基本操作包括加、减、乘、除等算术运算，与、或、非等逻辑运算，以及移位、求补等运算。

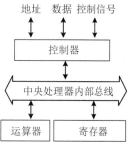

图 2-3 中央处理器的基本结构

（2）控制器

控制器是整个计算机系统的指挥中心，负责完成指令的分析，指令及操作数的传送，并根据指令的要求，有序、有目的地向各个部件发出控制信号，使计算机的各个部件协调一致地工作。

控制器的主要功能是取指和控制指令执行。由于指令和数据都存储在内存储器中，因此，执行指令的第一步是从内存储器中读出指令，即取指。然后，由控制器根据指令的含义和控制器的状态将指令送入运算器执行。执行中要用到的操作数及最终的运算结果也由控制器通过总线送入内存储器存放。

（3）寄存器

按寄存器的字面意思，可将其理解为用于暂时存放数据的小容量、高速度的存储部件。这里的"数据"是广义的，可以是参加运算的操作数或运算的结果，存放这类数据的寄存器称为通用寄存器。另一类"数据"表示计算机当前的工作状态，存放这类数据的是专用寄存器，如指令寄存器、状态寄存器、程序计数器等。其中，程序计数器是存放指令的地址，当前指令执行完毕后，程序计数器会自动指向下一条要执行的指令。指令寄存器存放从内存中取出的指令。

现代处理器还包含高速缓冲存储。在计算机中，运算器和控制器被集成在一个硅片上，采用一定的形式封装后就是我们通常见到的中央处理器。

2. 存储器的结构

存储器是计算机的记忆装置，主要用来保存数据和程序，因此存储器具有存数和取数的功能。存数是指向存储器里"写入"数据；取数是指从存储器里"读取"数据。读/写操作统称为对存储器的访问操作。

存储器可分为主存储器和辅助存储器两大类。主存储器与中央处理器组装在一起构成主机，直接受中央处理器控制，又称内存储器，简称主存或内存。辅助存储器也称外存储器，简称辅存或外存，用来存储当前不在中央处理器中处理的程序和数据。

（1）存储器的结构

存储器的结构可以表示为一个 n 行 m 列的矩阵，如图 2-4 所示，其中的每一格用于存储一位二进制数。存储器的每一行称为一个"存储单元"，每个存储单元存放一个 8 位二进制数，并有其固定的长度单位——字节（B）。存储器容量用存储器中含有的存储单元的个数来表示，以字节（B）为单位，每个字节包含 8 个二进制位（bit）。存储器容量通常以 KB、MB、GB、TB 为单位，它们之间的换算关系为

1B=8bit，1KB=1 024B，1MB=1 024KB，1GB=1 024MB，1TB=1 024GB

存储器中每个存储单元都有唯一的编号，称为存储单元地址，地址从 0 开始顺序编排。在对存储单元进行访问时，首先应提供存储单元的地址，然后才能存取相应存储单元的信息。

（2）地址位数与存储单元数量的关系

计算机中的数据全部是以二进制数表示的，存储单元的地址也是二进制数。在不同的计算机中，用于表示存储单元地址的二进制数的位数也可能不同。如果用 n 位二进制数作为地址，就会有 2^n 个不同的地址编码，也就可以标识 2^n 个不同的存储单元。因此，存储单元地址的位数与存储器存储单元的数量存在关联。

如果某台计算机用 32 位二进制数作为地址，则该计算机的存储器最多可以有 2^{32} 个存储单元，即存储空间为 4GB。

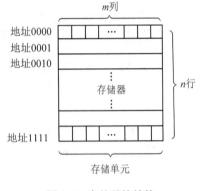

图 2-4　存储器的结构

3. 输入设备与输出设备

输入设备用于接收用户输入的原始数据和程序，并将它们转换为计算机能够识别的形式存放在内存中。常见的输入设备有键盘、鼠标、扫描仪等。

输出设备用于将存放在内存中并经计算机处理的结果输出。常见的输出设备有显示器、打印机、绘图仪等。

输入设备与输出设备统称为 I/O 设备。

2.2　计算机工作原理

计算机的工作过程是执行程序的过程，程序是指令的集合。如何组织程序，这个问题涉及计算机体系结构。现在的计算机都是基于"程序存储"概念设计制造出来的。

2.2.1　指令与指令系统

1. 指令

指令是指能被计算机识别并执行的二进制数代码，它规定了计算机能完成的某一种操作。中央处理器的运算器只能完成基本的算术运算、逻辑运算以及移位、求补等操作，对于比较复杂问题的求解，在运算前需要转换成若干个基本操作步骤。中央处理器能执行的每一

种基本操作称为一条指令，这些指令被称为机器指令。

指令的数量与类型由中央处理器决定。系统内存用于存放被执行程序和数据，程序由一系列指令组成，这些指令在内存中是有序存放的。什么时候执行哪一条指令由中央处理器中的控制器决定。数据是用户需要处理的信息，包括用户的具体数据和这个数据在内存中的地址。

一条指令通常由操作码和地址码两部分组成。操作码用于指明该指令要完成操作的类型或性质，如取数、做加法或输出数据等。地址码用于指明操作对象的内容或所在的存储单元地址。

2. 指令系统

一台计算机中所有指令的集合，称为该计算机的指令系统。不同类型的计算机，指令系统的指令条数有所不同。但无论是哪种类型的计算机，指令系统都应具有以下功能的指令。

1）数据传送指令：将数据在内存与中央处理器之间进行传送。

2）数据处理指令：对数据进行算术、逻辑或关系运算。

3）程序控制指令：控制程序中指令的执行，如条件转移、无条件转移、调用子程序、返回、停机等。

4）输入/输出指令：用来实现外部设备与主机之间的数据传输。

5）其他指令：对计算机的硬件进行管理等。

3. 程序

利用计算机解决问题时，需要明确地定义解决问题的步骤，这就需要对计算机发布一系列指令，这些指令的集合称为程序。目前，大部分程序采用高级语言编写。采用高级语言编写的程序需要翻译成中央处理器能够执行的机器指令，这些机器指令按照程序设定的顺序依次执行，完成一系列对应的操作。

2.2.2　计算机的基本工作原理

冯·诺依曼思想最重要的一点在于明确提出了"程序存储"的概念，而计算机的工作原理就是基于"程序存储"思想的。

1. 计算机的工作过程

下面通过一个简单的计算过程说明计算机的基本工作原理。

假设输入两个初始数据（如 5 和 3），计算它们的和并输出结果。首先，用一种高级程序设计语言（如 C 语言）编写如下一个名为 Test.c 的源程序文件：

```
main()
{int a,b,c;
 scanf("%d %d",&a,&b);
 c=a+b;
 printf("%d", c);
 }
```

　　然后，用 C 语言将程序编译为目标程序（文件名为 Test.obj）。最后，连接装配成可执行的机器语言程序，并在内存中执行。在执行时，计算机指令依次完成如下操作。

　　1）从键盘输入初始数据 5 和 3，分别存储到由名称 a 和 b 代表的存储单元。

　　2）从名称 a 和 b 所代表的存储单元中读取数据 5 和 3，相加得到结果 8，并将结果 8 保存到由变量名称 c 所代表的存储单元中。

　　3）从由变量名称 c 所代表的存储单元中读取结果 8，并在屏幕上显示输出。

　　如前所述，通常每条指令都包含操作码和地址码两部分。假设取数指令的操作码为 0010，数 5 存放在存储器的 0001 存储单元中，那么第一条指令应为 00100001。其余的指令也有类似的形式。

　　将可执行的程序存入计算机，计算机会记下程序的起始地址。运行这个程序时，计算机首先将该程序的起始地址送入指令计数器（program counter，PC），控制器按照 PC 中的地址从内存中取出指令并送入指令寄存器（instruction register，IR）。计算机分析 IR 中的操作码部分，确定应完成什么操作。然后由操作命令产生部件按照一定顺序发出控制信号，控制有关部件完成规定操作。在完成一条命令的过程中，当 PC 送出上一条指令的地址后会自动将 PC 内容加 1，准备好下一条指令的地址。这样一来，计算机自动逐条读取指令、分析指令、执行指令，直到该程序的指令全部执行完毕。程序的执行流程如图 2-5 所示。

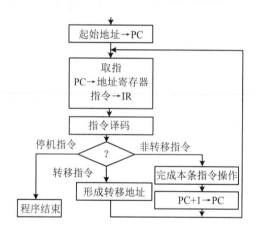

图 2-5　程序的执行流程

2. 计算机的工作原理

　　根据对上述程序执行流程的分析可知，计算机的基本工作原理如下：

　　1）计算机自动计算或处理的过程实际上是执行预先存储在计算机里的一段程序的过程，即计算机是由程序控制的，程序是由人编写的。当然，编写程序所采用的语言可以不同。

　　2）计算机程序是指令的有序序列，执行程序的过程实际上是依次逐条执行指令的过程。

　　3）指令的执行是由计算机硬件实现的。每条指令的实现都经过读取指令、分析指令和执行指令三个步骤，并为读取下一条指令做好准备。

2.3　微型计算机硬件系统

　　微型计算机也称为个人计算机（personal computer，PC），是日常工作和生活中最常见的计算机类型，微型计算机的硬件系统在物理上可以看作由主机和外部设备组成，如图 2-1 所示。

　　目前，微型计算机大多采用总线结构，以总线为核心将中央处理器、存储器、输入/输出设备连接在一起。

2.3.1　微型计算机硬件系统的组成

　　在逻辑上，微型计算机的硬件系统由运算器、控制器、存储器、输入设备和输出设备五大部件组成，在物理上则包括主板、中央处理器、内存、外存（如硬盘、光盘）、输入设备（如键盘、鼠标）、输出设备（如显示器、打印机）及其他物理部件。

　　1. 主板

　　主板安装在主机箱内，图 2-6 所示为台式计算机主机箱内部结构。主板又称系统主板（system board），如图 2-7 所示，主要由线路板和其上安装的各种元器件组成。主板是微型计算机最基本、最重要的部件之一。主板主要包括中央处理器插槽、内存插槽、扩展插槽、各种接口、BIOS 芯片、CMOS 芯片等。有些主板还集成了显卡、声卡、网卡等适配器。

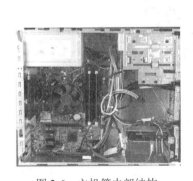

图 2-6　主机箱内部结构

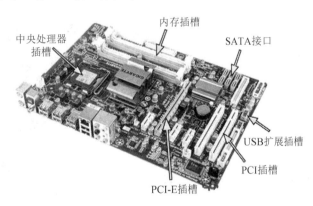

图 2-7　主板

　　1）中央处理器插座与插槽。用于固定连接中央处理器芯片。由于集成化程度和制造工艺不断提高，越来越多的功能被集成到中央处理器上。不同品牌和类型的中央处理器采用不同的接口，目前主流的中央处理器接口类型有 Socket 和 LGA 等。

　　2）内存插槽。主板给内存预留的专用插槽，主板所支持的内存种类和数量都由内存插槽来决定。只需使用与内存插槽类型匹配的内存条，就可以实现内存的扩充。184 和 240 针双列直插式存储模块（dual inline memory modules，DIMM）是目前较常见的一种内存插槽。图 2-8 所示为 DDR3 240 针的内存。

图 2-8　内存条

3）扩展插槽。扩展插槽可以插入许多标准选件，如显卡、声卡、网卡等，以扩展微型计算机的各种功能。将插卡插入扩展插槽后，就可以通过系统总线与 CPU 连接，在操作系统的支持下实现即插即用。扩展插槽主要有 PCI 和 PCI-E 等，其中 PCI 插槽可插接声卡、网卡、电视卡、视频采集卡以及其他种类繁多的扩展卡。目前，PCI-E 插槽已经全面替换了上一代的 PCI 插槽，它的主要优势就是数据传输速率高，能满足人们需要使用高速设备的需求。

4）BIOS 芯片。即基本输入/输出系统（basic input/output system）芯片，是主板的核心，保存着计算机系统中的基本输入/输出程序、系统信息设置、自检程序和系统启动自举程序。BIOS 负责从计算机开始加电到完成操作系统引导之前的各个部件和接口的检测及运行管理。现在主板的 BIOS 还具有电源管理、中央处理器参数调整、系统监控、病毒防护等功能。常见的 BIOS 芯片有 AWARD、AMI 等品牌。

5）SATA 接口。SATA 接口是存储器接口，主要连接硬盘和光驱。目前 SATA 接口已经取代传统的 IDE 接口，成为主流。

6）外部接口。接口是指计算机系统中，在两个硬件设备之间起连接作用的逻辑电路。接口的功能是在各个组成部件之间进行数据交换。主机与外部设备之间的外部接口称为输入/输出接口，如图 2-9 所示。

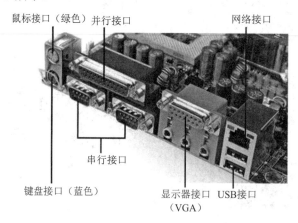

图 2-9　输入/输出接口

① 显示器接口。VGA、DVI 和 HDMI 都是显示器接口，用于连接显示器。VGA 用于传输模拟信号，DVI 和 HDMI 用于传输数字信号。

② 通用串行总线（universal serial bus，USB）接口。它是一种即插即用型接口，用于连接各种外部设备。USB 接口的使用十分灵活、方便，被广泛地应用于个人计算机和移动终端等设备。

③ 网络接口。典型的网络接口是 RJ-45 以太网接口，用于连接局域网或互联网，传输速率有 10Mbit/s、100Mbit/s 或 1 000Mbit/s 等几种，网络接口可以自适应网络设备的速度。

④ 键盘/鼠标接口。又称 PS2 接口，用于连接键盘和鼠标。采用颜色标识，紫色或蓝色

用于连接键盘，绿色用于连接鼠标。

⑤ 串行和并行接口：传统的 COM 串行接口主要用于连接鼠标、外置调制解调器（modem）等外部设备，LPT 并行接口主要用于连接打印机等设备。目前，这两个接口已经基本被 USB 接口所取代。

2. 中央处理器

中央处理器是微型计算机系统的核心部件，负责计算机系统中的数值运算、逻辑判断、控制分析等核心工作。中央处理器性能的高低直接影响微型计算机的性能。图 2-10 所示为 Intel 公司发布的酷睿 i7 中央处理器。

为了提高中央处理器的性能，多核技术和超线程技术越来越多地应用在不同类型的中央处理器芯片中。多核是指在一个处理器中集成两个或多个完整的计算内核。在仅支持单中央处理器的主板上，使用多核中央处理器可以显著地提高运算速度。

图 2-10　酷睿 i7 中央处理器

超线程技术是利用特殊的硬件指令，把两个逻辑内核模拟成两个物理芯片，让单个处理器能使用线程级并行计算，进而兼容多线程操作系统和软件，减少了中央处理器的闲置时间，提高了中央处理器的运行效率。

3. 存储系统

随着计算机技术的发展，存储器的地位不断提升，系统由最初的以运算器为核心逐渐转变为以存储器为核心。这就对存储器技术提出了更高的要求，不仅要使每一类存储器具有更高的性能，还希望通过硬件、软件或软硬件结合的方式将不同类型的存储器组合在一起，从而获得更高的性价比。存储器和存储系统是两个不同的概念。

（1）存储器的分类

1）根据存储器所在的位置，可将存储器分为两种类型：一类是主机中的存储器，即内存，用于存放正在运行的数据和程序，属于临时存储器；另一类是计算机外部设备的存储器，即外存，用来存放暂时不使用的数据和程序，属于永久性存储器。

2）根据存储器是否可写入，可将存储器分为两种类型：随机存取存储器（random access memory，RAM）和只读存储器（read only memory，ROM）。

① RAM 也称读/写存储器。RAM 中存储当前使用的程序、数据、中间结果和与外存交换的数据，中央处理器可以根据需要直接读/写 RAM 中的内容。RAM 有两个主要特点，一是其中的信息随时可以读出，也可以写入；二是加电使用时其中的信息完整无缺，而一旦断电（关机或意外掉电），RAM 中存储的数据就会丢失，而且无法恢复。

② ROM 中的信息只能被中央处理器随机读取，不能由中央处理器任意写入，也就是只能做读出操作而不能进行写入操作。ROM 中的信息是在制造时由生产厂家或用户用专门的设备一次写入固化的。ROM 常用来存放固定不变、重复执行的程序，如基本输入/输出程序，即 BIOS 程序等。ROM 中存储的内容是永久性的，即使断电也不会消失。随着半导体技术的发展，已经出现了多种形式的 ROM，如可编程只读存储器（programmable ROM，PROM）、可擦除与可编程的只读存储器（erasable programmable ROM，EPROM）及掩膜型只读存储器

（masked ROM，MROM）等，可以通过特殊的手段改变其中的内容。

（2）存储系统

常见的存储系统有两类，一类是由内存和高速缓冲存储器（cache）构成的存储系统，另一类是由内存和外存（磁盘存储器）构成的虚拟存储系统。前者的主要目标是提高存储器的存取速度，而后者则主要是为了增加存储器的存储容量。

高速缓冲存储器一般由高速静态存储器组成，存取周期一般在几纳秒以下，存储容量在几百千字节至几兆字节之间，价格较高。内存一般由动态存储器组成，存储周期为几十纳秒，存储容量一般为几百兆字节至几吉字节，价格比高速缓冲存储器低。

虚拟存储系统由内存与外存（一般为磁盘存储器）构成。虚拟存储系统在操作系统的支持下将内存和外存视为一个整体，用软硬件相结合的方法进行管理。程序员能够对内存、外存进行统一编址，这样一来，就形成了一个很大的地址空间，即虚拟地址空间，它比实际内存的存储容量大得多。

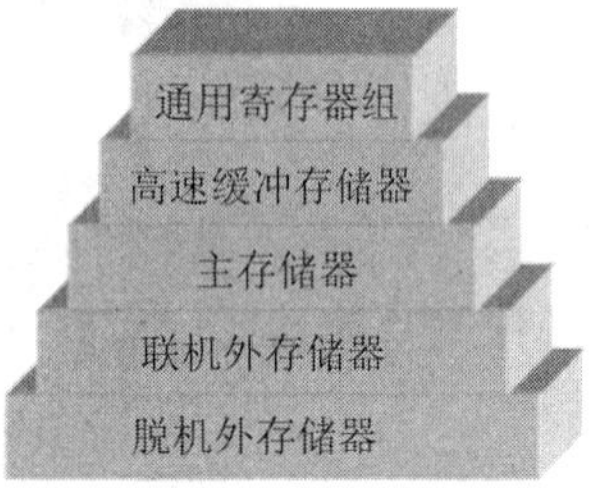

现代微型计算机的存储系统如图 2-11 所示，整个系统可分为五个层次，第一层是位于微处理器内部的通用寄存器组，用于暂存中间的运算结果及特征信息，严格地讲，它不属于存储器的范畴；第二层是高速缓冲存储器，在目前的微型计算机系统中，高速缓冲存储器通常有两级，都集成在微处理器芯片内部；第三～五层分别为主存储器、联机外存储器、脱机外存储器。由上层到下层，存储容量越来越大，但存取速度越来越慢。

图 2-11　微型计算机的存储系统

（3）内存储器

内存也称主存储器、主存，用于暂时存放中央处理器正在运行的程序及数据，内存运行速度较快，容量相对较小，内存是可以与中央处理器直接进行信息交换的存储器。

1）内存的基本操作。中央处理器对内存的操作有如下两种。

① 读操作：中央处理器将内存单元的内容取到中央处理器内部。

② 写操作：中央处理器将其内部信息传送到内存单元并保存起来。

显然，写操作的结果改变了被写单元的内容，而读操作则不改变被读单元的内容。

当对内存中的内容进行读/写操作时，来自地址总线的存储器地址，经地址译码器译码后，选中指定的存储单元，而读/写控制电路根据读/写命令实施对存储器的存取操作，数据总线则用来传送写入内存或从内存读出的信息，如图 2-12 所示。

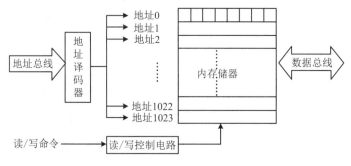

图 2-12　内存的读/写操作

这里重点介绍 cache 的作用。cache 是一种高速、小容量的存储器，集成在中央处理器内部。在中央处理器与内存的信息交换过程中，中央处理器的存取速度很快，而内存的存取速度相对较慢，为了解决它们之间存取速度不匹配的问题，稍早的现代计算机在中央处理器和内存之间设置了一种可以高速存取信息的存储装置，即 cache；现在的计算机则将 cache 集成到中央处理器中。cache 的容量一般只有内存的几百分之一，但它的存取速度能与中央处理器匹配。中央处理器读取程序和数据时先访问 cache，若 cache 中已经存在要访问的程序和数据，则直接高速读取；若没有，则再去内存读取。中央处理器、cache、内存三者之间的访问关系如图 2-13 所示。

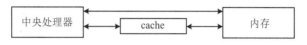

图 2-13　中央处理器、cache、内存之间的访问关系

2）存储容量。存储器可容纳的二进制数信息量称为存储容量。内存储器是由若干存储单元构成的，每个存储单元是 1B（8 个二进制位），因此度量存储容量的基本单位就是字节（B）。此外，常用的存储容量单位还有 KB（千字节）、MB（兆字节）、GB（吉字节）、TB（万亿字节）和 PB（千万亿字节）。

3）存取时间。存储器的存取时间是指从启动一次存储器操作，到完成该操作所经历的时间。一般是从发出读信号开始，到发出通知中央处理器读出数据已经可用的信号为止的时间。存取时间越短越好，目前内存的存取时间为几十纳秒（10^{-9} s）至几微秒（10^{-6} s）。

（4）外存

外存虽然也安装在主机箱中，但它属于外部设备的范畴。它与中央处理器不能直接进行信息交换，必须通过一个中间设备——接口电路进行。中央处理器只能直接访问内存中的数据，外存中的数据需要先载入内存，才能被中央处理器访问和处理，因此，外存也称为辅存。外存的主要特点是存储容量大，存取速度相对内存要慢很多，但存储的信息很稳定，无须电源支撑，系统关机后信息依然保存。

下面以硬盘（磁介质存储器）、闪存盘和移动硬盘为例来介绍。

1）硬盘。

① 硬盘的物理结构。磁介质存储器中的硬盘，通常又称硬磁盘，是计算机最主要的存储设备，微型计算机安装的硬盘大多属于温切斯特硬盘，简称温盘。硬盘是由一个或者多个铝制（或者玻璃制）的碟片组成，碟片外覆盖有铁磁性材料，利用磁性粒子记录 0 和 1。硬盘内部的物理结构如图 2-14 所示，主要由固定盘片和可移动磁头组（磁头可以沿磁盘径向移动）组成。

温切斯特硬盘的主要特点是将盘片、磁头、电机驱动部件乃至读/写电路等制成一个不可随意拆卸的整体，并密封起来，所以防尘性好、可靠性高，对外界环境要求不高。硬盘有很大的存储容量，通常以 GB 或 TB 为单位。

② 硬盘的逻辑结构。硬盘的逻辑结构如图 2-15 所示，盘片的正反两面都能记录信息，且各有一个磁头进行读/写操作。读/写磁头安装在磁头支架上，磁头支架在特殊的电机驱动下来回移动。当盘片旋转时，读/写磁头就可以访问整个盘片。盘片在高速旋转时会带动盘片表面的空气，空气作用在磁头上，产生一个浮力，使读/写磁头与盘面之间保持一个极微小的

距离。这样一来，既可有效进行读/写操作，也不会磨损盘面。

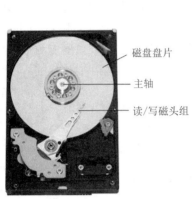
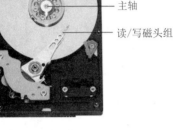

图 2-14　硬盘的物理结构　　　　　　　　　图 2-15　硬盘的逻辑结构

硬盘在格式化时被划分成许多同心圆，这些同心圆轨迹称为磁道（track）。磁道由外向内从 0 开始顺序编号。硬盘上的每个磁道被等分成若干段圆弧，每段圆弧称为一个扇区，扇区从 1 开始编号。硬盘的读/写是以柱面的扇区为单位的，柱面也就是整个盘体中所有磁盘面半径相同的同心磁道。硬盘的写操作是先写满一个扇区，再写同一柱面的下一个扇区，直到写满一个柱面，读/写磁头才会移动到别的磁道上。

③ 硬盘接口。早期的 IDE 硬盘使用 ATA 接口，ATA 接口是并行的。2001 年，SATA 1.0 标准发布，SATA（Serial ATA）采用串行方式传输数据，SATA 接口不仅大大提高了数据传输速率，也提高了数据传输的可靠性。SATA 接口还具有结构简单、支持热插拔等优点。SATA 接口技术还在不断发展，目前，SATA 3.0 已经成为主流接口。图 2-16 所示为 SATA 硬盘接口。

2）闪存盘。闪存盘俗称 U 盘，是一种半导体移动存储设备，可用于存储数据文件，以及在计算机之间方便地交换数据。闪存盘的外观如图 2-17 所示。闪存盘采用闪存存储介质和 USB 接口，具有轻巧精致、使用方便、便于携带、容量较大、安全可靠等特点。由于闪存盘采用 USB 接口，因此其读/写速度较快。

图 2-16　SATA 硬盘接口　　　　　　　　　图 2-17　闪存盘

目前大部分操作系统支持闪存盘的即插即用，不需要另外安装驱动程序。

3）移动硬盘。移动硬盘是以硬盘为存储介质，强调便携性。移动硬盘大多采用硅氧盘片，这是一种比铝、磁更为坚固耐用的盘片材质，并且具有更大的存储容量和更高的可靠性。移动硬盘以高速、大容量、轻巧便携等优点赢得了许多用户的青睐。移动硬盘大多采用 USB、

IEEE 1394 接口，能以较高的存取速度与系统进行数据传输。

4. 输入设备

输入是指利用某种设备将数据转换成计算机可接收编码的过程，在输入时所使用的设备称为输入设备。现在的输入设备种类很多，这里只介绍最常用的键盘和鼠标。

（1）键盘

键盘是计算机最常用的一种输入设备，它实际上是组装在一起的一组按键矩阵，当按下一个按键时就产生与该键对应的二进制代码，并通过接口送入计算机，同时将按键字符显示在屏幕上。目前常用的 104 键标准键盘如图 2-18 所示。

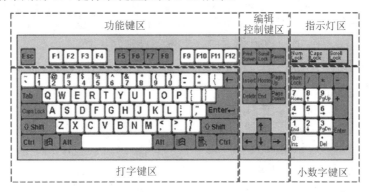

图 2-18　104 键标准键盘

除标准键盘外，还有各类专用键盘，它们是专门为某种特殊应用而设计的。例如，银行计算机管理系统中供储户使用的键盘，按键数不多，只是为了输入储户标识码、口令和选择操作之用。

（2）鼠标

鼠标按照连接方式可以分为有线鼠标和无线鼠标，如图 2-19 所示，传统的有线鼠标采用 PS/2 接口，目前多采用 USB 接口。鼠标还可以按照其工作原理及内部结构的不同分为普通光电鼠标、激光鼠标和蓝影鼠标等。

5. 输出设备

输出设备的任务是将信息传送到中央处理器之外的介质上，即将存放在内存中的结果输出。这些介质可分为硬拷贝和软拷贝两大类。下面介绍显示器和打印机等常用输出设备。

（1）显示器

显示器也称监视器，如图 2-20 所示，是最常用的计算机输出设备，也是人机交互必不可少的设备。

图 2-19　鼠标

图 2-20　显示器

1）显示器的分类。可用于计算机的显示器有许多种，分为阴极射线管显示器（CRT）、液晶显示器（LCD）和发光二极管显示器（LED）。阴极射线管显示器已经逐步被淘汰，液晶显示器和发光二极管显示器为平板式，其体积小、重量轻、功耗低，是目前常见的显示器类型。

2）显示器的主要特性。在选择和使用显示器时，应该先了解显示器的主要特性，如分辨率、灰度、尺寸等。

① 分辨率。屏幕上图像的分辨率或者说清晰度，取决于能够在屏幕上独立显示的点的直径，这种独立显示的点称为像素。目前微型计算机上广泛使用的显示器的像素直径为0.28mm。一般来讲，相同的显示面积中的像素越多，分辨率越高，显示效果就越好。分辨率可以用屏幕上像素的数目（列数×行数）来表示，常见的分辨率包括 800×600 像素、1024×768 像素、1280×1024 像素和 1600×900 像素等。

② 灰度。灰度表示光点亮度的深浅变化层次，可以用颜色表示。灰度和分辨率决定了显示图像的质量。

③ 尺寸。显示器的尺寸通常有 14、15、17、19 和 21 英寸（1 英寸=2.54 厘米）。

3）显卡。显卡又称显示适配器，连接在主板上，用于将计算机系统的数字信号转换成模拟信号并通过显示器显示出来。同时，显卡还具有图像处理能力，可协助中央处理器工作，提高计算机系统整体的运行速度。

显卡分为集成显卡和独立显卡。集成显卡是将显示芯片、显存及其相关电路都集成在主板上，其成本较低，但显示效果与性能相对较弱，且固化在主板上，不能单独更换。独立显卡是将显示芯片、显存及其相关电路单独集成在一块电路板上，作为一块独立的板卡存在，需要占用主板的扩展插槽。独立显卡具有独立显存，不占用系统内存，在性能上优于集成显卡，也更容易进行显卡的硬件升级，但其功耗较大、成本较高。

（2）打印机

打印机是用于将计算机系统处理的结果打印在特定介质上的设备。

按照打印机印字过程所采用的方式，可将打印机分为击打式打印机和非击打式打印机两种。击打式打印机利用机械动作将活字压向打印纸和色带进行印字。由于击打式打印机依靠机械动作实现印字，因此工作速度不高，并且工作时噪声较大。非击打式打印机种类繁多，有静电式打印机、热敏式打印机、喷墨打印机和激光打印机等，打字过程无机械击打动作，速度快、无噪声。

按照字符形成过程的不同，可将打印机分为全字符式打印机和点阵式打印机。全字符式打印机打印出的一个字符通过一次击打形成。点阵式打印机打印出的字符以点阵形式出现，所以点阵式打印机可以打印特殊字符（如汉字）和图形，其印字质量的高低取决于组成字符的点数。

按照工作方式的不同，打印机又可分为串行打印机和行式打印机。串行打印机是逐字打印成行的；行式打印机则是一次输出一行，因此其打印速度比串行打印机快。

此外，还有具有彩色印刷效果的彩色打印机。

目前使用较多的是击打式点阵打印机、喷墨打印机和激光打印机。

1）击打式点阵打印机。它是利用打印针按字符的点阵打印出字符，每一个字符由 $m×n$

列的点阵组成。击打式点阵打印机常以打印头的针数来命名，常用的有 9 针、24 针，24 针
打印机可以打印质量较高的汉字，是目前使用较多的击打式点阵打印机，如图 2-21 所示。

图 2-21　击打式点阵打印机

击打式点阵打印机通过将打印针弹出撞击色带到纸张上的方式打印图形，一般应用于办
公场合，如打印票据、单据等。击打式点阵打印机的优点是可以打印多联复写纸，对纸张厚
度的要求较低，维护简单，缺点是打印速度慢，打印时有较刺耳的声音，打印精度也较低，
使用范围较窄。

2）喷墨打印机。喷墨打印机属于非击打式打印机，如图 2-22 所示。在工作时，喷嘴向
打印纸不断喷出带电的墨水雾点，当它们穿过两个带电的偏转板时接受控制，然后落在打印
纸的指定位置上，形成正确的字符。喷墨打印机可打印高质量的文本和图形，还能用于彩色
打印，而且噪声很低。但喷墨打印机需要经常更换墨盒，因此使用成本较高。

3）激光打印机。激光打印机也属于非击打式打印机，如图 2-23 所示。其工作原理与复
印机相似，涉及光学、电磁、化学等方面的知识。简单来说，它将来自计算机的数据转换成
光束，照射到一个充有正电的旋转鼓上。鼓上被照射的部分便带上负电，并能吸引带色粉末。
鼓与纸接触并把粉末印在纸上，粉末在一定的压力和温度的作用下熔结在纸的表面。

激光打印机的打印速度快、印字质量高，常用来打印正式公文及图表。

图 2-22　喷墨打印机　　　　　图 2-23　激光打印机

2.3.2　微型计算机系统结构

若计算机系统各个部件之间及部件内部要进行数据传输，则必须进行有效的连接。各种
微型计算机从概念结构上来说都是由中央处理器、存储器、输入/输出接口及连接它们的总线
组成。微型计算机系统的总线结构如图 2-24 所示。

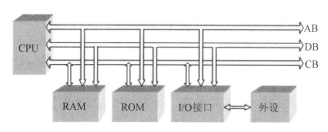

图 2-24　微型计算机系统的总线结构

1. 总线

总线（bus）由一组导线和相关控制电路组成，是各种公共信号线的集合，用于微型计算机系统各部件之间的信息传递。通常将用于主机系统内部信息传递的总线称为内部总线，将连接主机和外部设备之间的总线称为外部总线。从传送信息的类型上来说，这两类总线都包括用于传送数据的数据总线、传送地址信息的地址总线和传送控制信息的控制总线。

（1）数据总线

数据总线（data bus，DB）用于传输数据信息，是双向总线，中央处理器既可以通过数据总线从内存或输入设备输入数据，也可以通过数据总线将内部数据送至内存或输出设备。数据总线的带宽决定了数据的传送速度。

（2）地址总线

地址总线（address bus，AB）用于传送中央处理器发出的地址信息，是单向总线。传送地址信息的目的是指明与中央处理器交换信息的内存单元或输入/输出设备单元。地址总线的带宽决定了存储器容量，即中央处理器可以直接寻址的内存单元的范围，若地址总线是 32 位的，则可寻址的内存空间为 2^{32}B，即 4GB。

（3）控制总线

控制总线（control bus，CB）用于传送控制信号、时序信号、状态信息等。在这些信息中，一些是中央处理器向内存和外设发出的信息，另一些则是内存或外设向中央处理器发出的信息。可见，控制总线中每根线的方向是一定的、单向的，但控制总线作为一个整体是双向的。

2. 输入/输出接口

输入/输出接口也称 I/O（input/output）接口。图 2-9 中，外部设备并不是直接与中央处理器相连，每个外部设备有着与其对应的输入/输出接口，输入/输出接口直接连接在总线上，主机与外部设备之间的数据通信就是通过输入/输出接口进行传输的。外部设备的种类有很多，由于速度匹配、信号电平和驱动能力、信号形式匹配、信息格式、时序匹配等问题，使外部设备与微处理器或内存之间不能直接进行信息交换，而必须通过输入/输出接口来进行。

接口的种类很多，按照所连接设备的位置，可以分为外部接口和内部接口。外部接口包括显示器接口、网络接口、USB 接口、串行接口和并行接口等；内部接口主要指用于连接硬盘和光驱的 SATA 接口等。

2.3.3 微型计算机的性能指标

微型计算机的性能涉及体系结构、软硬件配置、指令系统等多种因素，主要包括下列技术指标。

（1）字长

字长是中央处理器能一次同时处理二进制数的位数。字长直接反映了计算机的数据处理能力，字长越长，中央处理器可同时处理的二进制数的位数就越多，计算机的运算精度就越高，数据处理能力就越强。早期的微型计算机字长有 8 位、16 位、32 位，目前的微型计算机的字长已达到了 64 位。

（2）运算速度

通常所说的计算机运算速度（平均运算速度）是指计算机每秒所能执行的指令条数，一般用百万（条）指令每秒（million instructions per second，MIPS）来表示。这个指标能更直观地反映计算机的运算速度。

（3）时钟频率（主频）

时钟频率（主频）是指中央处理器内核工作的时钟频率。它的高低在一定程度上决定了计算机运算速度的高低。中央处理器的主频以兆赫兹（MHz）、吉赫兹（GHz）为单位。一般来说，主频越高，计算机运算速度就越快。由于中央处理器发展迅速，微机的主频也在不断提高，现在常用的中央处理器主频可达 3GHz 以上。

（4）存储容量

存储容量包括内存容量和外存容量。内存容量反映了内存存储数据的能力，存储容量越大，其可处理数据的数量就越多，并且运算速度一般也越快。尤其是当前很多计算机应用涉及图像信息处理，对存储容量的要求越来越高，若没有足够大的内存容量，则无法运行某些软件。

外存容量反映计算机外存所能容纳信息的能力。微型计算机的外存容量一般指其硬盘所能容纳的信息量。

（5）外部设备配置

微型计算机作为一个系统，外部设备的性能也对其有直接影响，如磁盘驱动器的配置、硬盘的接口类型与容量、显示器的分辨率、打印机的打印速度等。

（6）软件配置

软件是微型计算机系统不可缺少的重要组成部分，其配置是否齐全直接关系到计算机性能的强弱和工作效率的高低。例如，是否有功能强、操作简单，又能满足应用要求的操作系统和高级语言，是否有丰富的应用软件等，这些因素都是在购置计算机系统时需要考虑的。

（7）系统的兼容性

系统的兼容性一般包括硬件的兼容性、数据和文件的兼容性、系统程序和应用程序的兼容性、硬件和软件的兼容性等。兼容性越好，对用户而言，就越便于硬件和软件的维护与使用。对计算机而言，就更有利于计算机的普及和推广。

（8）系统的可靠性和可维护性

系统的可靠性是指软、硬件系统在正常条件下不发生故障或失效的概率，一般用平均无故障时间（mean time between failures，MTBF）来衡量。系统的可维护性指系统出现故障能否尽快恢复，一般用平均修复时间（mean time to repair，MTTR）来衡量。

（9）性能价格比

性能一般指计算机系统的综合性能，包括硬件、软件等方面。价格指购买整个计算机系统的价格，包括硬件和软件的价格。购买时应该从性能、价格两方面来考虑，一般地，性能价格比越高越好。此外，在评价计算机系统的性能时，还要兼顾多媒体处理能力、网络功能、信息处理能力、部件的可升级扩充能力等因素。

2.4　计算机软件系统

软件是用于指挥计算机工作的程序与程序运行时所需要的数据，以及与这些程序和数据有关的说明文档。软件分为系统软件和应用软件两大类。软件系统是计算机上可运行的全部程序的总和。只有在软件系统的支持下，计算机硬件系统才能向用户呈现强大的功能和友好的交互界面。

2.4.1　系统软件

系统软件是管理、监控和维护计算机资源的软件，主要用于增强计算机的功能，提高计算机的工作效率，方便用户使用计算机。系统软件包括操作系统、程序设计语言、语言处理程序、数据库管理系统、系统辅助处理程序、驱动程序等。

1. 操作系统

在计算机软件中最重要且最基本的就是操作系统（operating system，OS）。它是最底层的软件，控制所有在计算机上运行的程序并管理整个计算机的资源，是计算机裸机与应用程序及用户之间的桥梁。没有操作系统，用户就无法使用各种软件或程序。

操作系统是计算机系统的控制和管理中心，从资源管理的角度来看，它具有处理器管理、存储器管理、设备管理、文件管理四项功能。

操作系统按照其提供的功能可分为批处理操作系统、分时操作系统、实时操作系统、网络操作系统等。

目前微机中常见的操作系统有 Windows、Linux 和 macOS 等。

2. 程序设计语言

计算机解题的一般过程是用户用程序设计语言来编写程序，输入计算机，然后由计算机将其翻译成机器语言，在计算机上运行后输出结果。程序设计语言的发展经历了五代，完成了机器语言、汇编语言、高级语言、非过程化语言到智能化语言的进化。

（1）机器语言

机器语言是第一代语言，是一种面向机器的语言。机器语言使用"0"和"1"的代码序列描述指令和数据，指令形式是二进制形式，是计算机唯一能够识别和执行的形式。使用机器语言编写程序十分复杂，要求使用者熟悉计算机的所有细节，尤其是硬件，所以一般的工程技术人员很难掌握。其优点是执行效率高、速度快，但其具有直观性差、可读性不强等缺点，给计算机的推广使用带来了极大的困难。

（2）汇编语言

汇编语言是第二代语言，是符号化的机器语言，它采用助记符来表示指令中的操作码和操作数的指令系统。它比机器语言前进了一步，助记符比较容易记忆，可读性也好，但是汇编语言也是面向机器的，对机器的依赖性特别强，编制程序的效率不高、难度较大、维护较困难，属于低级语言。

（3）高级语言

高级语言是第三代语言，是比较接近人类自然语言和数学语言的程序设计语言。其特点是与计算机的指令系统无关。它从根本上摆脱了语言对计算机的依赖，使之独立于计算机，用户不必了解计算机的内部结构，只需要把解决问题的执行步骤通过程序设计语言输入计算机即可。由于高级语言易学易记，便于书写和维护，因此提高了程序设计的效率和可靠性。目前广泛使用的高级语言有几百种，如 C 语言等。

（4）非过程化语言

非过程化语言是第四代语言，使用这种语言，程序员不必关心问题的解法和处理过程的描述，只需说明所要完成的工作目标和工作条件，就能得到所要的结果，而其他的工作都由系统来完成。因此，它比第三代语言具有更强的优越性。

如果说第三代语言要求人们告诉计算机怎么做，那么第四代语言只要求人们告诉计算机做什么。因此，人们称第四代语言是面向对象的语言，如 C++语言、Java 语言等。

（5）智能化语言

智能化语言是第五代语言，除具有第四代语言的基本特征外，还具有一定的智能性。例如，Prolog 语言就是第五代语言的代表，主要应用于抽象问题求解、自然语言理解、专家系统和人工智能等领域。

3. 语言处理程序

前面曾经说到计算机只能直接识别和执行机器语言，因此要在计算机上运行高级语言程序就必须配备程序语言的翻译程序（以下简称翻译程序）。翻译程序本身也是一组程序，不同的高级语言都有相应的翻译程序。

对于高级语言来说，翻译的方法有两种。

一种称为“解释”。早期的 BASIC 源程序的执行都采用这种方式。它调用计算机配备的 BASIC “解释程序”，在运行 BASIC 源程序时，逐条地对 BASIC 的源程序语句进行解释和执行，它不保留目标程序代码，即不产生可执行文件。这种方式的处理速度较慢，每次运行都要经过“解释”，边解释边执行，其执行过程如图 2-25 所示。

另一种称为“编译”。它调用相应语言的编译程序，把源程序变成目标程序（以.obj 为扩展名），然后用连接程序把目标程序与库文件相连接，形成可执行文件。尽管编译的过程复杂一些，但它形成的可执行文件（以.exe 为扩展名）可反复执行，处理速度较快。图 2-26 所示为 C 语言程序编译的过程。

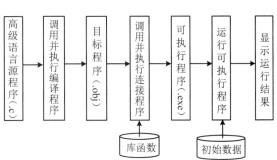

图 2-25　BASIC 源程序解释执行过程示意图　　　　图 2-26　C 语言程序编译的过程

对源程序进行解释和编译任务的程序，分别称为解释程序和编译程序。例如，FORTRAN、C 等高级语言，在使用时需要安装相应的编译程序；BASIC、LISP 等高级语言，在使用时需要安装相应的解释程序。总之，编译程序和解释程序都属于语言处理系统。

4. 数据库管理系统

数据库管理系统（database management system，DBMS）是一种操纵和管理数据库的大型软件，用于建立、使用和维护数据库。目前常见的数据库管理系统有 Oracle、Sybase、SQL Server、MySQL 和 Access 等。

5. 系统辅助处理程序

系统辅助处理程序也称软件研制开发工具、支持软件、软件工具，主要包括编辑程序、调试程序、装配和连接程序等。

6. 驱动程序

随着各种类型的外部设备不断涌现，为了保证计算机系统能够正确识别这些硬件设备，并保证它们的正常运行，往往需要安装外部设备的驱动程序。驱动程序就是需要添加到操作系统中的一小块代码，其中包含有关硬件设备的信息。安装驱动程序后，计算机就可以与硬件设备进行通信。驱动程序是硬件厂商根据操作系统编写的配置文件，若没有驱动程序，计算机中的硬件就无法正常工作。正是因为这个原因，驱动程序在系统中的地位十分重要，一般当操作系统安装完毕后，首要的工作便是安装各种硬件设备的驱动程序。不过，在大多数情况下，并不需要安装所有硬件设备的驱动程序，如硬盘、显示器等设备无须安装驱动程序，而显卡、声卡、网卡、打印机等设备需要安装驱动程序。

操作系统不同，硬件的驱动程序也不同，各个硬件厂商为了保证硬件的兼容性及增强硬件的功能会不断地升级驱动程序。

驱动程序一般可以分为以下几类。

1）正式版驱动程序。正式版驱动程序是按照芯片厂商的设计研发、通过官方渠道发布的程序，又名公版驱动。稳定性高、兼容性好是正式版驱动程序最大的优点。

2）系统内置的通用驱动程序。在一般情况下，Windows 能够自动识别并安装绝大多数硬件设备的驱动程序，这些驱动程序是硬件厂商提供的，并通过了微软公司的 Windows 硬件设备质量实验室（认证）（Windows Hardware Quality Lab，WHQL）兼容性测试，可以保证与 Windows 的良好兼容。

3）第三方驱动程序。第三方驱动程序一般是指硬件产品定牌生产（OEM）厂商发布的基于官方驱动优化而成的驱动程序，其比官方正式版拥有更加完善的功能和更加强劲的整体性能。

4）测试版驱动程序。测试版驱动程序是指处于测试阶段，还没有正式发布的驱动程序。这样的驱动程序往往具有稳定性低、与系统的兼容性差等问题。

2.4.2　应用软件

应用软件也可以分为两类。

第一类是针对某个应用领域的具体问题而开发的专用软件,它具有很强的实用性和专业性。这些软件可以由专业的计算机公司开发,也可以由企业人员自行开发。正是由于这些专用软件的应用,计算机日益渗透到社会的各个行业。但是,这类应用软件使用范围小,导致其开发成本过高,通用性不强,软件的升级和维护工作十分复杂。

第二类是一些大型专业软件公司开发的通用应用软件,这些软件功能强大,适用性好,应用也非常广泛。由于软件的销售量大,因此,相对于第一类应用软件而言,其销售价格会便宜很多。这类应用软件的缺点是针对性不强,对某些有特殊要求的用户不适用。

常用的通用应用软件有以下几类。

1)办公自动化软件。办公自动化软件应用较为广泛的有 Microsoft 公司开发的 Office 软件,它由几个软件组成,如 Word(文字处理软件)、Excel(电子表格软件)等。国内优秀的办公自动化软件有 WPS 等。

2)多媒体应用软件。多媒体应用软件有图像处理软件 Photoshop、音频处理软件 Cool Edit、视频处理软件 Premiere 等。

3)辅助设计软件。辅助设计软件有机械与建筑辅助设计软件 AutoCAD、网络拓扑设计软件 Visio、电子电路辅助设计软件 Protel 等。

4)企业应用软件。企业应用软件有用友财务管理软件等。

5)网络应用软件。网络应用软件有网页浏览器软件 Edge、即时通信软件 QQ、网络文件下载软件 FlashGet 等。

6)安全防护软件。安全防护软件有江民杀毒软件、360 安全卫士等。

7)系统工具软件。系统工具软件有文件压缩与解压缩软件 WinRAR、数据恢复软件 EasyRecovery、系统优化软件 Windows 优化大师、磁盘复制软件 Ghost 等。

8)娱乐休闲软件。娱乐休闲软件有各种游戏软件、音/视频软件。

2.4.3 计算机用户与计算机硬件系统和软件系统的关系

硬件系统是计算机系统看得见、摸得着的功能部件组合,软件系统是计算机系统的各种程序集合。计算机系统由硬件系统和软件系统组成,两者缺一不可。软件系统又由系统软件和应用软件组成,系统软件是用户与计算机进行信息交换、通信对话、按用户的思想对计算机进行控制和管理的工具。操作系统是系统软件的核心,在计算机系统中是必不可少的,其他的系统软件,如语言处理系统可根据不同用户的需要配置不同的程序语言编译系统。用户可根据应用领域的不同配置不同的应用软件。

如果没有软件的支持,也就是在没有安装任何程序之前,计算机被称为"裸机",裸机是无法处理任何任务的。同样,软件依赖硬件来运行,没有硬件设备的支持,软件也就失去了其发挥作用的舞台。因此,计算机的软件和硬件是相辅相成的。

计算机用户与计算机硬件系统和软件系统的层次关系如图 2-27 所示。

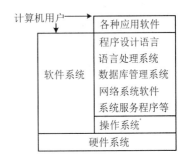

图 2-27　计算机用户与计算机硬件系统和软件系统的层次关系

当然，在计算机系统中，硬件与软件之间并没有一条明确的分界线，二者之间的界线是经常变化的。这是因为从理论上来说，任何一个由软件所完成的操作也可以直接由硬件来实现，而任何一条由硬件所执行的命令也能够用软件来完成。从这个意义上说，硬件与软件在逻辑功能上是可以等价的。

思考题

1. 什么是计算机硬件？什么是计算机软件？它们之间有什么关系？
2. 简述计算机系统的组成。
3. 冯·诺依曼思想有哪些主要内容？
4. 什么是指令？什么是指令系统？
5. 计算机的基本工作原理是什么？
6. 计算机的硬件系统由哪几部分组成？
7. 存储容量都有哪些单位？这些单位之间存在什么样的关系？
8. 微型计算机的存储系统由哪些部分构成？
9. 计算机的内存储器与外存储器有什么特点？
10. 什么是随机存储器？什么是只读存储器？
11. 什么是总线？总线有哪些类型？
12. 微型计算机的主要技术指标是什么？
13. 简述计算机语言的发展过程。
14. 什么是系统软件？什么是应用软件？

第 3 章 操 作 系 统

一个完整的计算机系统由硬件系统和软件系统组成。硬件系统是指组成计算机的物理设备，软件系统一般分为系统软件和应用软件两大类，其中，系统软件主要指操作系统。

操作系统是最基本的系统软件，是整个计算机系统的核心，负责管理计算机中所有的软、硬件资源。熟练地使用计算机，应当从掌握操作系统的知识开始。

本章主要内容如下：

1）操作系统概述。

2）操作系统的体系结构。

3）典型操作系统介绍。

4）Windows 10 操作系统。

3.1　操作系统概述

3.1.1　操作系统的概念

操作系统是一组系统程序，是直接作用于计算机硬件上的第一层软件，用于管理和控制计算机硬件和软件资源。只有在操作系统的支持下，计算机才能运行其他软件，如当计算机上的 Windows 10 操作系统不能启动时，用户就无法操作计算机，包括访问互联网、进行文字处理或运行程序。从用户的角度看，操作系统加上计算机硬件系统才形成完整的计算机系统，它是对计算机硬件功能的扩充。一个完整的计算机系统层次结构如图 3-1 所示。

图 3-1　计算机系统的层次结构

在计算机系统中，操作系统的功能可以总结为两个方面，一方面是硬件和软件的接口，它负责管理所有硬件和软件资源，实现资源充分合理的利用；另一方面是硬件和用户之间的接口，用户通过操作系统可以方便地使用计算机的所有资源。在计算机的使用层面，操作系统起到了媒介和桥梁的作用。

从用户角度来看，操作系统屏蔽了计算机内部复杂的硬件结构，用户只需通过操作系统提供的一组规范和一组协议来使用计算机，操作系统的作用如图 3-2 所示。用户对计算机硬件的使用就转化为对操作系统的使用，极大地方便了用户。没有操作系统，普通用户无法使用计算机。从这个意义上讲，如果计算机上的操作系统瘫痪了，计算机也就无法使用了。

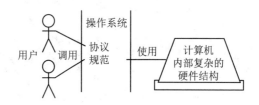

图 3-2　操作系统的作用

因此，操作系统是一组包含许多模块的计算机程序，是完成管理、调度、控制计算机中的硬件和软件资源，合理地组织计算机的工作流程，为用户提供方便使用计算机和可扩展操作计算机环境的重要系统软件。

3.1.2　操作系统在软件系统中的作用

计算机软件分为两大类：应用软件和系统软件，如图 3-3 所示。

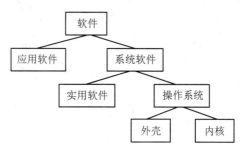

图 3-3　软件分类

应用软件是由一些完成计算机中特定任务的程序组成的，包括电子制表软件、数据库系统、桌面出版系统、记账系统、程序开发软件及游戏软件等。

相对于应用软件而言，系统软件是完成一般的计算机系统都需要完成的任务。在某种意义上，系统软件提供了应用软件所需的基础架构。

系统软件又可分两类，一类统称为实用软件，另一类是操作系统。从某种意义上说，实用软件是由一些能够扩充（或定制）操作系统功能的软件单元组成的。例如，格式化磁盘或将文件从磁盘复制到光盘中的功能是借助实用软件，而不是在操作系统内部实现的。其他的实用软件还有数据压缩与解压缩软件、多媒体播放软件和处理网络通信的软件。

把某些任务交给实用软件来完成，允许其定制系统软件，这比把它们交给操作系统来执行更适合特定用户的需求。

目前，应用软件与实用软件之间的界限已经很模糊了。它们的差别仅在于其是否是计算机软件架构的一部分。所以，当应用软件变成了一种基础的工具，那么这个应用软件就很可能成为一种实用软件。当用于因特网的通信软件还在研究阶段时，它被认为是一种应用软件，而在今天，它对计算机而言是非常基础的工具软件，已被定义为实用软件。

实用软件和操作系统的界限同样也是模糊的。例如，美国和欧洲的反垄断诉讼案中争论的都是这样一个问题，浏览器和媒体播放器这两个组件到底是 Windows 操作系统的一部分，还是微软公司用来压制竞争对手的实用软件。

3.1.3　操作系统的发展

随着计算机技术的发展，操作系统也在不断发展，经历了一个从无到有、从简单到复杂的过程，今天的操作系统经过长期的演变已经成为一个庞大而复杂的软件包。操作系统的发展经历了单用户单任务操作系统、批处理操作系统、分时操作系统、实时操作系统、分布式操作系统等阶段。

1. 单用户单任务操作系统

最早的操作系统是单用户单任务操作系统。计算机刚诞生时，操作不是很灵活，效率也不高，往往需要多个用户共享一台计算机。每个用户只有在分配给该用户的时间段内，才能完全控制该计算机。这段时间通常是从程序的准备开始，然后是短时间的程序执行过程。只有在一个用户完成任务后，其他用户才可以开展工作。

2. 批处理操作系统

在单用户单任务操作系统下，操作效率很低。于是，人们开始致力于简化操作系统执行程序的准备工作，提高任务之间的过渡及处理效率。一个典型的做法是，如果用户需要运行程序，就必须把程序、所需的数据及有关程序需求的说明提交并输入计算机的海量存储器，然后由称为操作系统的程序从海量存储器中一次一个地读入并执行程序。这就是批处理（batch processing）的开始，可以将若干个要执行的任务收集到一个批次中，然后执行任务，且无须与用户发生进一步的交互。

在批处理操作系统中，驻留在海量存储器的任务（包括所需的数据）被称为作业，在作业队列（job queue）里等待执行，如图 3-4 所示。队列是一种存储机构，作业按照先进先出（first-in，first-out，FIFO）的方式在队列里排队。也就是说，作业的出列顺序和入列顺序需要保持一致。实际上，大多数作业队列不是严格遵循 FIFO 结构的，主要是因为大多数操作系统考虑了作业的优先级，结果就造成在队列中等待的作业有可能被优先级更高的作业挤掉。

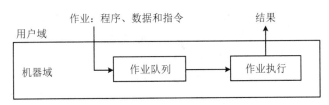

图 3-4　批处理操作系统作业的执行过程

批处理操作系统的最大缺点是作业一旦提交给操作员，用户就无法与它进行交互。这种方法对于某些应用是可以接受的，如工资表的处理，因为在这里，数据与所有的处理决策事先就已经建立。然而，如果在一个程序的执行期间，用户需要与该程序进行交互，这种方法就无法接受。例如，在预定系统中，预定和取消操作必须及时报告；在字处理系统中，文档是以动态的写入和重写方式开发的；在计算机游戏中，与计算机的交互性是游戏的主要特征。

3. 分时操作系统

在 20 世纪六七十年代，计算机的价格比较昂贵，因此每台计算机不得不服务于多个用户，即工作在终端的若干个用户在同一时间寻求同一台计算机的交互式服务。针对这个问题，解决的方案是设计能同时为多个用户提供服务的操作系统，这一特点称为分时（time-sharing）。实现分时的一种方法是应用被称为多道程序设计（multiprogramming）的技术，其中时间被分割成时间片，每个作业的执行被限制为每次仅一个时间片。在每个时间片结束时，当前的作业暂时停止执行，允许另一个作业在下一个时间片里执行。通过这种方法可以快速地在各个作业之间进行切换，形成若干个作业同时执行的错觉。现在，分时既可用于单用户系统，也可用于多用户系统。

随着多用户系统的发展，分时操作系统作为一种典型配置，被用在大型的中央计算机上，用于连接大量的工作站。通过这些工作站，用户能够从机房外面直接与计算机进行通信。通常把要用到的程序存储在计算机的海量存储设备上，然后操作系统就能够响应工作站的请求，执行这些程序。

4. 实时操作系统

为了克服批处理操作系统的缺点，人们开发了新的操作系统——实时操作系统。该操作系统允许执行一个程序来实现通过远程终端与用户对话，这种特性称为交互式处理（interactive processing）。图 3-5 所示为用户和计算机在程序和数据方面的交互过程。

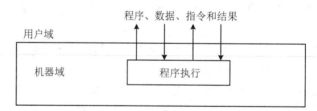

图 3-5　交互式处理

交互式处理最重要的一点在于，计算机的动作更快速，能够协调用户的需求，而不是让用户完全遵循计算机的时间表。从某种意义上说，计算机在一个期限内被强制执行某项任务，这一过程就是众所周知的实时处理（real-time processing），并且动作的完成也是按实时方式发生的。也就是说，计算机以实时的方式完成一个任务，意味着计算机完成任务的速度足以跟上该任务所在的外部（现实世界）环境中的行为。

目前的实时操作系统是一种时效性强、响应快的操作系统。根据应用领域不同，又可将实时系统分为两种类型，一类是实时信息处理系统，如航空机票订购系统，在这类系统中，计算机实时接收从远程终端发来的服务请求，并在极短的时间内对用户的请求做出处理，其中很重要的一点是对数据现场的保护；另一类是实时控制系统，这类控制系统的特点是采集现场数据，并及时对所接收到的信息做出响应和处理。例如，用计算机控制某个生产过程时，传感器将采集到的数据传送到计算机系统，计算机要在很短的时间内分析数据并做出判断处理，其中包括向被控制对象发出控制信息，以实现预期目标。

实时操作系统对响应时间有严格的固定时间限制，一般是毫秒级甚至是微秒级，处理过程应在规定的时间内完成，否则系统会失效。实时操作系统的最大特点是要确保对随机发生的事件做出及时的响应。换句话说，对实时操作系统而言，实时性与可靠性是最重要的。

5. 分布式操作系统

用于管理分布式系统资源的操作系统称为分布式操作系统。对于用户而言，它就像一个普通的集中式操作系统，但它为用户提供了对若干计算机资源的透明访问。分布式操作系统也可以定义为通过通信网络将物理上分布的具有自治功能的数据处理系统或计算机系统互连起来形成的操作系统，用于实现信息交换和资源共享，协同完成任务。

总之，操作系统已经从简单的一次获取和执行一条指令发展为结构复杂，能够进行分时处理，能够管理计算机的海量存储设备中的程序和数据文件，并能直接回应计算机用户请求的系统。

目前，计算机操作系统仍在继续发展。多处理器的发展已经能够让操作系统进行多任务处理，操作系统可以把不同的任务分配给不同的处理器进行处理，而无须再采用分时机制共享单个处理器。操作系统必须妥善地处理负载平衡（load balancing）（动态地把任务分配给各个处理器，使所有的处理器都得到有效的利用）和均分（scaling）（把大的任务划分为若干个子任务，并与可用的处理器数目相适应）问题。

此外，计算机网络的出现使发展相应的软件系统来规范网络的行为变得十分必要。计算机网络在许多方面拓展了操作系统这个学科，其目标是开发一个单纯的网络范围的操作系统，而不是一个基于个人操作系统的网络。

操作系统的一个重要研究方向是为类似于掌上计算机（personal digital assistant，PDA）的小型手持计算机开发系统，典型的包括苹果公司开发的 iOS 和 Google 公司基于 Linux 开发的 Android。

3.2　操作系统的体系结构

一个典型的操作系统由若干组件构成，可实现处理器管理、存储器管理、设备管理、文件管理等功能。

3.2.1　操作系统组件

操作系统是一个复杂的系统软件包，可以从外壳和内核的角度来认识操作系统的组件。

1. 操作系统的外壳

为了完成计算机用户请求的动作，操作系统必须能够与这些用户进行通信，操作系统中负责处理通信的这一部分通常称为外壳（shell）。这里的"外壳"一般指的是命令解释程序。外壳借助图形用户界面实现操作系统与用户之间的通信。利用图形用户界面，类似于文件和程序这样的操作对象，都可以用图标的形式形象地在显示器上显示，用户可以使用鼠标并通过指向、单击或双击图标来发出命令。

虽然操作系统的外壳在实现计算机的功能上扮演了重要的角色，但是外壳仅仅是用户与操作系统内核之间的一个接口，如图 3-6 所示。

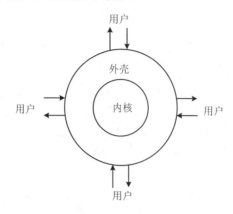

图 3-6　用户和操作系统内核之间的关系

图形用户界面中的一个重要组件是窗口管理程序（window manager），该程序将屏幕划分为若干块被称为窗口的区域，并且跟踪与每个窗口相联系的应用程序。当一个应用程序需要在屏幕上显示图像时，它就会通知窗口管理程序，这样一来，窗口管理程序就会把图像放在分配给该应用程序的窗口里。发生单击事件后，窗口管理程序计算鼠标的位置，并把位置信息传送给相应的应用程序。

2. 操作系统的内核

与操作系统的外壳相对应，操作系统内部的部分称为内核。操作系统的内核包含一些完成计算机安装所需基本功能的软件组件。内核的基本组件包括处理器管理程序、内存管理程序、设备驱动程序、文件管理程序等。下面从操作系统功能的角度对这些组件逐一进行介绍。

3.2.2　操作系统功能

计算机系统资源通常被分为四类，即中央处理器、存储器、外部设备、由程序和数据组成的文件，操作系统的功能可以归纳为处理器管理、存储器管理、设备管理与文件管理。

1. 处理器管理

处理器管理的主要任务是对中央处理器的分配和运行实施有效的管理。处理器分配资源的基本单位是进程。进程是一个具有一定独立功能的程序在一个数据集合上的一次动态执行过程。简单地说，进程就是正在执行的程序，进程的执行需要数据。在操作系统中，将程序及程序执行时所需数据的一次动态执行过程称为作业，如一个算法的执行、一次文档的打印都是作业。操作系统对进入系统的所有作业进行组织和管理，因此，对处理器的管理可归结为对作业进程的管理。进程管理可实现下面的功能。

（1）进程控制

当有作业运行时，需要为该作业建立一个或多个进程，为其分配除处理器以外的所有资源并将它们放入进程就绪队列中等待运行。当该作业进程运行完成时，立即撤销该进程，及时释放作业进程所占用的全部资源。作业进程控制的基本功能就是创建和撤销作业进程及控制作业进程状态的转换。

（2）进程同步

进程同步功能是指系统对同时执行的作业进程进行监控和管理。最基本的作业进程同步方式是使用作业进程以互相排斥的方式访问临界资源。对于相互合作共同完成任务的各个作业进程，系统会对它们的运行速度加以协调。

（3）进程通信

对于相互合作的作业进程，在它们运行时，相互之间往往要交换一定的信息。这种作业进程之间所进行的信息交换称为进程通信，进程通信由操作系统负责。

（4）进程调度

当一个正在执行的作业进程已经完成，或因某个事件无法继续执行时，系统应进行作业进程调度，重新分配处理器资源。进程调度是指按一定的算法，如最高优先权算法，从作业进程就绪队列中选出一个作业进程，把处理器分配给该作业进程，为其设置运行环境并运行该作业进程。

2．存储器管理

存储器管理主要是指内存管理，负责的具体组件是内存管理程序，它主要担负着协调和管理计算机所使用主存储器的任务。在计算机一次执行一个任务的环境中，这些工作比较简单。在这种情况下，当前任务的程序放在主存储器中已经定义好的位置上执行，执行完毕后，再将下一个任务的程序放在当前位置执行。然而，在多用户和多任务的环境下，要求计算机在同一时刻能够处理多个需求，内存管理程序的职责就扩展了。在这种情况下，许多程序和数据块必须同时驻留在内存里，因此，内存管理程序必须找到并给这些需求分配内存空间，同时要保证每个程序只能限制在程序所分配的内存空间内运行。而且，随着不同活动的需求进出内存，内存管理程序必须能跟踪那些不再被占用的内存区域。

当所需的总内存空间超过该计算机实际所能提供的可用内存空间时，内存管理程序的任务要复杂得多。在这种情况下，内存管理程序在内存与海量存储器之间来回切换程序和数据块，即进行页面调度（paging），这样就生成了系统有额外内存空间的假象。例如，假设需要一块大小为 1 024MB 的内存空间，但是计算机所能提供的内存空间只有 512MB。为了造成具有更大内存的假象，内存管理程序在磁盘上预留了 1 024MB 的存储空间。在这块存储区域里，将记录 1 024MB 内存容量需要存储的位模式。这块数据区被分成大小一致的存储单元，该存储单元称为页面（pages），典型的页面大小只有几千字节。于是，内存管理程序就在主存和海量存储器之间来回切换这些页面。这样，在任何给定的时间内，所需的页面都会出现在 512MB 的内存之中，最后的结果就是计算机能够像确实拥有 1 024MB 内存一样工作。这块由分页技术所产生的大的"虚构的"内存空间被称作虚拟内存（virtual memory）。

3．设备管理

设备管理的主要任务是对计算机系统内的所有设备实施有效的管理，使用户方便灵活地使用设备。设备管理应实现如下功能。

（1）设备分配

操作系统根据请求的外围设备类型和所采用的分配算法对外围设备进行分配，将未获得所需设备的作业进程放入相应的设备等待队列中。

（2）设备处理

设备处理是指操作系统启动指定的外围设备，完成规定的输入/输出操作，对由外围设备发出的中断请求进行及时响应，并根据中断类型进行相应的处理。

（3）缓冲管理

因为中央处理器的运行速度比外围设备的运行速度快得多，外围设备与处理器在进行信息交换时，就要利用缓冲区来缓和中央处理器与外围设备之间速度不匹配的矛盾，避免中央处理器因等待速度慢的外围设备而浪费时间。缓冲管理负责协调设备与设备之间的并行操作，以提高中央处理器和外围设备的利用率。在操作系统中设置许多种类型的缓冲区，操作系统必须对它们进行有效的管理。

（4）设备驱动

设备驱动（device driver）程序是内核的一个重要组件，是负责与控制器（有时直接与外围设备）进行通信，以实现对连接到计算机外围设备进行操作的软件组件。每个设备驱动程序都是专门为特定类型的设备（如打印机、磁盘驱动器和显示器等）设计的，它把一般的请求翻译为这种设备（分配给这个驱动程序的）所需的较为适用的步骤，如打印机的设备驱动程序包含的软件能够读取和解码特定打印机的状态字，还能够处理其他一些信息交换的细节。这样一来，其他软件组件就没有必要为了打印一个文件而处理这些技术细节，只需运用设备驱动程序软件完成打印文件的任务即可，技术细节交由设备驱动程序处理。按照这种方式，其他软件组件的设计就可以独立于具体设备特有的特征。这样处理的结果是，只需安装合适的设备驱动程序即可让一个普遍的操作系统能够使用一些特殊的外围设备。

4. 文件管理

文件管理（file manager）程序用于协调计算机与海量存储器设备的使用。更准确地说，文件管理程序保存了存储在海量存储器上的所有文件的记录，包括每个文件的位置、哪些用户有权进行访问及海量存储器里的哪个部分可以用来建立新文件或扩充现有文件。这些记录被存放在单独的与相关文件相连的存储介质中，因此，每次存储介质启动时，文件管理程序就能够检索相关的文件，进而知道特定的存储介质中存放的是什么。

为了方便计算机用户，大多数文件管理程序允许把若干个文件组织在一起，放在目录（directory）或文件夹（folder）里。这种方法允许用户将自己的文件依据用途划分，把相关的文件放在同一个目录里。而且，一个目录可以包含称为子目录的其他目录，这样就可以构建层次化的目录结构。

例如，用户可以创建一个名为 MyRecords 的目录，它又可包含名为 FinancialRecords、MedicalRecords 和 HouseHoldRecords 的三个子目录，每个子目录中都会有属于该范畴的文件。Windows 操作系统的用户通过选择"Windows 资源管理器"程序，让文件管理程序显示当前所有的目录结构。一条由目录内的目录所组成的链称为目录路径（directory path），路径通常的表示方法为，列出沿该路径的目录，然后用反斜杠"\"分隔它们。例如，路径 animals\prehistoric\dinosaurs 表示该路径是从目录名为 animals 的目录开始的，经过名为 prehistoric 的子目录，终止于名为 dinosaurs 的子目录（该子目录是相对于 prehistoric 目录而言的）。

其他软件实体对文件的任何访问都是由文件管理程序来实现的。该访问过程为先通过一个称为打开文件的过程来请求文件管理程序授权访问该文件，如果文件管理程序批准了该访问请求，那么它会提供查找和操纵该文件所需的信息。这些信息存储在主存储器中的一个称为文件描述符（file descriptor）的区域里。对文件的各种操作都是通过引用这个文件描述符里的信息完成的。

另外，在操作系统内核中还有调度（scheduler）程序和分派（dispatcher）程序等组件，这里不再详细介绍。

3.2.3 操作系统的启动过程

操作系统提供了其他软件组件所需的基础设施，但是，操作系统本身是如何启动的呢？它是通过一个称为引导（boot strapping，简称为 booting）的过程实现的，这个过程是由计算机在每次启动时完成的。正是这个过程把操作系统从海量存储器（它永久存放的地方）传送到内存（在开机时，内存实际上是空的）中。为了理解启动过程和必须有启动过程的原因，我们从了解计算机的中央处理器和 ROM 开始。

1. 操作系统的第一条指令

中央处理器的设计使其每次启动时，它的程序计数器从事先确定的特定地址开始。中央处理器就在这个地址上期望能找到程序要执行的第一条指令。从概念上讲，所需要做的一切就是在这个地址上存储操作系统。然而，从经济和效率的原因上讲，计算机的内存是采用易失性技术制造的，当计算机关闭时，也就意味着存储在内存上的数据会丢失。这样，在每次重启计算机的时候，就需要找到一种让操作系统重新驻留内存的方法。

简而言之，当计算机首次打开时，需要往内存提交一个程序（引导操作系统启动），但是每次关机后，计算机内存中的内容都要被清除。为了解决这个问题，计算机的一小部分存储器就用非易失性记忆体的特殊单元建造，而这个地方正是中央处理器期望找到的初始化程序的位置，这就是 ROM。

2. 引导程序

ROM 的内容可以读取，但不可以改变，因而被称为只读存储器。在一般的计算机中，被称为引导（bootstrap）的程序永久存储在计算机的 ROM 中。存储在 ROM 中的程序被称为固件（firmware），反映出这样一个事实，即它是由永久记录在硬件中的软件组成的。这样一来，在计算机开机的时候将最先执行这个程序。引导程序的任务是引导中央处理器把操作系统从海量存储器中预先定义的位置调入内存的可变存储区，如图 3-7 所示。一旦操作系统被调入内存，引导程序就引导中央处理器执行跳转指令，转到该存储区。这时，操作系统接管并开始控制计算机的活动。执行引导和开始操作系统的整个过程称为启动计算机。

3. 启动过程

当计算机第一次开机时，引导程序装入并激活操作系统。然后用户向操作系统提出请求，执行实用软件和应用程序。当实用软件或应用程序终止时，用户切断与操作系统的联系，这时用户能提出另一次请求。

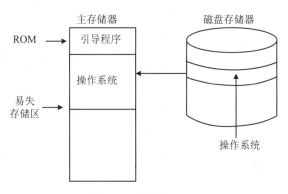

图 3-7　引导过程

除了引导程序外，计算机的 ROM 还包括一组例行程序，用于实现基本的输入/输出活动，如从键盘上接收信息，把信息显示在计算机的屏幕上，以及从海量存储器中读取数据等。因为存放在 ROM 里，所以这些例行程序可以被引导程序使用，以便在操作系统开始工作前就能完成 I/O 活动，如它们会在引导过程真正开始前，用于与计算机用户通信，并在引导期间提交错误报告。所有的这些例行程序组成了一个基本输入/输出系统（BIOS）。从表面上看，BIOS 这个术语仅仅指的是计算机的 ROM 中的部分软件，而实际上，这个术语指存放在 ROM 中的整个软件组，有时候也指 ROM 本身。

3.3　典型操作系统介绍

3.3.1　Windows 操作系统

1. Windows 的产生与发展

1981 年，IBM 公司推出带有微软公司 16 位操作系统 MS-DOS 1.0 的个人计算机，由于 DOS 操作系统的设计和开发是以 20 世纪 70 年代末的计算机为基础的，随着计算机硬件技术的不断发展，DOS 在技术上的局限性也显现出来。首先，DOS 只能支持 640KB 的基本内存，在使用上，DOS 的命令行方式枯燥单调，一般用户较难掌握。因此，随着微型计算机用户数量的急剧增加，图形界面的操作系统应运而生。1985 年和 1987 年，微软公司尝试推出了图形界面操作系统 Windows 1.0 和 Windows 2.0，但是，此时推出的 Windows 产品还不成熟，功能也不多。1990 年，微软公司推出了 Windows 3.0，这是一个有着良好用户界面和强大功能并基于新概念设计的操作系统。它以形象生动的图形代替了 DOS 中难以记住的命令，用户操作十分方便，许多操作可通过鼠标实现，用户真实地感受到使用 Windows 操作系统的优越性，因此 Windows 3.0 成为 20 世纪 90 年代最流行的微型计算机操作系统。

1995 年，微软公司推出了 Windows 95，这是一个独立的、完备的 32 位操作系统，完全抛开了 DOS 的支持，可独立引导计算机并帮助用户完成各种操作。Windows 95 支持长文件名，支持多任务、多线程操作，通过文件和文件夹方式管理文件系统，用户可以利用鼠标的拖曳操作，方便地实现对文件的打印、删除及复制等基本操作。

1998 年，微软公司推出了 Windows 98 操作系统。Windows 98 是在 Windows 95 强大功能的基础上演变来的，Windows 98 在许多方面与 Windows 95 非常相似，但是 Windows 98 增加了一些新的功能，易用性更强，性能更加可靠，运行速度更快，访问 Internet 更加容易和方便，并且具有更强的娱乐性。

2000 年，微软公司推出了 Windows 2000 操作系统。Windows 2000 集 Windows 98 和 Windows NT 的很多优良功能和性能于一身，加强或新增了分布式文件系统、用户配额、加密文件系统、磁盘碎片整理和索引服务等特性，实现了数据安全性、企业间通信的安全性、企业和 Internet 的单点安全登录。

2001 年，微软公司推出了 Windows XP 操作系统。其中，XP 是英文 experience 的缩写，表示新版本能够让用户获得丰富的全新体验。

2005 年，微软公司推出了 Windows Vista 操作系统。与 Windows XP 相比，Windows Vista 在界面、安全性和软件驱动集成性上有了很大的改进。

2009 年，微软公司推出了 Windows 7 操作系统。该系统旨在让计算机操作更加简单和快捷，为人们提供高效且易行的工作环境。

2015 年，微软公司发布了 Windows 10 操作系统，在 Windows 10 中恢复了“开始”菜单，新增了虚拟桌面的功能，任务栏中添加了全新的“查看任务”按钮，并拥有全新的 Microsoft Edge 浏览器。

2. 图形用户界面

计算机应用之所以能够如此迅速地进入各行各业、千家万户，各种媒体信息之所以能够被方便、快捷地获取、加工和传递，得益于计算机、网络、多媒体等技术的发展。其中，具有图形界面的操作环境起了很大的作用，它将直观、方便的图形界面呈现在用户面前，用户无须在提示符后面输入具体命令，而是通过鼠标来告诉计算机做什么。图形用户界面有以下技术。

（1）多窗口技术

在 Windows 环境中，计算机屏幕显示为一个工作台，用户的主工作区域就是桌面。工作台将用户的工作显示在被称为“窗口”的矩形区域内，用户可以在窗口中对应用程序和文件进行操作。

（2）菜单技术

用户在使用某个软件时，通常是借助该软件提供的命令来完成所需的功能。软件功能越强大，它所提供的命令越丰富，需要用户记住的命令也就越多。把命令变成菜单，就是为了解决这个问题而提出的一种界面技术。

菜单把用户可在当前使用的所有命令全部显示在屏幕上，以便用户根据需要进行选择。从用户使用的角度来看，菜单带来了两大好处，一是减轻了用户记忆命令的负担，二是避免了使用键盘输入命令过程中的人为错误。

（3）联机帮助技术

联机帮助技术为初学者提供了一条使用软件的捷径。借助它，用户可以在上机过程中随时查看有关信息，无须使用书面的用户手册。联机帮助还可以为用户操作提供步骤提示与引导。

3.3.2 UNIX 操作系统

UNIX 操作系统由美国电报电话公司（AT&T）的 Bell 实验室开发，是唯一能在微型计算机、小型计算机和大型计算机上广泛使用的操作系统，也是当今世界使用比较广泛的多用户、多任务操作系统。UNIX 操作系统具有如下特点。

（1）支持多用户、多任务

UNIX 是一个支持多用户、多任务的操作系统，每个用户可以同时执行多个任务，进程的数目在逻辑上不受任何限制。支持多个用户同时登录，并使用系统的资源。

（2）开放性和可移植性

UNIX 的迅速发展源自它的开放性。开放性是指系统的设计、开发遵循国际标准，因此能很好地兼容其他操作系统，可以很方便地实现互连。由于 UNIX 内核的大部分程序是采用 C 语言编写的，因此具有良好的可移植性，可以很容易地移植到其他计算机上运行，也便于其他用户的阅读、修改。

（3）数据安全性强

UNIX 具有保证数据安全的特性，可以有效地防止内部和外部用户的非法入侵，是企业级应用首选的操作系统。

（4）规模小、效能高

UNIX 内核小，仅有 1 万多行代码，但其具有强大的系统功能，并且实现效率高。

（5）用户界面友好

UNIX 提供了功能强大的 Shell 编程语言，还为用户提供了丰富的系统调用功能。用户界面具有简洁、高效的特点。

（6）设备独立性

UNIX 把所有外部设备统一作为文件来处理，只要安装了这些设备的驱动程序，即可在使用时将这些设备当作文件进行操作，因此系统具有很强的适应性。

3.3.3 Linux 操作系统

Linux 是于 20 世纪 90 年代推出的多用户、多任务操作系统。它最初是由林纳斯·托瓦兹（Linus Torvalds）在 1991 年编写的，其源程序在 Internet 上公布后，得到了全世界计算机爱好者的关注。

Linux 是一种免费的操作系统，用户可以免费获得其源代码，并能够按需进行修改。Linux 还是一类 UNIX 系统，具有 UNIX 系统的许多功能和特点，能够兼容 UNIX，且无须支付使用 UNIX 的高昂费用。例如，一个 UNIX 程序员在单位使用 UNIX 系统进行工作，回到家里在 Linux 系统上也能完成同样的工作，而不必重新购买 UNIX。Linux 操作系统具有如下特点。

（1）支持多用户、多任务

Linux 是一个支持多用户、多任务的操作系统，也是具有高效性和稳定性的操作系统。

（2）开放性

Linux 遵循国际标准，与使用此标准开发的软件和硬件具有很好的兼容性，并可很方便地实现互连。

（3）完善的网络功能

Linux 具备完善的网络功能，在通信和网络功能方面优于其他操作系统。

（4）用户界面友好

Linux 可以提供三种命令界面，即命令行方式界面、系统调用界面和图形用户界面。

（5）系统内核小，对硬件要求低

Linux 可以运行在硬件性能较差的微型计算机上。Linux 版本众多，很多厂商基于 Linux 的内核开发了许多不同版本的 Linux 系统,其中包括许多中文的 Linux 系统。目前常用的 Linux 系统主要有 Red Hat Linux 和 Turbo Linux。

3.3.4 手持设备操作系统

1. Android

Android 是一种基于 Linux 开放源代码的操作系统，主要应用于便携设备，如智能手机和平板计算机。Android 操作系统最初由 Andy Rubin 开发，主要支持手机。2005 年由谷歌公司收购注资，并组建开放手机联盟，随后，逐渐扩展到平板计算机及其他设备上。2008 年，第一部 Android 智能手机发布。互联网数据中心数据显示，到 2018 年年末，Android 占据全球移动系统约 80%的市场份额。

2. iOS

iOS 是由苹果公司开发的手持设备操作系统。苹果公司最早于 2007 年的 Macworld 大会上发布该系统，最初是设计给 iPhone 使用的，后来陆续应用到 iPod touch、iPad 及 Apple TV 等产品上。iOS 与苹果的 Mac OS X 操作系统一样，也是以 Darwin 为基础的，因此同样属于类 UNIX 的商业操作系统。

3.4 Windows 10 操作系统

3.4.1 Windows 10 操作系统的特点

Windows 10 是由美国微软公司开发的应用于计算机和平板计算机的操作系统，于 2015 年 7 月发布正式版。Windows 10 操作系统在易用性和安全性方面有了极大的提升，除了将云服务、智能移动设备、自然人机交互等新技术进行融合外，还对固态硬盘、生物识别、高分辨率屏幕等硬件进行了优化完善与支持。

Windows 10 操作系统包括 Windows 10 Home（家庭版）、Windows 10 Pro（专业版）、Windows 10 Enterprise（企业版）、Windows 10 Education（教育版）、Windows 10 Mobile（移动版）、Windows 10 Mobile Enterprise（企业移动版）等版本。Windows 10 具有如下特点。

（1）增强的 Cortana 搜索功能

Windows 10 任务栏上的 Cortana 搜索按钮可以用来搜索硬盘内的文件、系统设置、安装的应用，甚至是互联网中的其他信息。Cortana 还可以实现如在移动平台那样设置基于时间和地点的备忘。

（2）实用的任务视图按钮

Windows 10 任务栏上的任务视图按钮不再仅显示应用图标，而是通过大尺寸缩略图的方式对内容进行预览。同时，还可以查看近期的任务列表，真实地提高了用户体验。

（3）"开始"菜单得到优化

Windows 10 中回归了早期 Windows 版本中的"开始"菜单功能，并将其与 Windows 8 开始屏幕的特色相结合。单击屏幕左下角的"Windows 键"可以打开"开始"菜单，其中包含系统设置的应用列表，标志性的动态磁贴也会出现在右侧。

（4）命令提示符窗口升级

在 Windows 10 中，用户不仅可以对命令提示符（CMD）窗口的大小进行调整，还能使用 Ctrl+V 组合键实现粘贴功能。

（5）支持平板模式

Windows 10 提供了针对触控屏设备优化的功能，同时还提供了专门的平板电脑模式，"开始"菜单和应用都以全屏模式运行。

（6）兼容性增强

只要能运行 Windows 7 操作系统，就能更加流畅地运行 Windows 10 操作系统。Windows 10 操作系统针对固态硬盘、生物识别、高分辨率屏幕等硬件进行了优化支持与完善。

（7）支持多桌面

如果用户没有多显示器配置，但依然需要对大量的窗口进行重新排列，Windows 10 支持的虚拟桌面可以帮助用户。在该功能的帮助下，用户可以将窗口放进不同的虚拟桌面，并在其中进行轻松切换。

除此之外，Windows 10 的文件资源管理器升级，在易用性、安全性等方面进行了深入的改进与优化，针对云服务、智能移动设备、自然人机交互等新技术进行融合。

3.4.2 Windows 10 的文件管理

操作系统作为计算机最重要的系统软件，其提供的基本功能为数据存储、数据处理及数据管理等。数据存储通常是指计算机中的数据以文件的形式存放在磁盘或其他外存上，数据处理的对象是文件，数据管理是通过文件管理完成的。文件系统实现对文件的存取、处理和管理等操作，因此文件系统在操作系统中占有非常重要的地位。

文件是计算机中的一个重要概念，是操作系统用来存储和管理信息的基本单位。文件可以用来保存各种信息，用文字处理软件制作的文档、用计算机语言编写的程序及进入计算机的各种多媒体信息，都是以文件的方式存储的。文件的物理存储介质通常是磁盘、光盘、闪存盘等。

1. 文件系统

文件是一组相关信息的集合，可以是程序、数据或其他信息，如一篇文章或一张表格等。

（1）文件名

每个文件都有一个文件名，使用文件名是为了区分不同的文件，赋予存放在磁盘上的文件一个标志，这样用户就不必关心文件的存储方式、物理位置及访问方式，直接以"按名存取"的方式来使用文件即可。文件名由驱动器标识、文件名、扩展名三部分组成，格式为[D:]Filename[.ext]。符号含义如下。

"[ ]"符号表示该项内容是可选的，D:表示驱动器标识，软盘驱动器标识为 A:或 B:，现在已经很少使用，硬盘驱动器、光盘驱动器、U 盘通常为 C:、D:、E:等。

Filename 表示文件名。文件名（包括扩展名）中可用的字符为 A~Z、0~9、!、@、#、$、%、&等，不能使用\、/、?、:、*、"、>、<、| 字符。通常，用户所取的文件名应具有一定的意义，以便于理解。Windows 7 及之后的操作系统支持长文件名，其长度（包括扩展名）可达 255 个字符，一个汉字相当于两个字符，长文件名的描述能力更强，也更容易被人理解。

[.ext]表示扩展名，由三个或四个字符组成，表示文件所属的类型。

同一个文件夹中的文件、文件夹不能同名。

（2）文件类型

通常用扩展名来区分文件的不同类型，一些常用的文件扩展名如表 3-1 所示。

表 3-1　常用文件类型及扩展名

文件类型	扩展名	文件类型	扩展名
可执行的程序文件	.exe、.com	系统文件	.sys
批处理文件	.bat	数据库表文件	.dbf
文本文件	.txt	压缩格式文件	.zip、.rar
备份文件	.bak	帮助文件	.hlp
便携式文档格式	.pdf	Word 文档	.docx
带格式的文本文件	.rtf	Excel 文档	.xlsx

2. 文件属性

文件属性包括两部分内容，一部分是文件所包含的数据，称为文件数据；另一部分是关于文件本身的说明信息或属性信息，称为文件属性。文件属性主要包括创建日期、文件长度、访问权限等，这些信息主要被文件系统用来管理文件。不同的文件系统通常有不同种类和数量的文件属性。

3. 文件夹

无论是操作系统中的文件，还是用户自己生成的文件，其数量和种类都是非常多的。为了便于对文件进行存取和管理，系统引入文件夹功能，文件夹是从 Windows 95 开始提出的一种名称，它实际上是 DOS 中目录的概念。

文件夹的命名规则与文件的命名规则相同，只是文件夹的扩展名不用作类型标识。每个文件夹中还可以再创建文件夹（称为子文件夹），以便更细致地进行分类存储。

4. 库

以往的 Windows 操作系统总是以树状结构的方式来组织和管理计算机上的文件和文件

夹，往往根据文件的内容或者类型的不同，将它们分别保存在不同的目录下，从而一层一层地嵌套形成树状结构。但是，随着硬盘容量越来越大，计算机上的文件数量越来越多，这种组织文件的方式有时会影响文件的使用效率。

单一的树状结构分类方式无法反映文件之间复杂的联系。例如，在准备一份计划书的时候，将文档保存在文档相关的目录下，同时将文档中的各种插图保存在图片相关的目录下，在这种情况下，当查看、修改文档中的某张图片时，就需要在文档目录和图片目录之间来回切换，为工作带来了很多不便。如果将很多电影按照树状结构分类存放在硬盘上的各个分区，想找到某部电影，就需要在各个分区、各个目录之间进行查找，既费时又费力。

为了帮助用户更加有效地对硬盘中的文件进行管理，从 Windows 7 开始，增加了一种文件管理方式——库。作为访问用户数据的首要入口，库在 Windows 中是用户指定的某种特定内容的集合，与文件夹管理方式是相互独立的。库可以将分散在硬盘上不同物理位置的数据根据某种特定的逻辑集合在一起，更便于用户查看和使用文件。在 Windows 10 中，需要单击"文档"窗口中"查看"选项卡"窗格"组中的"导航窗格"下拉按钮，在下拉菜单中选择"显示库"命令显示库的相关信息。

3.4.3 Windows 10 的程序管理

Windows 10 为用户提供了一个良好的系统环境，但是要完成大量的日常工作仍需要使用各种应用程序。Windows 10 为各种应用程序提供了一个基础的工作环境，负责实现程序与硬件之间的通信、内存管理等基本功能。

程序以文件的形式存放，是能够实现某种功能的一类文件。通常把这类文件称为可执行文件（.exe）。常用的应用程序文件名如表 3-2 所示。

表 3-2 常用的应用程序文件名

常用应用程序	文件名	常用应用程序	文件名
Windows 资源管理器	Explorer.exe	Windows Media Player	Wmplayer.exe
记事本	Notepad.exe	Internet Explorer	Iexplore.exe
写字板	Wordpad.exe	Outlook Express	Msimn.exe
画图	Mspaint.exe	剪贴簿查看器	Clipbrd.exe
命令提示符	Cmd.exe	Microsoft Word	Winword.exe

在 Windows 操作系统中，"开始"菜单可以起到管理程序的作用。用户可以把各种类型的快捷方式（不是程序文件本身）分门别类地存放在"开始"菜单的不同组内，以便从"开始"菜单中运行程序。用户也可以按照自己的意愿把一些常用程序的快捷图标放在桌面上，或放在某一个文件夹中。

3.4.4 Windows 10 的磁盘管理

通过 Windows 资源管理器可实现对磁盘的管理，常用功能如下。

1. 磁盘格式化

磁盘在首次使用之前，一般要经过格式化，通过格式化为磁盘划分磁道、扇区，建立目录区，并且检查磁盘中有无损坏的磁道、扇区。当磁盘感染病毒，用杀毒软件无法清除时，可以使用格式化操作，将磁盘上的所有信息全部清除。由于格式化操作将删除磁盘上的所有数据，因此在格式化时一定要特别慎重，不要随意进行格式化，以免丢失重要文件及数据。

2. 磁盘清理

使用磁盘清理程序可以帮助用户释放硬盘驱动器空间，删除临时文件、Internet 缓存文件及其他不需要的文件，有助于提高系统性能。选择"开始"菜单"Windows 管理工具"中的"磁盘清理"命令，可以打开。

3. 磁盘碎片整理

磁盘（尤其是硬盘）经过长时间的使用后，会出现很多零散的空间和磁盘碎片，一个文件可能会被分别存放在不同的磁盘空间中。这样一来，在访问该文件时系统需要到不同的磁盘空间中寻找该文件的不同部分，从而影响了计算机的运行速度。同时，由于磁盘中的可用空间是零散的，创建新文件或文件夹的速度也会降低。使用磁盘碎片整理程序可以重新安排文件在磁盘中的存储位置，将文件整理到一起，同时合并可用空间，以实现提高计算机运行速度的目的。

选择"开始"菜单"Windows 管理工具"中的"碎片整理和优化驱动器"命令，可以打开磁盘碎片整理工具。

3.4.5　Windows 10 的控制面板

控制面板是用来对 Windows 系统进行设置的工具集，用户可以根据个人喜好更改显示器、鼠标、键盘等硬件设置。

1. 设置日期和时间

在任务栏的右端显示系统的当前时间，将鼠标指针指向时间栏并稍稍停顿，就会显示系统日期。用户需要更改日期和时间，可以在"控制面板"的"时钟和区域"选项下设置，并可以修改时区设置。

2. 安装和设置打印机

打印机是最常用的输出设备，在使用一台新的打印机时，应首先进行硬件的连接，然后安装打印机的驱动程序。可以在"控制面板"的"硬件和声音"选项下设置设备和打印机，查看打印机驱动程序是否正常。

3. 设置账户

Windows 10 操作系统支持多用户账户，可以为不同的账户设置不同的权限，它们之间互不干扰，独立完成各自的工作。在"控制面板"的"用户账户"选项下可以更改用户账户信息或添加/删除用户账户。

4. Windows 防火墙

杀毒软件只能查杀病毒和监视读入内存的病毒，并不能监视连接到 Internet 的计算机是否受到网络上其他计算机的攻击。因此需要一种专门监视网络的工具来监测、限制、更改跨越防火墙的数据流，尽可能地对外部屏蔽网络内部的信息、结构和运行状况，这种工具就是防火墙。

防火墙是一种计算机硬件和软件的组合，可在 Internet 与内部网之间建立一个安全网关，设置一道屏障，它是网络之间的一种特殊的访问控制设施，用于防止恶意程序和黑客攻击计算机或内部网络，其布局如图 3-8 所示。防火墙是提供信息安全服务，实现网络和信息安全的基础设施。使用防火墙是确保网络安全的方法之一。

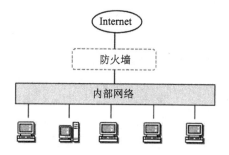

图 3-8　防火墙布局示意图

防火墙有硬件防火墙和软件防火墙两种。通常，硬件防火墙具有更高的安全性，而一般所说的都是软件防火墙。常见的软件防火墙有诺顿防火墙、金山网镖、瑞星防火墙、天网防火墙、360 木马防火墙等。在"控制面板"的"系统和安全"选项下可以检查防火墙状态和设置某些应用通过防火墙。

3.4.6　信息交换与共享

应用程序之间的信息交换与共享，通常是指用某一种应用程序编辑的文档，可以插入来自其他文档的内容，这样，不仅可以减少编辑人员的工作量，还可以使文档内容丰富多彩。

Windows 系统为应用程序之间的信息交换与共享提供了两种方法：剪贴板（clipboard）和对象链接与嵌入（object linking and embedding，OLE）。

剪贴板是内存中的一个临时存储区，不仅可以存储文字，还可以存储图像、声音等其他信息。通过剪贴板可以将各种文件的文字、图像、声音粘贴在一起形成一个图文并茂、有声有色的文档。剪贴板的使用步骤是先将信息复制或剪切到剪贴板上，然后在目标文档中将插入点定位在需要插入信息的位置，最后选择"粘贴"命令，将剪贴板中的信息复制到目标文档中。

对象链接与嵌入可以在多种 Windows 应用程序之间进行数据交换，或组合成一个合成文档。链接和嵌入都是把信息从一个文档插入另一个文档中，都可在合成文档中编辑源信息。它们的区别在于，如果将一个对象作为链接对象，则该对象仍保留与源对象的关联，当对源对象或链接对象进行编辑时，两者将都发生改变；而如果将对象嵌入另一个应用程序中，则它不再保留与源对象的关联，当对源对象或链接对象进行编辑时，彼此之间将互不影响。

思考题

1. 什么是操作系统？它的主要功能是什么？
2. 实时操作系统与分时操作系统的区别是什么？
3. 分时处理与多任务处理的区别是什么？
4. 应用软件与实用软件之间的区别是什么？
5. 列举五种以上文件类型，并说明启动这些类型文件所需的程序。
6. Windows 10 的文件管理使用了库，简述库的概念和特点。

第 4 章　Office 2016 办公软件

Office 2016 是 Microsoft 公司于 2015 年 9 月推出的办公软件集合，其中包括 Word、Excel、PowerPoint、OneNote、Outlook、Skype、Project、Visio 及 Publisher 等组件和服务。

与以前的 Office 版本相比，Office 2016 的主要特性体现在增强了云服务、支持实时多人协作、Tell Me 功能助手、快捷的数据分析等方面。

本章主要内容如下：

1）文字处理软件 Word 2016。

2）电子表格软件 Excel 2016。

3）演示文稿软件 PowerPoint 2016。

4.1　文字处理软件 Word 2016

文字处理软件是指能够提供文字输入、编辑和输出环境的软件。文字处理软件 Word，集文字、表格、图形的编辑、排版、打印功能于一体，其简单、灵活的操作为用户提供了一个良好的文字处理环境。

4.1.1　Word 2016 窗口

在 Windows 10 的"开始"菜单中，选择"Word 2016"命令，打开 Word 2016 应用程序窗口。第一次使用时用户创建的第一个文档以"文档 1"命名，每创建一个文档便打开一个独立的窗口。

Word 窗口由标题栏、快速访问工具栏、功能区、文本编辑区及状态栏等部分组成，如图 4-1 所示。

1. 标题栏

标题栏位于 Word 窗口的最顶端，它显示了当前编辑的文档名称和文档是否为兼容模式。标题栏的最右侧分别为 Word 的"最小化"、"最大化"和"关闭"按钮。

2. 快速访问工具栏

在标题栏的左侧是快速访问工具栏。用户可以在快速访问工具栏上放置一些常用的命令，如保存、撤销、重复等。快速访问工具栏与以前 Word 版本中的工具栏类似，该工具栏中的命令按钮不会动态变换。

用户可以非常灵活地增加或删除快速访问工具栏中的命令项。若在快速访问工具栏中增加或删除命令，需要单击快速访问工具栏右侧的箭头按钮，并在下拉菜单中选择命令或取消被选择的命令。

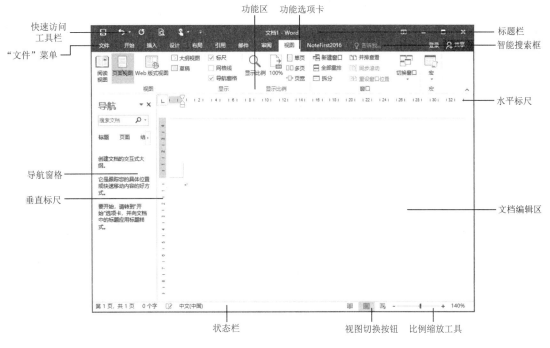

图 4-1　Word 2016 窗口

如果选择"自定义快速访问工具栏"中的"在功能区下方显示"命令，那么快速访问工具栏就会出现在功能区下方。

可以单击标题栏右侧的"功能区显示选项"按钮，选择其中的"自动隐藏功能区""显示选项卡""显示选项卡和命令"命令，实现功能区的隐藏或显示。

如果用户在浏览、操作文档内容时选择"自动隐藏功能区"命令，可以增大文档显示的空间。按 Ctrl+F1 组合键，也可以实现功能区的最小化操作。再按一次 Ctrl+F1 组合键，可以将功能区还原到默认设置。

3. 功能区

Word 2016 的功能区包括"开始""插入""设计"等文档编辑和排版操作的命令。在 Word 窗口上方显示的是选项卡的名称，当单击这些名称时会切换到与之相对应的功能区面板。Word 2016 的选项卡包括"开始""插入""设计""布局""引用""邮件""审阅""视图"等。另外，每个选项卡根据操作对象的不同又分为若干个组，每个组集中了功能相近的命令。

Word 2016 的文件操作通过"文件"菜单实现，类似于 Word 2007 中的 Office 按钮，用下拉式菜单方式呈现，提供了另一种风格的显示方式。

4. 文本编辑区

文本编辑区是输入、编辑文档的区域，可以在此区域输入文档内容，并进行编辑。

5. 导航窗格

Word 导航功能的导航方式有标题导航、页面导航、关键字（词）导航和特定对象导航。

切换到"视图"选项卡，选中"显示"组中"导航窗格"复选框，打开"导航"任务窗格，可以轻松查找和定位到想查阅的段落或特定的对象，通过拖放标题轻松地重新组织文档，迅速处理长文档。

6. 状态栏

状态栏位于窗口的底部，单击状态栏的不同区域，可以获得不同的功能。例如，可以查找、替换和定位，还可以查看文档的字数、发现校对错误、设置语言、改变视图方式和文档显示比例等。

4.1.2 建立文档

启动 Word 后，会自动建立一个新文档。也可以选择"文件"菜单中的"新建"命令或单击快速访问工具栏中的"新建"按钮来创建文档，新建的文档默认名为"文档 1"，Word 2016文档以.docx 为文件扩展名。

1. 输入文本

输入文本时，编辑区内闪烁的竖型光标称为插入点，它标识着文字输入的位置。随着文字的不断输入，插入点自动右移，输入到行尾时，Word 会自动换行。需要开始新的一段时，按 Enter 键，此时产生一个段落标记，插入点移到下一行行首。选择"开始"选项卡"段落"组中的"显示/隐藏编辑标记"命令，可显示或隐藏编辑标记。

如果在输入过程中出现了错误，可以按 Backspace 键删除插入点前面的一个字符，按 Delete 键可删除插入点后面的一个字符。当需要在已输入完成的文本中插入文字时，需要将光标指向新的位置并单击，然后输入，这样新输入的文字就会出现在插入点位置。

输入文本时，需要经常删除字符或词组，比较常见的按键使用方法如下。

1）按 Delete 键，可将选中文本删除，也可删除插入点后面的一个字符。

2）按 Backspace 键，可将选中文本删除，也可删除插入点前面的一个字符。

3）按 Ctrl+Delete 组合键，可将插入点后面的一个词组删除。

4）按 Ctrl+Backspace 组合键，可将插入点前面的一个词组删除。

2. 插入特殊符号

在输入文本时，经常需要输入一些键盘上没有的特殊符号，如①、☆、⊙等。操作步骤如下。

① 在 Word 编辑窗口中，将插入点定位到需要插入字符的位置。

② 单击"插入"选项卡"符号"组中的"符号"按钮，打开"符号"面板，如图 4-2 所示，可以选择显示出来的特殊符号插入文档中。

③ 如果选择"符号"面板中的"其他符号"命令，就会出现"符号"对话框，如图 4-3所示。

④ 选择要插入的字符，单击"插入"按钮，即可在插入点输入相应符号。

插入特殊符号，也可以使用输入法状态栏的软键盘实现。

图 4-2 "符号"面板

图 4-3 "符号"对话框

3．保存文档

文本输入完毕，需要保存文档到指定的磁盘中，操作步骤如下。

① 选择"文件"菜单中的"保存"命令或单击快速访问工具栏上的"保存"按钮，打开"另存为"界面，选择其中的"浏览"命令，打开如图 4-4 所示的"另存为"对话框。

图 4-4 "另存为"对话框

② 选择文件的保存位置，在"文件名"文本框中输入新文件名，单击"保存"按钮，完成文档保存操作。

Word 提供了"自动保存"功能来防止因断电或死机等意外发生而未保存文档。所谓"自动保存"，是指在指定时间间隔中自动保存文档。通过选择"文件"菜单中的"选项"命令，在打开的"Word 选项"对话框中选择"保存"命令来指定自动保存时间间隔，系统默认为 10 分钟。

选择"文件"选项卡中的"另存为"命令，在打开的"另存为"对话框中选择文件夹并输入新的文件名，可将该文档另存为备份，这样在原来文档的基础上产生了一个新文档。

4．保护文档

Word 通过设置文档的安全性来实现文档保护功能。如果用户所编辑的文档不希望其他用户查看或修改，可以给文档设置"打开文件时的密码"和"修改文件时的密码"。保护文档的操作步骤如下。

① 在需要保护的文档编辑窗口中选择"文件"菜单中的"信息"命令，出现文档的"信息"页面。

图 4-5 "加密文档"对话框

② 单击其中的"保护文档"按钮，选择"用密码进行加密"命令，在打开的"加密文档"对话框中设置相应的密码，如图 4-5 所示。

③ 单击"确定"按钮，打开"重新输入密码"对话框。再次输入所设置的密码后，单击"确定"按钮，完成密码设置。

5. 关闭文档

选择"文件"菜单中的"关闭"命令，或单击该文件 Word 窗口右上角的"关闭"按钮，即可关闭文档。

4.1.3 编辑文档

文档的编辑是指对文档内容进行插入、修改、删除等操作。

1. 打开文档

如果打开已有的文档，可以按如下步骤操作。

① 选择"文件"菜单中的"打开"命令，可以选择最近曾打开过的文件，也可以单击"浏览"按钮，打开"打开"对话框。

② 在"打开"对话框中，选择左侧的文件夹窗格中要打开文件所在的路径和文件名，单击"打开"按钮，即可打开文档。

2. 选定文本

编辑文档的内容，首先要选定准备编辑的文本内容，被选定的文本呈反相显示。

选定文本的一般方法如下。

① 将鼠标指针定位到选定文本的起始位置，单击并拖动到要标记文本的结束位置松开鼠标，鼠标经过的文本区域被选定。

② 如果将鼠标指针移动到文档某段落中，连续单击三次，则可选定该段落。

③ 若将鼠标指针移动到需要选定的字符前，按住 Alt 键的同时单击并拖动鼠标，可选定鼠标经过的矩形区域。

文档窗口中文字左侧的空白区域称为选定栏，将鼠标指针移到该栏内，指针将变为向右指向的空心箭头⇗。在选定栏中单击可选定一行，拖动可选定连续多行，双击会选中鼠标所在的段落，连续单击三次可选中整篇文档。

在 Word 中，在按住 Ctrl 键的情况下拖动鼠标，可以选择不连续的多个区域。

如果要取消选定的文本，在文档中单击任意位置即可。

3. 插入或修改文本

在 Word 中插入或修改文本时，应注意当前编辑状态是"插入"状态还是"改写"状态。在"插入"状态下，将插入点定位到新位置后，即可在该位置输入字符，当前插入点位置的字符自动向后移动。若在"改写"状态下，输入字符则替换当前插入点位置的字符。

单击状态栏中的"插入"按钮，可以实现"改写"状态和"插入"状态的切换。"改写"

和"插入"状态的转换也可以通过按 Insert 键实现。

如果将其他文档的内容插入当前文档中，如实现两个文件的合并，操作步骤如下。

① 将鼠标指针移动到要插入文件的位置，单击，定位插入点，单击"插入"选项卡"文本"组中"对象"右侧的下拉按钮，在弹出的列表中选择"文件中的文字"命令，打开"插入文件"对话框。

② 在文件夹列表中选择文件路径和指定文档，单击"确定"按钮后即可完成插入文件操作。

4. 复制与移动文本

对文档内容进行删除、复制、移动时可使用剪贴板来完成。剪贴板是系统专门开辟的一块区域，可以在应用程序之间交换数据。剪贴板不仅可以存放文字，还可以存放表格、图形等对象。

复制文本是指将被选定的文本内容复制到指定位置，原文本保持不变；移动文本是指将被选定的文本内容移动到指定位置，移动后原文本被删除。

选定要复制或移动的文本内容，单击"开始"选项卡"剪贴板"组中的"复制"按钮 或"剪切"按钮 ，将鼠标指针移动到目标位置，单击工具栏上的"粘贴"按钮 ，即可实现文件的复制、移动。连续执行"粘贴"操作，可将一段文本复制到文档的多个地方。

用鼠标拖动也可以移动或复制文本。选定要移动或复制的文本内容，移动鼠标指针到选中目标，此时鼠标指针成为一个箭头，按住鼠标左键拖动到目标位置完成移动操作，如果在拖动时按住 Ctrl 键，则执行复制操作。

5. 撤销与重复

如果在编辑中出现错误操作，可单击快速访问工具栏中的"撤销"按钮 恢复原来的状态，也可使用"重复"按钮 将撤销的命令重新执行。撤销的组合键是 Ctrl+Z。

6. 查找与替换

文本的查找与替换是 Word 中常用的操作，二者类似。查找的操作步骤如下。

① 将插入点移至需要查找的起始位置，单击"开始"选项卡"编辑"组中"查找"右侧的下拉按钮，选择"高级查找"命令，打开"查找和替换"对话框。

② 在"查找内容"文本框内输入要查找的内容，单击"更多"按钮，可设置搜索的范围、查找对象的格式、查找的特殊字符等。单击"查找下一处"按钮依次查找，被找到的字符反白显示。

③ 完成操作后，关闭"查找和替换"对话框。

替换功能是查找功能的扩展，适用于替换多处相同的内容。单击"开始"选项卡"编辑"组中的"替换"按钮，打开"查找和替换"对话框，在"替换为"文本框内输入要替换的内容，系统既可以每次替换一处查找内容，也可以一次性全部替换。

7. 拼写及语法检查

切换到"审阅"选项卡，在"校对"组中单击"拼写和语法"按钮，可对已输入的文档进行拼写和语法检查，并利用 Word 的自动更正功能将某些单词更正为正确的形式。

4.1.4 文档的排版

为了使文档更加美观、清晰，便于阅读，需要进行版面的设置及格式化。

1. 字符格式化

图 4-6 "字体"对话框

字符格式化包括对文档中的字体、字号、加粗、倾斜、大小写格式、上标、下标、字符间距及字体颜色等格式设置操作。

1）设置字符格式，操作步骤如下。

① 选定要格式化的文字，然后单击"开始"选项卡"字体"组右下角的"字体"按钮，打开"字体"对话框，如图 4-6 所示。

② 在对话框中设置各选项，完成后单击"确定"按钮。

使用快捷键，可以很方便地格式化文本，常用的格式化字符的快捷键如下。

Ctrl ++：设置下标。

Ctrl +Shift ++：设置上标。

Ctrl + B：设置加粗。

Ctrl + I：设置斜体。

可以使用"开始"选项卡中的按钮来快速进行格式设置。只要选中文本，然后从"字体"组中分别选择所需要的字体、字号、字形、颜色等即可。如果选择"开始"选项卡"段落"组中的"两端对齐""居中""右对齐""分散对齐"等命令，可设置段落的对齐格式。

2）如果复制某段文本格式，"格式刷"是最有效的工具，操作步骤如下。

① 选定已设置好格式的一段文本，单击"开始"选项卡"剪贴板"组中的"格式刷"按钮，当鼠标指针变成小刷子时，拖动小刷子选择要进行格式复制的文本，小刷子经过的文本会变为所要的文本格式。

② 若复制到多处，应双击"格式刷"按钮，再拖动鼠标进行多次格式的复制，操作完成后再次单击"格式刷"按钮取消复制格式状态。

2. 段落格式化

（1）段落缩进

段落是 Word 文档排版的基本单位，每个段落结尾都有一个段落标记。单击"开始"选项卡"段落"组右下角的"段落设置"按钮，打开"段落"对话框，如图 4-7 所示。"段落"对话框包括"缩进和间距""换行和分页""中文版式"三个选项卡。在该对话框中可对段落进行排版。

段落缩进是指文档中为突出某个段落所设置的在段

图 4-7 "段落"对话框

落两边留出的空白位置，如规定文章每段的首行缩进两个汉字。利用标尺或"段落"对话框可以进行段落缩进的设置。

段落缩进包括首行缩进、悬挂缩进、左缩进、右缩进四种。首行缩进是指设置段落中第一行第一个字符的位置；悬挂缩进是指设置段落中除首行以外的其他行的起始位置；左、右缩进分别是设置段落的左、右边界的位置。除了通过"段落"对话框设置缩进外，还可以通过移动水平标尺上的四种缩进标记完成对所选择段落的缩进设置，如图 4-8 所示。

图 4-8　标尺中的缩进标志

"开始"选项卡"段落"组中有两个缩进按钮，单击"增加缩进量"按钮 ≣ 可使所选段落右移一个汉字，单击"减少缩进量"按钮 ≣ 可使所选段落左移一个汉字。

（2）段落对齐

对齐方式是指文档段落中文字的对齐方式。Word 提供了左对齐、居中、右对齐、两端对齐和分散对齐五种对齐方式，分别对应"开始"选项卡"段落"组中的五个按钮 ≡ ≡ ≡ ≡ ≣。

两端对齐可使文本的左端和右端的文字沿段落的左右边界对齐，段落的最后一行左对齐。两端对齐适用于一般文本；标题一般采用居中对齐；右对齐使选定文本靠右边界对齐；分散对齐使选定文本平均分散在本行；左对齐使选定文本靠左边界对齐。在文本的一段只有一行的情况下，两端对齐和左对齐的功能相同。

（3）段落间距

段落间距包括段落中行与行之间的距离和段落与段落之间的距离，可以在"段落"对话框中进行调整。"行距"下拉列表框中有"单倍行距""1.5 倍行距""2 倍行距""最小值""固定值""多倍行距"六个选项可供选择。"段前""段后"选项可设置所选段落与段落之间前后的距离。

3. 设置边框和底纹

给文字添加边框和底纹是对文档内容进行修饰，可以使文档的内容更加醒目，实现段落的特殊效果。设置边框和底纹可以通过单击"开始"选项卡"段落"组中的"边框"和"底纹"按钮实现，也可以单击"设计"选项卡"页面背景"组中的"页面边框"按钮，在"边框和底纹"对话框中设置。

实现如图 4-9 所示的效果，具体操作过程如下。

> 到字体网站下载字体文件，一般是 zip 或 rar 格式的压缩文件，解压后就得到字体文件，为.ttf 格式；将字体文件，粘贴到 C:\WINDOWS\Fonts 文件夹里，字体即完成安装。

图 4-9　边框和底纹的设置效果

① 选中要设置边框的文本。

② 单击"设计"选项卡"页面背景"组中的"页面边框"按钮，打开"边框和底纹"对话框，选择"边框"选项卡，在"设置"列表中选择边框为"阴影"；选择线型"样式"为单线线型；设置"宽度"为"1.5 磅"，如图 4-10 所示。默认的，边框设置应用于选中的文字。

③ 选择"底纹"选项卡，与上面的操作类似，设置底纹的填充颜色。

④ 单击"确定"按钮，完成设置。

4. 项目符号和编号

在 Word 中，对于一些需要分类阐述或按顺序阐述的条目，可以添加项目符号和编号，使文档层次更加清晰。添加项目符号和编号的操作步骤如下。

① 打开 Word 文档，选中需要添加项目符号和编号的段落。

② 单击"开始"选项卡"段落"组中的"项目符号"或"编号"按钮，完成设置。

5. 分栏排版

分栏就是将文章分几列排版，常用于论文、报纸和杂志的排版中。可以对整个文章进行分栏操作，也可只对某个段落进行分栏，实现如图 4-11 所示分栏效果的操作步骤如下。

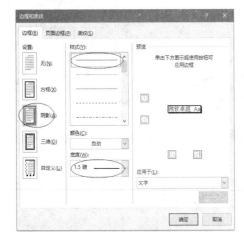

图 4-10 "边框和底纹"对话框

图 4-11 分栏效果

图 4-12 "分栏"对话框

① 选定要分栏的段落，选择"布局"选项卡"页面设置"组中的"分栏"选项中的"更多分栏"命令，打开"分栏"对话框，如图 4-12 所示。

② 在对话框中设置分栏参数后，单击"确定"按钮完成设置操作。

需要注意的是，若使栏宽不相等，应取消选择"栏宽相等"复选框，在"宽度和间距"组中指定各栏的"宽度"和"间距"。选取分栏的段落时，不要选择段落后的段落标记，否则分栏可能得不到预期效果。若取消分栏，选择已分栏的段落，选择"布局"选项卡"页面设置"组中的"分栏"选项中的"一栏"命令即可。

6. 首字下沉

首字下沉是指文章段落的第一个字符放大显示。采用首字下沉可以使段落更加醒目，使文章的版面别具一格。

设置首字下沉，操作步骤如下。

① 将插入点移到欲设置首字下沉的段落，选择"插入"选项卡"文本"组中的"首字下沉"选项中的"首字下沉选项"命令，打开"首字下沉"对话框，如图 4-13 所示。

② 在"位置"区域选择"下沉"选项，在"字体"下拉列表框中设置首字字体，在"下沉行数"文本框中选择下沉的行数。

③ 单击"确定"按钮，完成首字下沉操作。

图 4-13 "首字下沉"对话框

4.1.5 图文混排

在文章中插入一些图形，实现图文混排，可以增加文章的可读性。Word 文档中除了可以插入图片、联机图片、艺术字外，还可以插入 SmartArt、屏幕截图等。

1. 插入图片

插入图片的操作方法是，将插入点移至要插入图片的位置，选择"插入"选项卡"插图"组中的命令，再选择对应的选项。

（1）插入图形文件

插入图形文件，操作步骤如下。

① 选择"插入"选项卡"插图"组中的"图片"命令，打开"插入图片"对话框。

② 在该对话框中选择图片文件所在的驱动器及文件夹，选择文件名称后，实现图片文件的插入。

插入的图片类型可以是通过扫描仪或数码相机获取的图片，如.bmp、.jpg、.png、.gif 等类型的图片文件都是 Word 可接受的图片文件。

（2）插入联机图片

插入联机图片，操作步骤如下。

① 选择"插入"选项卡"插图"组中的"联机图片"命令，打开"插入图片"对话框，如图 4-14 所示。

图 4-14 "插入图片"对话框

② 在该窗口中可以使用必应搜索引擎查找图片，如果用户注册了 OneDrive 云存储服务，也可以添加其中的图片。

③ 搜索完成后，选择搜索到的图片，单击"插入"按钮，就可以下载图片并将图片插

入 Word 文档中。

（3）插入艺术字

插入艺术字，操作步骤如下。

① 选择"插入"选项卡"文本"组中的"艺术字"命令，弹出含有各种艺术字样式的列表。

② 选择一种艺术字式样，并在"请在此放置您的文字"文本框中输入文字内容，即可在文档中插入艺术字。

2. 编辑图片

图片的许多操作需要使用图片工具来完成，选中需要编辑的图片就会出现"图片工具"面板，选择其"格式"功能区中的命令可以完成图片的编辑工作，如图 4-15 所示为图片操作的部分按钮。

图 4-15 "图片工具"面板

对于插入文档中的图片，可以进行放大或缩小、移动或复制、裁剪与删除等编辑操作。

对图片进行操作，首先选中图片。单击图片，其四周将显示 8 个小方块，这些小方块也叫控点，这时表示图片已被选中。

1）如果放大或缩小图片，选中图片，将鼠标指针移到四周的控点上，当鼠标指针变为双向箭头↖时拖动，即可自由放大或缩小图形。

2）如果移动图片，将鼠标指针移动到图片上，按住鼠标左键拖动，可实现移动操作。如果拖动时按住 Ctrl 键，可执行复制操作。

3）如果将图片移动或复制到其他文件或页面，选中图片，单击"开始"选项卡"剪贴板"组中的"剪切""复制""粘贴"按钮，可以移动或复制图片到其他位置。

4）如果裁剪图片，选中图片，单击"格式"选项卡"大小"组中的"裁剪"命令，这时出现裁剪光标，移动鼠标指针到图片四周的控点上，向图形的中心拖动即可裁剪图片。

5）如果删除图片，选中图片后按 Delete 键，或单击"开始"选项卡"剪贴板"组中的"剪切"按钮可将图片删除。

3. 设置图片的环绕方式

插入文档中的图片与文字存在着位置关系与叠放次序的问题。可以为插入文档中的图片设置环绕的方式和与文字的层次关系。操作步骤如下。

① 选中图片后，出现"图片工具"面板，单击"格式"选项卡"排列"组中的"位置"按钮，弹出各种文字环绕格式，选择"其他布局选项"命令，打开"布局"对话框，如图 4-16 所示。

图 4-16 "布局"对话框

② 该对话框包括三个选项卡，在"文字环绕"选项卡中可以进行环绕方式设置。如果选择图片的环绕方式为"衬于文字下方"，则该图片成为文本的背景。不同的图片环绕方式效果如图 4-17 所示。

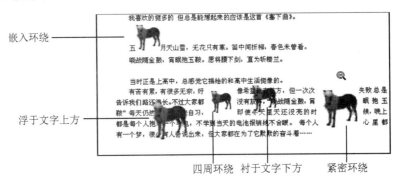

图 4-17　图片环绕方式效果

4.1.6　表格

表格操作是文字处理软件中一项重要的内容，在 Word 2016 中可以创建样式美观的表格。

1. 创建表格

创建表格主要使用以下两种方法。

（1）利用菜单创建

如果创建表格，单击"插入"选项卡"表格"组中的"表格"下拉按钮，选择"插入表格"命令，在打开的对话框中输入表格的列数和行数，单击"确定"按钮后完成表格创建。

（2）用绘表工具创建

对于不规则的表格，可以使用绘表工具。

单击"插入"选项卡"表格"组中的"表格"下拉按钮，在弹出的菜单中选择"绘制表格"命令，鼠标指针变成笔状，拖动鼠标可以绘制任何形式的表格。

表格绘制完成后，在功能区出现"表格工具"面板，其中"设计"和"布局"两个选项卡提供了制作、编辑和格式化表格中的常用命令，如图 4-18 所示，这些命令使制表工作变得更加轻松自如。

图 4-18　"表格工具"中的"设计"选项卡

2. 编辑表格

对表格操作前要先选定表格中的行、列或单元格。单元格是表格中行和列交叉所形成的框。

在"表格工具"面板上选择"布局"选项卡中的"选择"命令，在弹出的菜单中可以选择整个表格、行、列或单元格，也可以用鼠标拖动选择。

在"表格工具"面板中，常见的插入和删除操作如下。

（1）在"表格工具"面板上选择"布局"选项卡"行和列"组中的命令，可以在表格中插入整行、整列或单元格。如果选中若干行或列，那么，选中的行或列的数目是将要插入的行数或列数。

（2）如果要在表尾快速地增加行，移动鼠标指针到表尾的最后一个单元格中，按 Tab 键；或移动鼠标指针到表尾最后一个单元格外，按 Enter 键，均可增加新的表行。

（3）如果要删除表格，可以选定要删除的表格、行、列或单元格，在"表格工具"面板上选择"布局"选项卡"行和列"组中的"删除"命令，在弹出的下拉菜单中选择相应的命令，可删除指定的表格、行、列或单元格。

3. 合并或拆分单元格

（1）合并单元格

选中要合并的单元格，在"表格工具"面板上选择"布局"选项卡"合并"组中的"合并单元格"命令，可将选中的相邻的两个或多个单元格合并为一个单元格。

（2）拆分单元格

选中要拆分的单元格，在"表格工具"面板上选择"布局"选项卡"合并"组中的"拆分单元格"命令，打开"拆分单元格"对话框，输入要拆分的行数和列数，可将选定单元格分隔成多个单元格。

4. 绘制斜线表头

若为表格添加斜线，单击表格内的任一单元格，在"表格工具"面板上选择"设计"选项卡"表格样式"组中的"边框"命令，在弹出的边框下拉菜单选择"斜下框线"命令，如图 4-19 所示。

实现了合并单元格、拆分单元格和插入斜线表头的效果图如图 4-20 所示。在为表格绘制斜线表头时，应使绘制斜表头的单元格有足够的行宽和列高，否则，无法看到表头的全部内容。

图 4-19　边框下拉菜单　　　　　　　　　　　　　　图 4-20　表格效果图

5. 调整表格的大小和移动表格

将鼠标指针移动到表格内，在表格左上角就会出现表格移动控制点，可拖动控制点到文档中的任意处。若将表格拖动到文字中，文字就会环绕表格。

将鼠标指针移动到表格内，在表格右下角就会出现尺寸控制点。将鼠标指针移动到控制点上，当变为双向箭头时可拖动控制点改变表格大小。

如果单击表格移动控制点选中表格，用"复制"和"粘贴"命令可以复制表格到其他位置。

6. 表格的格式化

表格的格式化是指对表格中字体、字号、对齐方式及边框和底纹的设置，以达到美化表格并使表格内容更加清晰的目的。

（1）表格文本的格式化

表格中文字的字体、字号可以通过"开始"选项卡中的命令来设置，文字的对齐方式可在"表格工具"面板上选择"布局"选项卡"对齐方式"组中的命令来完成。

（2）调整表格的行高和列宽

调整表格的行高和列宽，可以通过拖动鼠标来完成，也可以使用功能区中的命令。选中要调整的行或列，右击，在弹出的快捷菜单中选择"表格属性"命令，在打开的"表格属性"对话框中的"行"或"列"选项卡中分别填写"指定高度"或"指定宽度"数值，这种方式可精确地调整行高和列宽。

如果需要表格具有相同的行高或列宽，选中要平均分布的行与列，右击任意单元格，在弹出的快捷菜单中选择"平均分布各行"或"平均分布各列"命令。也可以使用"布局"选项卡中"单元格大小"组中的命令来实现。

（3）设置表格边框和底纹

如果设置表格边框和底纹，选中要设置边框的表格，在"表格工具"面板上选择"设计"选项卡"边框"组中的"边框和底纹"命令，在打开的"边框和底纹"对话框中的"边框"或"底纹"选项卡中进行设置。

7. 表格的排序

在表格中，可以按照升序或降序对表格的内容进行排序。为使排序有意义，一般应对比较规范的表格进行排序。对如图 4-21 所示的表格按"数量"排序的操作步骤如下。

① 将插入点定位在"数量"列。

② 在"表格工具"面板上选择"布局"选项卡"数据"组中的"排序"命令，打开"排序"对话框，如图 4-22 所示。

图 4-21　待排序表格　　　　图 4-22　"排序"对话框

③ 在"主要关键字"下拉列表中选择"数量"，选择"降序"单选按钮和"有标题行"单选按钮。

④ 单击"确定"按钮，表格将按"数量"降序排序。

在 Word 中，最多可以指定按三个关键字排序。如果要取消排序，可以按组合键 Ctrl+Z 取消排序操作。

4.1.7　Word 的其他应用

1．Word 的拼音指南功能

中文 Word 提供了为汉字添加拼音的功能。实现如图 4-23 所示的为汉字添加拼音的操作步骤如下。

① 在 Word 文档中输入文字。

② 单击"开始"选项卡"字体"组中的"拼音指南"按钮，打开"拼音指南"对话框，如图 4-24 所示。在该对话框中适当调整偏移量和字号。

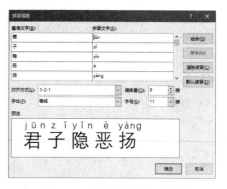

jūn zǐ yǐn è yángshàn
君子隐恶扬善，

图 4-23　为汉字添加拼音示例　　　　　图 4-24　"拼音指南"对话框

③ 单击"确定"按钮，完成拼音添加。

为了得到较好的添加拼音效果，可以在文字中间加入空格或加大字间距。同时，适当加大拼音的偏移量值和字号。

2．插入脚注和尾注

在一些文档中，有时需要给文档内容加上一些注释，如果这些注释出现在当前页面的底部，称为脚注，如果这些注释出现在文档末尾，称为尾注。给文档添加脚注的效果如图 4-25 所示，操作步骤如下，给文档添加尾注的操作与此类似。

① 选中需要添加脚注的文本，这里选中的是标题"人工智能传奇"。

② 单击"引用"选项卡"脚注"组右下角的按钮，打开"脚注和尾注"对话框，如图 4-26 所示。

③ 选择"脚注"单选按钮，在格式设置区域中设置"编号格式""起始编号"等选项，单击"插入"按钮。

④ 在出现的脚注编辑区输入脚注内容即可。

如果要删除脚注文本，只需要删除文档中的脚注编号即可。

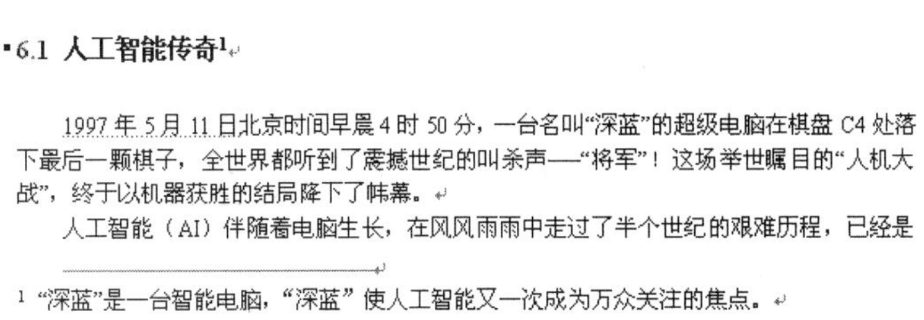

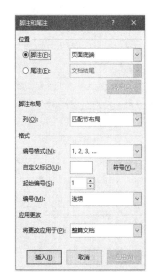

6.1 人工智能传奇1
1997 年 5 月 11 日北京时间早晨 4 时 50 分，一台名叫"深蓝"的超级电脑在棋盘 C4 处落下最后一颗棋子，全世界都听到了震撼世纪的叫杀声——"将军"！这场举世瞩目的"人机大战"，终于以机器获胜的结局降下了帷幕。
人工智能（AI）伴随着电脑生长，在风风雨雨中走过了半个世纪的艰难历程，已经是
1 "深蓝"是一台智能电脑，"深蓝"使人工智能又一次成为万众关注的焦点。

图 4-25 给文档添加脚注的效果

脚注和尾注
位置
脚注(F):
页面底端
尾注(E):
文档结尾
脚注布局
列(O):
匹配节布局
格式
编号格式(N):
1, 2, 3, ...
自定义标记(U):
符号(Y)...
起始编号(S):
1
编号(M):
连续
应用更改
将更改应用于(P):
整篇文档
插入(I)
取消
应用(A)

图 4-26 “脚注和尾注”对话框

3. 批注和修订

有时在修改其他人的电子文档时，需要在文档中加上自己的修改意见，但又不能影响原有文档的内容和格式，这时可以插入批注。插入批注的操作步骤如下。

① 选中需要添加批注的文本。

② 选择“审阅”选项卡“批注”组中的“新建批注”命令，在打开的“批注”文本框中输入批注信息。

③ 如果删除批注，可以右击批注文本框，在弹出的快捷菜单中选择“删除批注”命令。在文本中加入批注的文档效果如图 4-27 所示。

“风起于青苹之末”原意指风从地上产生出来，开始时先在青苹草头上轻轻飞旋，最后会成为劲猛彪悍的大风；
“浪成于微澜之间”，对偶句，大浪从海上诞生，开始时从细小的波澜积聚，最后会发展为惊涛巨浪。
Win10 4 分钟以前
出自于战国时期宋玉的《风赋》“夫风生于地，起于青苹之末”

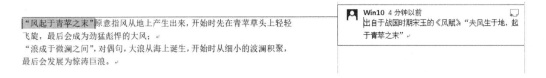

图 4-27 文档中加入批注

4. 使用样式

样式是字体、字号和缩进等格式设置的组合。在 Word 中，创建和应用样式可以提高文档排版的效率。Word 中的样式可以分为内置样式和自定义样式，内置样式显示在“开始”选项卡的“样式”组中。用户创建自定义样式后，也显示在该下拉列表中。而 Word 提供的内置样式，如标题 1、标题 2、正文等，是自动生成目录的前提。

下面是创建新样式 heading3 的操作步骤，该样式基于内置样式“标题 3”的格式设置。

① 单击“开始”选项卡“样式”组右下角的按钮，在窗口的右边打开“样式”对话框，如图 4-28 所示。

② 单击“新建样式”按钮，打开“根据格式设置创建新样式”对话框，如图 4-29 所示。在该对话框中输入自定义的样式名称 heading3，并按照要求设置样式基于“标题 3”，这时

heading3 继承了默认的内置样式"标题 3"的格式。

图 4-28   "样式"对话框   图 4-29   "根据格式设置创建新样式"对话框

③ 单击"格式"按钮，在弹出的下拉菜单中设置 heading3 样式的字体、段落或边框等格式，这些格式也可以利用工具栏实现。

④ 设置格式完成后，单击"确定"按钮返回到文档窗口，创建的样式出现在"样式"组中。

当样式创建完成后，可以将该样式应用到文档的不同位置。选择要应用样式的文本，在样式下拉列表框中单击样式名称，选中的文字则应用了建立的样式。

如果要修改样式，可以在"样式"组中选择样式后右击，在弹出的快捷菜单中选择"修改样式"命令，然后在"修改"对话框中完成样式的修改工作。

5. 自动生成目录

在 Word 中，如果合理地使用了内置的标题样式或创建了基于内置标题的样式，可以方便地自动生成目录。操作步骤如下。

① 创建基于内置标题的样式，如果使用内置的样式，可以忽略此步。

② 在文档的各标题处，按标题级别应用不同级别的标题样式。示例如图 4-30 所示。

③ 单击要插入目录的位置，单击"引用"选项卡"目录"组中的"目录"按钮，在弹出的下拉菜单中选择"自定义目录"命令，可以打开"目录"对话框，如图 4-31 所示。

④ 单击"目录"选项卡，选择"显示页码"和"页码右对齐"复选框，单击"确定"按钮，这时会在指定位置插入目录。

对于已经生成的目录可以完成下面的操作。

① 在目录中，如果按 Ctrl 键并单击，插入点会定位到正文的相应位置。

② 如果正文的内容有修改，需要更新目录，可以右击目录，在弹出的快捷菜单中选择"更新域"命令，然后根据提示进行更新。

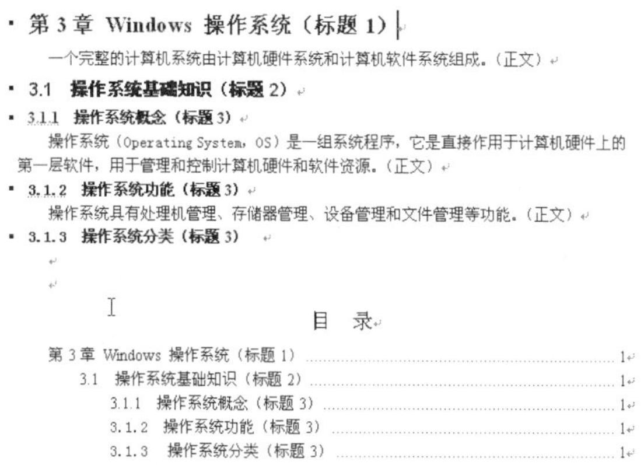

- 第 3 章　Windows 操作系统（标题 1）
  一个完整的计算机系统由计算机硬件系统和计算机软件系统组成。（正文）
- **3.1　操作系统基础知识（标题 2）**
- 3.1.1　操作系统概念（标题 3）
  操作系统（Operating System, OS）是一组系统程序，它是直接作用于计算机硬件上的第一层软件，用于管理和控制计算机硬件和软件资源。（正文）
- **3.1.2　操作系统功能（标题 3）**
  操作系统具有处理机管理、存储管理、设备管理和文件管理等功能。（正文）
- **3.1.3　操作系统分类（标题 3）**

目　录

图 4-30　标题级别与目录示例

图 4-31　"目录"对话框

4.1.8　页面设置和打印输出

文档经过编辑、排版后，还需要进行页面设置、打印预览，最后打印输出。

1. 页面设置

Word 文档打印之前需要进行页面设置，包括对纸张大小、页边距、字符数及行数、纸张来源等进行设置。在文档编辑过程中，使用的是 Word 默认的页面设置，可以根据需要重新设置或随时修改设置。如果不使用 Word 的默认设置，应当在文档排版之前进行页面设置，这样可以避免由于页面重新设置而导致排版版式的变化。

单击"布局"选项卡"页面设置"组右下角的按钮，打开"页面设置"对话框，如图 4-32 所示。可以在该对话框中进行如下设置。

1）在"页边距"选项卡中可设置页边距、纸张方向（纵向或横向）、页码范围，以及页面设置的作用范围（整篇文档或文档的当前节）。

2）在"纸张"选项卡中可设置纸张尺寸，如 A4、B5、16 开等。

3）在"版式"选项卡中可设置页眉及页脚的编排形式、页眉和页脚与页边线之间的距离等。

4）在"文档网格"选项卡中可以设置文字排列方向、每页的行数与字符数、绘图网格尺寸、默认字体等。

图 4-32　"页面设置"对话框

2. 打印预览

利用 Word 的打印预览功能，可以在正式打印之前看到文档的打印效果，如果不满意，还可以进行修改。

与页面视图相比，打印预览可以更真实地表现文档外观。在打开的"打印"窗口右侧的预览区域可以查看 Word 文档打印预览效果，用户所做的纸张方向、页面边距等设置都可以通过预览区域查看效果，还可以通过调整预览区下面的滑块改变预览视图的大小。

3. 打印输出

图 4-33　打印设置

打印文档之前，必须将打印机准备就绪。完成文档打印的操作步骤如下。

① 在文档编辑状态下，选择"文件"选项卡中的"打印"命令，打开打印设置窗格，如图 4-33 所示。

② 在"打印机"下拉列表框中选择要使用的打印机名称，一般系统会使用默认打印机。

③ 在"设置"选项组中选择打印范围。"打印所有页"选项指的是打印文档的全部文本；"打印当前页面"选项指的是只打印插入点所在的这一页；"打印自定义范围"选项指的是打印文档中所选定的部分文本；"页数"选项指的是在其后的文本框中输入要打印的准确页码。如果要打印某一页，直接输入该页码。如果是打印连续的几页，在起始页与末尾页码之间加连字符"-"。如果是打印不连续的多页，则在两页之间加逗号。

④ 在打印设置窗格中还可以设置打印方向、纸型、边距等内容。

⑤ 最后单击"打印"按钮，即可开始打印文档。

4.2　电子表格软件 Excel 2016

Excel 2016 是 Office 2016 组件中的电子表格软件，集电子表格、图表、数据库管理于一体，支持文本和图形编辑，具有功能丰富、用户界面良好等特点。利用 Excel 2016 提供的函数计算功能，可以很容易地完成数据计算、排序、分类汇总及报表等。

4.2.1　Excel 2016 窗口

选择"开始"菜单中的"Excel 2016"命令，可以启动 Excel 应用程序，打开 Excel 窗口。

Excel 窗口的界面风格与 Word 相似，窗口由标题栏、功能区、编辑栏、缩放工具和一个空工作簿等组成，工作簿又由若干个工作表组成，如图 4-34 所示。

1. 工作簿

在 Excel 中，用来存储并处理数据的一个或多个工作表的集合称为工作簿，文件扩展名为.xlsx。工作簿的保存、打开、关闭等操作继承了 Windows 文件的操作方法。

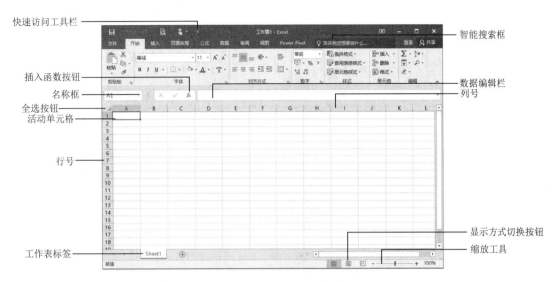

快速访问工具栏

插入函数按钮

名称框

全选按钮

活动单元格

行号

工作表标签

智能搜索框

数据编辑栏

列号

显示方式切换按钮

缩放工具

图 4-34　Excel 2016 窗口

Excel 的工作簿可以包括若干个工作表。当第一次打开 Excel 时，默认工作簿文件名为"工作簿 1"，包含一个默认工作表（Sheet1），单击其右侧的 ⊕ 按钮，可以增加工作表。如果包含多个工作表，单击工作表的名字标签，可以在同一工作簿的不同工作表之间切换。

2. 工作表

工作表位于工作簿窗口的中央区域，Excel 中的所有操作都是在工作表中进行的。位于工作表左侧区域的编号为各行的行号，位于工作表上方的字母区域为各列的列号。每张工作表由列和行交叉区域所构成的单元格组成。在 Excel 中，每张工作表最多可以有 1 048 576 行、16 384 列，默认工作表的名称用 Sheet1、Sheet2 等标识。

3. 单元格

在 Excel 中，由列和行所构成的单元格组成了工作表。输入的所有数据都显示在单元格中，这些数据可以是一个字符串、一组数字、一个公式、一个图形或声音文件等。

每个单元格都有其固定的地址，如"A3"代表 A 列第 3 行的单元格。同样，一个地址也唯一地表示一个单元格，如"B5"指的是 B 列与第 5 行交叉位置上的单元格。当前正在使用的单元格称为活动单元格，输入的数据被保存在该单元格中。

4. 编辑栏

编辑栏是 Excel 与 Office 其他应用程序窗口的主要区别之一，主要用来输入、编辑单元格或图表的数据，也可以显示活动单元格中的数据或公式。编辑栏由名称框、插入函数按钮和数据编辑栏三部分组成。名称框用于显示当前活动单元格的地址或单元格区域名；插入函数按钮用来在公式中使用函数；数据编辑栏显示活动单元格的数据或公式。

4.2.2　向工作表中输入数据

Excel 的工作表中可以存储不同类型的数据，如数字、文本、日期时间、公式等。在工作表中，信息存储在单元格中。用 Excel 来组织、计算和分析数据，必须首先将原始数据输入工作表中。

1. 选定单元格或单元格区域

在编辑 Excel 工作表中的数据之前，要先确定操作的对象。对象可以是一个单元格，或是一个单元格区域。若选定一个单元格，它会被粗框线包围；若选定单元格区域，这个区域会以高亮方式显示。选定的单元格是活动单元格，也就是当前正在使用的单元格，它能接收键盘的输入或进行单元格的复制、移动、删除等操作。选定单元格或单元格区域的方法如表 4-1 所示。

表 4-1　选定单元格或单元格区域的操作

选定对象	执行操作
相邻的单元格区域	选定该区域的第一个单元格，拖动鼠标至最后一个单元格
不相邻的单元格区域	选定第一个单元格区域，按 Ctrl 键选择其他单元格区域
整行	在工作表左侧单击行号
整列	在工作表上方单击列号
相邻的行或列	沿行号或列号拖动鼠标
不相邻的行或列	先选定第一行或第一列，然后按住 Ctrl 键选定其他行或列
工作表中所有单元格	单击"全选"按钮

2. 输入数据

向 Excel 的活动单元格中输入的数据分为文本、数值和日期时间三种类型。输入数据时，首先应选定单元格，然后输入数据，最后按 Enter 键确认。

（1）文本数据

文本数据可以是字母、数字、字符（包括大小写字母、数字和符号）的任意组合。Excel自动识别文本数据，并将文本数据在单元格中左对齐。如果相邻单元格中无数据出现，Excel允许长文本串覆盖右边相邻单元格。如果相邻单元格中有数据，当前单元格中过长的文本将被截断显示。

有些数字（如电话号码、邮政编码）由于一般不参加数学运算，常常当作字符处理。此时只需在输入数字前加上一个英文的单引号，Excel 将把该数字当作字符处理。

（2）数值数据

数值可以是整数、小数、分数或科学记数（如 4.09E+13）。在数值中可出现正号、负号、百分号、分数线、指数符号以及货币符号等数学符号。如果输入的数值太长，单元格中放不下，Excel 将自动采用科学记数的方式，但在数据编辑栏中将以完整的数据格式显示。

当输入的数据超出单元格长度时，数据在单元格中会以"####"形式出现，此时需要人工调整单元格的列宽，以便能看到完整的数值。对任何单元格中的数值，无论 Excel 如何显示，单元格是按该数值实际输入值存储的。当一个单元格被选定后，其中的数值即按输入时的形式显示在数据编辑栏中。默认情况下，数值型数据在单元格中右对齐。

（3）日期时间数据

Excel 内置了一些日期时间的格式，当输入数据与这些格式相匹配时，Excel 将自动识别数据。Excel 中常见日期时间格式为 "mm/dd/yy" "hh:mm(AM/PM)" "dd-mm-yy" 等。

（4）数据的自动填充

Excel 的数据自动填充功能为输入有规律数据提供很大的方便。有规律的数据是指等差、等比、系统预定义的数据序列及用户自定义的数据序列。在活动单元格右下角的小黑块称为填充柄。通过鼠标拖动填充柄，可以实现自动填充功能。下面举例说明自动填充的实现过程。

① 在单元格 C1 和 C2 中分别输入 4 和 6。

② 选中单元格区域 C1 和 C2，当鼠标指针指向 C2 右下角的填充柄时，指针的形状变为细的黑十字，此时拖动鼠标，可以在 C3、C4、C5 中出现 8、10、12。

实际上，在鼠标拖动的过程中，Excel 预测输入的数据是等差数列，因此会出现上面的结果。

除了使用鼠标拖动填充数据外，还可以选择"开始"选项卡"编辑"组中的"填充"命令完成复杂的填充操作。在使用公式计算 Excel 表格中数据时，将自动填充功能和公式结合使用，可以很方便地对表格中的数据进行计算。

3. 公式

公式是指一个等式，是一个由数值、单元格引用（名称）、运算符、函数等组成的序列。利用公式可以根据已有的数值计算出一个新值，当公式中相应单元格中的值改变时，由公式生成的值也将随之改变。公式是电子表格的核心，也是 Excel 的主要特色之一。

在单元格中输入公式要以 "=" 开始，输入完成后按 Enter 键确认，也可以按 Esc 键取消输入的公式。Excel 将公式显示在数据编辑栏中，在包含该公式的单元格中显示计算结果。

Excel 公式中包括的运算符有引用运算符、算术运算符、文本运算符和关系运算符四类，如表 4-2 所示。运算的优先级别为引用运算最高，其次是算术运算、文本运算，最后是关系运算。

表 4-2　Excel 公式中的运算符

运算符类型	表示形式及含义	实例
引用运算符	:、、!、,	Sheet2!B5 表示工作表 Sheet2 中的 B5 单元格
算术运算符	+、-、*、/、%、^	3^4 表示 3 的 4 次方，结果为 81
文本运算符	&	"North" & "west" 结果为 "Northwest"
关系运算符	=、>、<、>=、<=、<>	2=3 结果为 False

下面通过一个例子说明公式的输入过程，如图 4-35 所示。

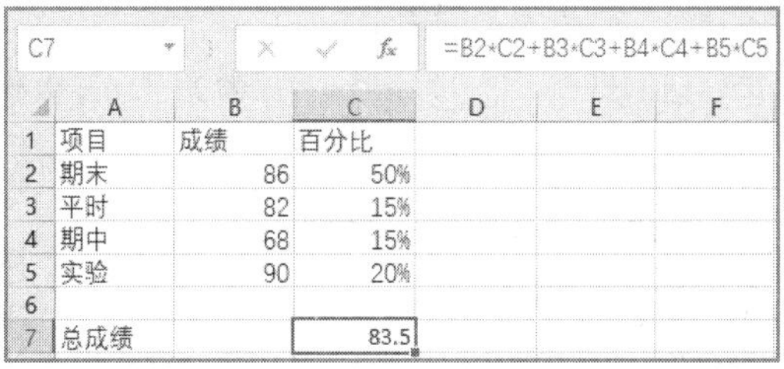

图 4-35　公式示例

① 参照图 4-35，输入数据。

② 在 C7 单元格中输入计算总成绩的公式 "=B2*C2+B3*C3+B4*C4+B5*C5"，按 Enter 键确认。

4. 函数

（1）函数的概念

函数是预先定义好的公式，用来进行数学、文本、逻辑运算。Excel 提供了多种功能完备且易于使用的函数。函数的语法形式为

函数名(参数 1,参数 2,参数 3,…)

例如，AVERAGE(B2:B5)、SUM(23,56,28)等，都是合法的函数表达式。

函数应包含在单元格的公式中，函数名后面的括号中是函数的参数，括号前后不能有空格。参数可以是数字、文字、逻辑值或单元格的引用，也可以是常量或公式。例如，AVERAGE(B2:B5)是求平均值函数，函数名是 AVGRAGE，参数包括 B2:B5 共四个单元格，该函数的功能是求 B2、B3、B4、B5 单元格的平均值。

（2）函数应用

【例 4.1】举例说明利用函数计算总成绩的过程。

② 启动 Excel 后，输入原始数据，"总成绩"一列数值为空。

② 选中存放运算结果的单元格 G3，单击"公式"选项卡"函数库"组中的"插入函数"按钮 _fx_，打开"插入函数"对话框，如图 4-36 所示。

③ 在该对话框中选择函数类别为"常用函数"和函数名为"SUM"，单击"确定"按钮即可打开"函数参数"对话框，如图 4-37 所示。

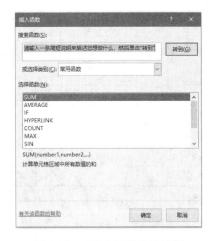

图 4-36 "插入函数"对话框

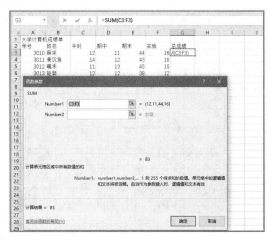

图 4-37 "函数参数"对话框

④ 在 SUM 函数的"Number1"文本框中输入或选择需要求和的单元格地址，在对话框的右侧显示所选范围值及求和结果。如果计算结果正确，单击"确定"按钮，如果不正确，重新调整单元格区域，直到满足计算要求为止。

上述实例如果使用公式实现，可以在 G3 单元格中输入公式 "=C3+D3+E3+F3"。函数的使用简化了公式，在涉及大量数据计算时效果更明显。

（3）常用函数

为便于计算、统计、汇总和数据处理，Excel 提供了大量函数，部分常用函数如表 4-3 所示。

表 4-3　Excel 部分常用函数

类别	函数名	格式	功能	实例
数学函数	ABS	ABS(num1)	计算绝对值	ABS(-2.7)、ABS(D4)
	MOD	MOD(num1,num2)	计算 num1 和 num2 相除的余数	MOD(20,3)、MOD(C2,3)
	SQRT	SQRT(num1)	计算平方根	SQRT(45)、SQRT(A1)
统计函数	SUM	SUM(num1,num2,…)	计算所有参数和	SUM(34,2,5,4.2)
	AVERAGE	AVERAGE(num1,num2,…)	计算所有参数平均值	AVERAGE(D3:D8)
	MAX	MAX(num1,num2,…)	计算所有参数最大值	MAX(D3:D8)
	MIN	MIN(num1,num2,…)	计算所有参数最小值	MIN(34,-2,5,4.2)
	COUNT	COUNT(num1,num2,…)	计算参数中数值型数据的个数	COUNT(A1:A10)
	COUNTIF	COUNTIF(num1,num2,…)	计算参数中满足条件的数值型数据的个数	COUNTIF(B1:B8,80)
	RANK	RANK（num1,list）	计算数字 num1 在列表 list 中的排位	RANK(78,C1:C10)
日期函数	TODAY		计算当前日期	TODAY()
	NOW		计算当前日期时间	NOW()
	YEAR	YEAR(d)	计算日期 d 的年份	YEAR(NOW())
	MONTH	MONTH(d)	计算日期 d 的月份	MONTH(NOW())
	DAY	DAY(d)	计算日期 d 的天数	DAY(TODAY())
	DATE	DATE(y,m,d)	返回由 y,m,d 表示的日期	DATE(2010,11,30)
逻辑函数	IF	IF(logical,num1,num2)	如果测试条件 logical 为真，返回 num1，否则返回 num2	E3=IF(D360,80,0)

5. 单元格引用

例 4.1 中，G3 单元格的值由公式 G3=C3+D3+E3+F3 计算得出，当某个单元格的数据（如 E3）改变时，公式的值（G3 的值）也将随之改变。这种在公式中使用其他单元格数据的方法称为单元格引用。

在一个公式中可以使用当前工作表中其他单元格的数据，还可以使用同一个工作簿上其他工作表中的数据，也可以使用其他工作簿中工作表的数据。一个单元格引用的是其他单元格的地址。Excel 中公式的关键就是灵活地使用单元格引用。单元格引用包括相对引用、绝对引用和混合引用。

（1）相对引用

相对引用是指当把一个含有单元格地址的公式复制到一个新的位置时，公式中的单元格地址会随之改变，这是 Excel 默认的引用形式。例 4.1 中，公式形式是 G3=C3+D3+E3+F3，当把 G3 复制到 G4 时，相应的公式变为 G4=C4+D4+E4+F4。

可以看出，当公式被复制到其他位置时，公式中的单元格引用也做相应的调整，使得这些单元格和公式所在的单元格之间的相对位置不变，这就是相对引用。

可以通过切换（按 Ctrl+~组合键）来查看这两种状态。

（2）绝对引用

在单元格引用过程中，如果公式中的单元格地址不随公式位置变化而发生变化，这种引用就是绝对引用。在列号和行号之前加上符号"$"就构成了单元格的绝对引用，如$C$3、$F$6 等。

例如，如果 G3= $C$3+$D$3+$E$3+$F$3，当 G3 单元格复制到 G4 时，G4 的内容仍然是$C$3+$D$3+$E$3+$F$3 的值，G4 单元格中的数值不变。

（3）混合引用

在某些情况下，公式复制时，可能只有行或只有列保持不变，这时就需要混合引用，混合引用是指包含相对引用和绝对引用。例如，$A1 表示列的位置是绝对的，行的位置是相对的，而 A$1 表示列的位置是相对的，而行的位置是绝对的。

【例 4.2】如果 F3= $C3+D$3，当 F3 单元格复制到 F4 时，F4 单元格的公式是$C4+D$3。

在 Excel 中还可以引用其他工作表中的内容，方法是在公式中包括工作表引用和单元格引用。例如，当前工作表为 Sheet1，若引用工作表 Sheet3 中的 B18 单元格，则可以在公式中输入 Sheet3!B18，用感叹号（!）将工作表引用和单元格引用隔开。另外，还可以引用其他工作簿中工作表的单元格。例如,[Book5]Sheet2!A5 表示的是引用工作簿 Book5 中工作表 Sheet2 的单元格 A5。

默认情况下，当引用的单元格数据发生变化时，Excel 会自动进行重新计算。

4.2.3 工作表的编辑与格式化

在数据输入的过程中或数据输入完成后，需要对工作表进行编辑，最后完成工作表格式化工作，使工作表更美观、实用。

1. 编辑工作表

（1）修改单元格内容

单击要修改内容的单元格，输入新数据，输入的数据将覆盖原来单元格中的数据。如果只想修改单元格中的部分数据，可以在单元格内双击，然后修改。也可以将鼠标指针移至数据编辑栏中，在要修改的地方单击，再进行修改。

（2）清除单元格内容

选定要清除内容的单元格或区域后，按 Delete 键即可清除单元格或区域中的内容。如果清除单元格或区域中的格式及批注，应先选定单元格或区域，选择"开始"选项卡"编辑"组中的"清除"命令，再根据需要选择相应的选项。

（3）插入单元格

选择"开始"选项卡"单元格"组中的"插入"命令，可以插入一个或多个单元格、整个行或列。如果将单元格插入已有数据的中间，会引起其他单元格下移或右移。

（4）删除单元格

选定欲删除的单元格、行或列，选择"开始"选项卡"单元格"组中的"删除"命令，在弹出的下拉菜单中根据需要选择。当删除一行时，所删除行下面的行上移以填充空间；当删除一列时，右边的列向左移。

"删除"命令和"清除"命令不同。"清除"命令只能移走单元格的内容，而"删除"命令将同时移走单元格的内容与空间。Excel 删除行或列后，自动将其余的行或列按顺序重新编号。

（5）插入和删除工作表

选择"开始"选项卡"单元格"组中的"插入"命令，在弹出的下拉菜单中选择"插入工作表"命令，可以实现工作表的插入操作。

单击工作簿中的工作表标签，选定要删除的工作表，选择"开始"选项卡"单元格"组中的"删除"命令，在弹出的下拉菜单中选择"删除工作表"命令，即可将当前工作表删除。

删除工作表也可以通过右击，在弹出的快捷菜单中选择"删除"命令实现。

（6）移动和复制工作表

通过鼠标拖动或菜单操作这两种方法可以实现移动或复制工作表。

第一种方法是单击要移动的工作表并拖动鼠标，标签上方出现一个黑色小三角以指示移动的位置，当黑色小三角出现在指定位置时，释放鼠标实现工作表的移动操作。如果复制工作表，则在拖动的同时按 Ctrl 键，此时在黑色小三角的右侧出现一个 "+" 号，表示工作表可进行复制。此方法适用于在同一工作簿中移动或复制工作表。

第二种方法是右击要复制或移动的工作表标签，再选择快捷菜单中的"移动或复制"命令，打开如图 4-38 所示的对话框，之后选择目标工作表和插入位置，如移动到某个工作表之前或移至最后。单击"确定"按钮即可完成不同工作簿间工作表的移动。若选择"建立副本"复选框则为复制操作。此方法适用于在不同工作簿中移动或复制工作表。

2. 格式化工作表

格式化工作表是指控制单元格数据的显示格式，包括设置单元格中数字的类型、文本的对齐方式、字体、单元格的边框、图案及单元格的保护等。

选择单元格或单元格区域后，单击"开始"选项卡"字体"组右下角的按钮，打开"设置单元格格式"对话框，如图 4-39 所示，在此对话框中可以实现单元格的字体、对齐、数字格式等的设置。需要注意的是，应先选中操作的单元格数据，再执行设置命令。

图 4-38　"移动或复制工作表"对话框

图 4-39　"设置单元格格式"对话框

1）通过"数字"选项卡中的"分类"列表框，可以设置单元格数据的类型。

2）通过"对齐"选项卡可以设置文本的对齐方式、合并单元格、单元格数据的自动换行等。Excel 默认的文本格式是左对齐的，而数字、日期和时间是右对齐的，更改对齐方式并不会改变数据类型。

3）通过"字体"选项卡可对单元格数据的字体、字形和字号进行设置，操作方法与 Word 相同。

4）通过"边框"选项卡提供的样式为单元格添加边框，这样能够使打印出的工作表更加直观、清晰。初始创建的工作表表格没有边框，工作窗口中的格线仅仅是为用户创建表格数据方便而设置的，要想打印出具有边框的表格，可在该选项卡中进行设置。

5）通过"填充"选项卡为单元格添加底纹，并可设置单元格底纹的图案。

6）通过"保护"选项卡，可以隐藏公式或锁定单元格，但该功能需要在工作表被保护时才有效。

图 4-40 所示为设置工作表数据格式化的一个实例。

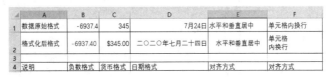

图 4-40　数据格式化的效果

4.2.4　图表操作

Excel 提供了多种图表类型和格式，在 Excel 中可以按照柱形图、折线图、饼图、面积图、瀑布图等方式显示用户数据，从而使工作表中的数据更形象、直观地表达出来。

1. 创建图表

在 Excel 中，可以非常方便地创建图表，操作步骤如下。

① 选择要创建图表所需数据区域，这个区域可以连续也可以不连续，但应当是规则区域。

② 单击"插入"选项卡"图表"组中的某一种图表类型，即可创建完成。图 4-41 所示为一个图表的示例。

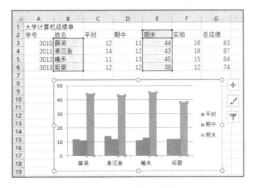

图 4-41　图表示例

使用上面方法创建的图表一般称为嵌入式图表，数据和图表在同一张工作表上，可同时显示和打印。嵌入式图表创建完成后，在"图表工具"面板上选择"设计"选项卡"位置"组中的"移动图表"命令，打开"移动图层"对话框，可以将该图表移动成为独立图表，并可选择放置图表的位置。

两类图表都链接到它表示的工作表数据，所以在改变工作表的数据时，图表中对应的数据项将自动更新。

2. 编辑图表

编辑图表是指对图表及图表对象（如图表标题、分类轴、图例等）进行编辑。选中图表后，出现"图表工具"面板，包括"设计"和"格式"两个选项卡，可以通过选项卡中的命令实现图表的编辑操作。也可以通过快捷菜单来编辑或格式化图表。

【例 4.3】若在创建图表时没有设置图表标题，可以按照如下操作步骤添加图表标题，如图 4-42 所示。

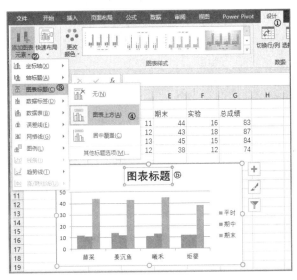

图 4-42　插入"图表标题"过程

① 单击图表，图表处于选定状态，出现"图表工具"面板。

② 单击"设计"选项卡"图表布局"组中的"添加图表元素"按钮，在弹出的下拉菜单中选择"图表标题"选项。

③ 选择一种标题类型，如"图表上方"，在图表中将出现"图表标题"标签。

④ 修改"图表标题"标签的内容，完成标题添加工作。

添加数据标志、改变图例等操作类似。编辑处理后的图表数据显示更清楚、更有吸引力。

3. 格式化图表

格式化图表是指对图表标题、图例、数值轴和分类轴等图表对象设置格式。方法是将鼠标指针指向需要设置的选项，当选项旁显示该选项的名称时单击，选中项的周围出现控点，进入编辑状态。然后右击，在弹出的快捷菜单中选择相应的格式设置命令，打开设置格式的对话框，在该对话框中进行设置。

4. 图表的编辑操作

对于嵌入式图表，单击图表区中的任何区域后，图表处于选中状态（四周出现 8 个控点），可进行下列操作。

1）移动：用鼠标拖动图表到任意位置。

2）复制：单击剪贴板中的"复制"和"粘贴"按钮，可将图表整张复制到其他工作表或工作簿中。

3）调整：用鼠标拖动一个控点来改变图表大小。拖动一个角控点会同时改变宽度和高度，拖动侧面控点只改变宽度或高度。

4）删除：按 Delete 键，可删除整张图表。

4.2.5　数据库操作

Excel 提供了数据库操作功能，Excel 的数据库是由行和列组成的数据记录的集合，又称为数据清单。数据库操作可以对大量复杂数据进行组织，用户通过它可以方便地完成查询、统计、排序等工作。

1. 建立数据清单

数据清单是指工作表中连续的数据区，每一列包含相同类型的数据。因此，数据清单是一张每列有标题的特殊工作表。数据清单由记录、字段和字段名三部分组成。

数据清单中的一行是一条记录，数据清单中的一列为一个字段，是构成记录的基本数据单元。字段名是数据清单的列标题，它位于数据清单的最上面。字段名标识了字段，Excel 根据字段名进行排序、检索及分类汇总等。

需要注意的是，在工作表上输入数据并建立数据清单时，在数据清单的第一行创建字段名，字段名所用的文字不能是数字、逻辑值、空白单元格等。数据清单与其他数据间至少留出一列或一行空白单元格。

如图 4-43 所示的工作表包括两个数据清单。

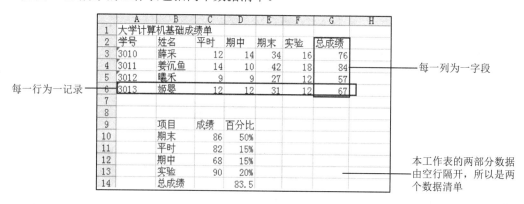

图 4-43　数据清单示例

2. 排序

排序是指对数据清单按照某个字段名重新组织记录的排列顺序，排序的字段也叫关键字。Excel 允许最多指定三个关键字作为组合关键字参加排序，三个关键字按照顺序分别称为主要关键字、次要关键字和第三关键字。当主要关键字相同时，次要关键字才起作用；当主要关键字和次要关键字相同时，第三关键字才起作用。

实现排序主要经过确定排序的数据区域、指定排序的方式和指定排序关键字三个步骤。这些操作是在"排序"对话框中完成的。

本节及后面的例子，包括排序、筛选、分类汇总和数据透视表用到的数据清单，如图 4-44 所示。

	A	B	C	D	E	F	G	H
1	学生成绩清单							
2	学号	姓名	专业	性别	英语	政治	哲学	总成绩
3	3010	薛采	计算机	男	78	87	67	232
4	3011	姜沉鱼	日语	女	68	90	78	236
5	3012	曦禾	动画	女	63	62	64	189
6	3013	姬婴	计算机	男	89	65	71	225
7	3014	昭尹	动画	男	78	74	62	214
8	3015	潘方	日语	男	56	77	65	198
9	3016	颐非	日语	女	72	90	78	240

图 4-44　数据清单示例

【例 4.4】在图 4-44 所示的数据清单中，将"英语"字段和"政治"字段作为组合关键字进行排序，操作步骤如下。

① 选定要排序的数据区域，若是对所有的数据进行排序，则不用全部选中排序数据区，只要将插入点置入所要排序的数据清单中，在选择"排序"命令后，系统即可自动选中该数据清单中的所有记录。

② 单击"数据"选项卡"排序和筛选"组中的"排序"按钮，打开"排序"对话框，如图 4-45 所示。

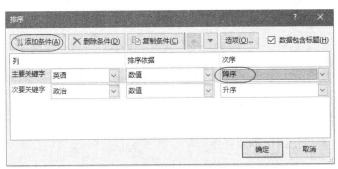

图 4-45　"排序"对话框

③ 在"排序"对话框中，选择主要关键字为"英语"，并设置排序方式为"降序"，添加次要关键字为"政治"，其他选项保持默认，设置完成后，单击"确定"按钮，完成排序操作。

也可以单击"开始"选项卡"编辑"组中的"排序和筛选"按钮对工作表中的数据进行快速排序。

3．筛选

筛选是指工作表中只显示符合条件的记录供用户使用和查询，隐藏不符合条件的记录。

Excel 提供了自动筛选和高级筛选两种工作方式。自动筛选按照简单条件进行查询；高级筛选按照多种条件组合进行查询。

【例 4.5】在如图 4-44 所示的数据清单中，筛选出英语成绩高于 70 分的记录，操作步骤如下。

① 单击数据清单中任意单元格。单击"数据"选项卡"排序和筛选"组中的"筛选"按钮，此时每个列标题旁都出现了一个向下箭头。

② 单击已提供筛选条件的标题单元格中的向下箭头，打开一个筛选条件列表框，选择"数字筛选"中的相关选项，如图 4-46 所示。

图 4-46　设置自动筛选

③ 打开"自定义自动筛选方式"对话框，输入设置的条件，单击"确定"按钮，即可将满足条件的数据记录显示在当前工作表中，同时 Excel 会隐藏所有不满足指定筛选条件的记录。

通过筛选条件向下箭头可以设置多个筛选条件。如果数据清单中记录很多，这个功能非常有效。

自动筛选后，再次单击"数据"选项卡"排序和筛选"组中的"筛选"按钮，将恢复显示原有工作表的所有记录，退出筛选状态。

高级筛选是指按照多种条件的组合进行查询的方式。高级筛选分为三步，第一步指定筛选条件区域，第二步指定筛选的数据区，第三步指定存放筛选结果的数据区。

4. 分类汇总

分类汇总是对数据清单中的某一字段进行分类，再按照某种方式汇总并显示出来。在按照字段进行分类汇总前，必须先对该字段进行排序，以使分类字段值相同的记录排在一起。

【例 4.6】在如图 4-44 所示的数据清单中，要求使用分类汇总功能计算男生、女生成绩的总成绩和平均值，操作步骤如下。

① 按性别排序。将插入点置于数据清单中，单击"数据"选项卡"排序和筛选"组中的"排序"按钮，在"排序"对话框中设置排序关键字为性别，单击"确定"按钮完成排序。

② 插入点仍然在数据清单中。单击"数据"选项卡"分级显示"组中的"分类汇总"按钮，打开"分类汇总"对话框，设置分类字段为"性别"，汇总方式为"平均值"，汇总项

为“总成绩”字段，如图 4-47 所示。

③ 单击“确定”按钮，得到分类汇总结果，如图 4-48 所示。单击汇总表左侧的“折叠”按钮-、“展开”按钮+可得到不同级别的分类结果。

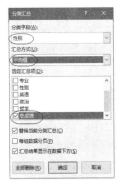

图 4-47　“分类汇总”对话框

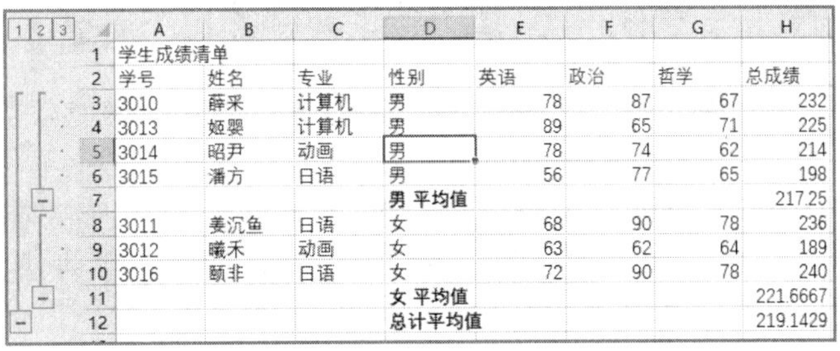

	A	B	C	D	E	F	G	H
1	学生成绩清单							
2	学号	姓名	专业	性别	英语	政治	哲学	总成绩
3	3010	薛采	计算机	男	78	87	67	232
4	3013	姬婴	计算机	男	89	65	71	225
5	3014	昭尹	动画	男	78	74	62	214
6	3015	潘方	日语	男	56	77	65	198
7				男 平均值				217.25
8	3011	姜沉鱼	日语	女	68	90	78	236
9	3012	曦禾	动画	女	63	62	64	189
10	3016	颉非	日语	女	72	90	78	240
11				女 平均值				221.6667
12				总计平均值				219.1429

图 4-48　分类汇总结果

4.2.6　Excel 的数据保护

Excel 中的数据保护可以分为文件访问权限保护、保护工作簿、保护工作表三种。其中，保护工作表还可以分为保护工作表的所有数据和保护工作表的部分数据。

1. 文件的权限设置

Excel 和 Word 类似，提供了文件打开和修改权限的设置。通过设置打开和修改权限密码，不允许不具有访问权限的人查看或修改 Excel 文件。设置文件权限的操作步骤如下。

① 打开 Excel 文件，选择“文件”选项卡“信息”选项中的“保护工作簿”命令，在弹出的下拉菜单中选择“用密码进行加密”命令，打开“加密文档”对话框，设置打开和修改权限密码，如图 4-49 所示。

② 单击“确定”按钮，关闭“加密文档”对话框，保存并关闭文件。再次打开该 Excel 文档时，则要求用户输入密码，否则无法打开或编辑文件。

2. 保护工作簿

保护工作簿是指保护工作簿中的工作表不可以插入或删除，而不是禁止修改工作表中的数据。保护工作簿的操作步骤如下。

① 打开 Excel 文件，选择“文件”选项卡“信息”选项中的“保护工作簿”命令，在弹出的下拉菜单中选择“保护工作簿结构”命令，打开“保护结构和窗口”对话框，如图 4-50 所示。

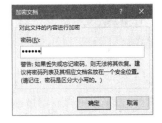

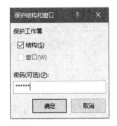

图 4-49　在“加密文档”对话框中设置密码

图 4-50　“保护结构和窗口”对话框

② 在该对话框中，输入保护工作簿的密码，单击"确定"按钮后，重新输入一次即可。设置保护工作簿后，工作表的插入、删除、移动和复制等操作都不能进行，直到撤销工作簿保护为止。

3. 保护工作表

保护工作表是指保护工作表中的数据不被编辑修改，但不能防止工作表被删除。保护工作表的操作方法和保护工作簿类似，在 Excel 文件中，选择"文件"选项卡"信息"选项中的"保护工作簿"命令，在弹出的下拉菜单中选择"保护当前工作表"命令，在打开的"保护工作表"对话框中设置密码即可。

上面的保护功能是保护工作表中的全部数据，但有时仅需要对工作表的部分数据加以保护，如"学生成绩清单"工作表（图 4-44），需要保护的数据是其中的成绩记录区域（E2:G9），其他区域不需要保护。这就需要使用工作表的单元格数据保护功能，该功能可以实现对工作表中的部分或全部单元格进行数据保护。

【例 4.7】要求对"学生成绩清单"（图 4-44）中成绩记录区域 E2:G9 进行数据保护，并加密码"AAAAA"，使工作表经过保护处理后，该区域不可以被修改，而其他区域可以被修改。操作步骤如下。

① 选取不需要保护的区域，本例中选取的区域是 A2:D9 和 H2:H9。

② 单击"开始"选项卡"单元格"组中的"格式"按钮，选择"锁定单元格"命令，如图 4-51 所示。

③ 继续选择"格式"组中的"保护工作表"命令，在弹出的下拉菜单中选择"保护工作表"命令，打开"保护工作表"对话框，如图 4-52 所示，设置密码后再次确认即可完成。

图 4-51　单元格保护设置

图 4-52　密码设置

此时，在选中区域范围外的单元格数据与公式均不能被修改，而选中区域内的单元格数据可以被修改。

4.3　演示文稿软件 PowerPoint 2016

PowerPoint 2016 是 Office 2016 的一个重要组成部分,主要用于制作电子演示文稿。演示文稿文件扩展名为.pptx。演示文稿是由若干张幻灯片组成的,所以 PowerPoint 也称为幻灯片制作软件。在 PowerPoint 中,可以通过不同的方式播放幻灯片,实现生动活泼的信息展示效果。

4.3.1　PowerPoint 2016 窗口

PowerPoint 窗口具有与 Word 相同的标题栏、快速访问工具栏、功能区,与 Word 的主要区别在于文稿编辑区、视图切换按钮,文稿编辑区放置若干占位符供用户输入信息。PowerPoint 2016 窗口如图 4-53 所示。

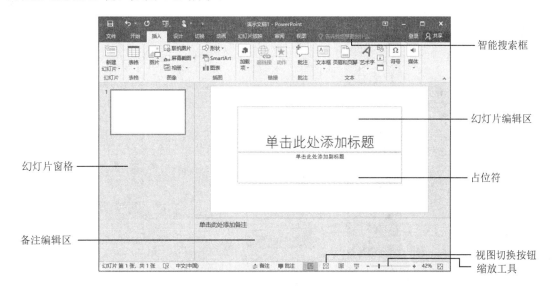

图 4-53　PowerPoint 2016 界面

1. 文稿编辑区

文稿编辑区包括三部分,即幻灯片编辑区、幻灯片窗格和备注编辑区,它们是对文稿进行创作和编排的区域。

1)幻灯片编辑区:用于输入幻灯片内容、插入图片和表格、设置格式。

2)幻灯片窗格:显示幻灯片的标题和正文。

3)备注编辑区:可以为演示文稿创建备注页,用于写入幻灯片中没有列出的内容,并可以在演示文稿放映过程中进行查看。

2. 视图切换按钮

视图切换按钮允许用户在不同视图中显示幻灯片,从左至右依次为"普通视图""幻灯片浏览""阅读视图""幻灯片放映"按钮。

1）普通视图：是默认的视图模式，集大纲、幻灯片、备注三种模式为一体，使用户既能全面考虑演示文稿的结构，又能方便地编辑幻灯片的细节。

2）幻灯片浏览：可在屏幕上同时看到演示文稿中的所有幻灯片，适合于插入幻灯片、删除幻灯片、移动幻灯片位置等操作。

3）阅读视图：适合于方便地在屏幕上阅读文档，不显示"文件"菜单、功能区等窗口元素。

幻灯片放映：放映幻灯片，与选择"幻灯片放映"选项卡中的"开始放映幻灯片"命令的功能是相同的。

4.3.2　创建幻灯片

PowerPoint 2016 创建新的演示文稿有多种方法，如新建空白演示文稿、使用模板创建演示文稿，或者使用搜索到的联机模板和主题来创建演示文稿。

选择"文件"选项卡中的"新建"命令，打开"新建"演示文稿界面，如图 4-54 所示。

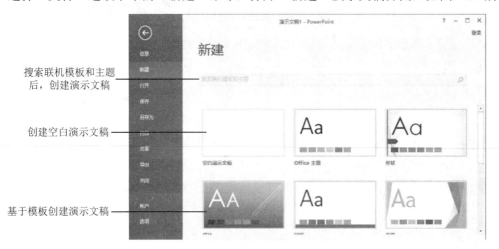

图 4-54　"新建"演示文稿界面

创建空白演示文稿时，新建的演示文稿不含任何文本格式图案和色彩，适用于准备自己设计图案、配色方案和文本格式的情况。PowerPoint 2016 提供了丰富的模板，利用其提供的基本演示文稿模板，输入相应的文字即可自动快速形成演示文稿。PowerPoint 2016 还提供网上搜索模板的功能。

PowerPoint 演示文稿的保存、打开和关闭操作与 Word、Excel 的文档操作方法相同。

4.3.3　编辑演示文稿

在 PowerPoint 中，可以方便地输入和编辑文本、插入图片和表格等。插入、删除、复制、移动幻灯片是编辑演示文稿的基本操作。

1．插入新幻灯片

在各种幻灯片视图中都可以方便地插入幻灯片。

选择"开始"选项卡"幻灯片"组中的"新建幻灯片"命令,在弹出的下拉菜单中将出现各类幻灯片版式,单击"Office 主题"列表中某个幻灯片版式,就可以按照所选的版式插入幻灯片。

2. 删除幻灯片

在各种幻灯片视图中都可以方便地删除幻灯片,选择要删除的幻灯片,按 Delete 键即可将当前幻灯片删除。

3. 移动和复制幻灯片

在幻灯片浏览视图中移动和复制幻灯片较为方便。选中待移动的幻灯片,选择"开始"选项卡"剪贴板"组中的"剪切"命令,确定目标位置后,再选择"剪贴板"组中的"粘贴"命令,可将幻灯片移动到新位置。

如果将"剪切"命令换为"复制"命令,则可执行复制操作。

4. 文本编辑

文本编辑一般在普通视图下进行,编辑排版方式与 Word 基本相同。需要注意的是,在幻灯片中输入文字时,应当在占位符(文本框)中输入,如果没有占位符,需要提前插入文本框充当占位符。

图片和表格的插入方式与 Word 中操作相同。

4.3.4　格式化演示文稿

在输入幻灯片内容之后,可以从文字格式、段落格式、幻灯片版式等方面格式化演示文稿,最后制作完成精美的幻灯片。

1. 设置文字格式

文字格式主要包括字体、字号和文字颜色等方面。设置文字格式可以通过单击"开始"选项卡"字体"组中的相应按钮来进行,也可以通过单击"字体"组右下角的按钮来实现。操作步骤如下。

① 选定要设置格式的文本。

② 单击"开始"选项卡"字体"组右下角的按钮,打开"字体"对话框,如图 4-55 所示,在该对话框中设置字体、字号及一些特殊效果。

③ 如果需要设置文本颜色,单击"颜色"右侧的下拉按钮,在"颜色选择器"中选择合适的颜色。最后,单击"确定"按钮完成。

图 4-55　"字体"对话框

2. 段落格式化

段落的格式化内容包括设置段落的对齐方式、设置行间距及使用项目符号与编号。在 PowerPoint 中,可以使用"段落"组中的命令完成上述设置。

1) 设置文本段落的对齐方式。需要先选择文本框或文本框中的某段文字,单击"开始"

选项卡"段落"组中的对齐按钮 ，这五个按钮依次是"左对齐""居中""右对齐""两端对齐""分散对齐"。

2）设置行距和段落间距。单击"开始"选项卡"段落"组中的"行距"按钮 ，对选定的文字或段落设置行距。

3）使用项目符号和编号。默认情况下，单击"开始"选项卡"段落"组中的"项目符号"按钮或"编号"按钮 。

3. 更改幻灯片版式

幻灯片版式指的是幻灯片的页面布局。PowerPoint 提供了多种版式供用户选择。当然，PowerPoint 也允许用户自定义版式。如果对现有的幻灯片版式进行更改，可按下列步骤操作。

① 选定要更改版式的幻灯片。

② 单击"开始"选项卡"幻灯片"组中的"版式"按钮，打开"Office 主题"下拉列表。

③ 在"Office 主题"列表中选择一种版式，然后对标题、文本和图片的位置及大小做适当调整。

4. 更改幻灯片背景颜色

为了使幻灯片更美观，可适当改变幻灯片的背景颜色，其操作步骤如下。

① 选定要更改背景颜色的幻灯片。

② 在"普通视图"方式下，单击"设计"选项卡"自定义"组中的"设置背景格式"按钮，打开"设置背景格式"对话框，如图 4-56 所示。

③ 在"填充"栏目中设置颜色时，单击"颜色"下拉列表的三角箭头 ，选择"其他颜色"命令，打开"颜色"对话框，如图 4-57 所示。

图 4-56　"设置背景格式"对话框

图 4-57　"颜色"对话框

④ 在"颜色"对话框中，选择一种颜色，然后单击"确定"按钮。

⑤ 在"设置背景格式"对话框中，如果单击"全部应用"按钮，设置的背景将应用到全部幻灯片。

4.3.5　设置幻灯片效果

1. 设置幻灯片动画效果

选择"动画"选项卡"动画"组或"高级动画"组中的命令，可以为幻灯片设置动画效果。

选中需要设置动画的对象后，单击"动画"效果分类右侧的下拉按钮，可以选择各个对象的动画效果。为对象设置动画后，单击"动画"组右下角的按钮，在打开的对话框中可以设置动画的播放效果，如图 4-58 所示。

2. 设置幻灯片切换效果

幻灯片切换效果是指在演示文稿放映过程中由一个幻灯片切换到另一个幻灯片的方式。

单击"切换"选项卡"切换到此幻灯片"组中的"切换"样式下方的下拉按钮，打开"幻灯片切换"样式界面，在该界面中可以设置幻灯片切换的各种效果，如图 4-59 所示。

图 4-58　设置动画的播放效果

图 4-59　"幻灯片切换"界面

在选择幻灯片切换效果后，可以继续修改幻灯片的切换效果和换片方式。

"切换"选项卡的"计时"组中包括"持续时间"和"换片方式"等命令，可以用来设置各个幻灯片之间的切换效果。"换片方式"是指播放幻灯片的方式。如果为了控制演讲的时间，可设置以固定间隔时间播放各个幻灯片。

单击"全部应用"按钮，表示设置的幻灯片切换效果施加于本演示文稿文件的所有幻灯片上。默认情况下，设置的幻灯片切换效果仅作用于当前幻灯片，对其他幻灯片无效。

4.3.6　设置超链接

在演示文稿中可以建立超链接，以便快速跳转到某个对象，跳转的对象可以是一个幻灯片、一个演示文稿或 Internet 地址等。创建超链接的起点一般是文本或图片，也可以使用动作按钮。

1. 创建超链接

创建超链接的操作步骤如下。

① 在幻灯片中选中要创建超链接的对象，如文本或图片。

② 单击"插入"选项卡"链接"组中的"超链接"按钮，打开"插入超链接"对话框，如图 4-60 所示。该对话框左侧有四个按钮。

图 4-60   "插入超链接"对话框

● 现有文件或网页：超链接到其他文档、应用程序或其他网址。

● 本文档中的位置：超链接到本文档的其他幻灯片。

● 新建文档：超链接到一个新文档中。

● 电子邮件地址：超链接到一个电子邮件地址。

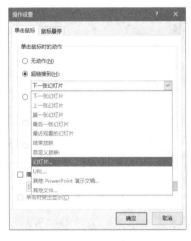

图 4-61   "操作设置"对话框

③ 单击"确定"按钮，完成超链接设置。

2. 插入动作按钮

使用动作按钮插入超链接的操作步骤如下。

① 单击"插入"选项卡"链接"组中的"动作"按钮，打开"操作设置"对话框，如图 4-61 所示。

② 在"单击鼠标"选项卡中选择"超链接到"单选按钮，并在列表中选择"幻灯片…"选项，根据需要设置链接的幻灯片。

③ 单击"确定"按钮，完成设置。

超链接的编辑和删除方法与插入超链接的方法类似，也是选择"插入"选项卡"链接"组中的"超链接"命令，在打开的"插入超链接"对话框中完成。

4.3.7 插入多媒体对象

为改善幻灯片在播放时的视听效果，用户可以在幻灯片中加入多媒体对象。下面介绍如何在幻灯片中插入声音文件、视频文件和 Flash 动画文件。

1. 插入声音文件

在幻灯片中插入声音文件的操作步骤如下。

① 在"普通视图"方式下，选择要插入声音的幻灯片。

② 选择"插入"选项卡"媒体"组中的"音频"命令，继续选择"PC 上的音频"选项，打开"插入音频"对话框。该对话框和 Word 中的"插入文件"对话框类似。

③ 在"插入音频"对话框中找到并选中要插入的声音文件，单击"插入"按钮，将音频文件插入文档中，幻灯片中出现声音图标 🔊 。插入完成后，在如图 4-62 所示的"播放"选项卡中，可以编辑音频或设置自动播放选项。

图 4-62　"播放"选项卡

④ 设置完成后，播放幻灯片时可实现声音的播放效果。

2. 插入视频文件

在幻灯片中插入视频文件的操作步骤如下。

① 在"普通视图"方式下，选择要插入视频的幻灯片。

② 选择"插入"选项卡"媒体"组中的"视频"命令，再选择"PC 上的视频"选项，打开"插入视频文件"对话框。

③ 在"插入视频文件"对话框中定位要插入的影片文件，单击"确定"按钮，弹出播放影片系统信息提示对话框，用户选定的视频文件就插入幻灯片中。

④ 在"视频工具"的"播放"选项卡中，可以编辑视频或设置视频的播放方式，并在幻灯片中出现剪辑的片头预览图像。用户可根据需要选择自动播放或单击时播放。

单击幻灯片中的预览图像，可以拖动预览图像控点调整视频的大小。

3. 插入 Flash 动画文件

部分在 PowerPoint 中难以实现的动画效果可以使用 Flash 制作实现，然后导出.swf 格式的 Flash 动画，再插入幻灯片中。插入 Flash 动画文件的操作步骤如下。

① 在"普通视图"方式下，选择要插入 Flash 动画的幻灯片。

② 选择"文件"选项卡"选项"组中的"自定义功能区"命令，在"自定义功能区"的"主选项卡"一栏中选择"开发工具"选项，使"开发工具"选项卡出现在功能区中。

③ 单击"开发工具"选项卡"控件"组中的"其他控件"按钮，在弹出的下拉列表中选择"Shockwave Flash Object"选项，如图 4-63 所示。

④ 在幻灯片中拖动鼠标绘制一个矩形，右击该矩形，在弹出的快捷菜单中选择"属性表"命令，打开 Flash 对象的"属性"对话框，设置其 Movie 属性为所选择的 Flash 文件，如图 4-64 所示。在幻灯片播放时将自动播放 Flash 动画文件。

图 4-63　在控件工具箱中选择 Flash 控件

图 4-64　设置 Flash 控件 Movie 属性

4.3.8　放映幻灯片

在 PowerPoint 中进行幻灯片放映时，可以在幻灯片的各种视图中选择开始演示的第一张幻灯片，然后单击演示文稿窗口右下角的"幻灯片放映"按钮，或选择"幻灯片放映"选项卡"开始放映幻灯片"组中的命令。

如果设置的是手动换片，则按 PageDown 键或单击演示下一页，按 PageUp 键显示前一页。幻灯片放映完毕或按 Esc 键回到原来的编辑状态。

放映过程中，单击播放屏幕左下角的播放控制图标或右击演示区域的任何地方都会弹出快捷菜单，选择菜单中对应的命令可进行幻灯片定位、翻页，并且可以随时执行"结束放映"命令退出放映状态。

思考题

1. 在保存文档时，"保存"命令与"另存为"命令有何区别？
2. 插入特殊字符的操作方法有哪些？
3. 什么是绝对引用、相对引用和混合引用？
4. 怎样在一个工作表里引用其他工作簿的数据？
5. 在 Word 中，两端对齐和居中对齐有什么区别？
6. 如果要在幻灯片放映中出现声音效果，应如何设置？
7. 简述 Excel 文件中工作簿、工作表、单元格之间的关系。
8. 数据清除和数据删除的区别是什么？

第 5 章　计算机网络技术

计算机网络是计算机技术与通信技术高度发展、相互渗透、紧密结合的产物。Internet 的出现，彻底改变了人们的工作和生活方式，也改变了企事业单位的运营和管理方式。人们可以通过网络进行电子商务、网络会议、远程教学、医疗会诊等活动，还可以在片刻间查阅、下载世界各地的文献资料，在瞬间完成远距离的电子邮件传送，足不出户就可以浏览各种信息。

学习计算机网络的基础知识，掌握计算机网络的基本应用技能，已经成为人们学习和生活的必需。

本章主要内容如下：

1）计算机网络概述。

2）计算机网络体系结构。

3）网络互连设备。

4）互联网技术与人工智能。

5.1　计算机网络概述

5.1.1　计算机网络的定义

计算机网络是现代计算机技术与通信技术密切结合的产物，始于 20 世纪 50 年代，是随着社会对信息共享和信息传递日益增强的需求而发展起来的，近年来得到迅猛发展。计算机网络，就是利用通信设备和线路将地理位置不同的、功能独立的多个计算机系统互连起来，遵守网络协议进行数据通信，由功能完善的网络软件（包括网络通信协议、信息交换方式和网络操作系统）实现网络中资源共享和信息传递的计算机系统。

在计算机网络出现以前，大多数个人计算机只是作为单机独立使用，如今可以通过网络向经过授权的用户提供网络接入的共享资源，包括硬件资源、软件资源和数据资源。网络的普及极大地改变了计算机的内涵。计算机网络的实现，也为用户构建分布式的网络计算环境提供了基础。计算机网络的功能主要体现在以下几个方面。

1. 数据通信

数据通信或数据传送是计算机网络最基本的功能之一。利用这一功能，在地理上分散分布的计算机可以通过网络连接起来，人们可以很方便地进行数据传递和信息交换，如电子邮件和新闻发布就是典型的数据通信方面的应用。

2. 资源共享

计算机网络中的资源共享包括共享硬件资源、软件资源和数据资源。计算机网络可以使网络中的各单位互通有无、分工协作，从而极大地提高资源的利用率。

3. 提高可靠性与可用性

通过网络，各台计算机可互为后备机。当某台计算机出现故障时，其任务可由其他计算机处理，避免系统瘫痪，从而提高了可靠性。同样地，当网络中某台计算机负担过重时，也可将其任务的一部分转交给其他空闲的计算机完成，这样就提高了网络中每台计算机的可用性。

4. 易于进行分布式处理

可以把待处理的任务按照一定的算法分散到网络中的各台计算机上，并利用网络环境进行分布处理和建立分布式数据库系统，从而达到均衡使用网络资源、实现分布式处理的目的。

5.1.2 计算机网络的发展

计算机网络技术的发展与应用的广泛程度是前人难以预料的，追溯计算机网络的发展历史，它的演变可以概括为面向终端的计算机通信网络、计算机-计算机网络、体系结构标准化网络、Internet 的广泛应用与高速网络技术的发展四个阶段。

1. 面向终端的计算机通信网络

计算机网络产生于 20 世纪 50 年代初期，最初的计算机网络是将一台计算机经过通信线路与若干台终端直接相连，计算机处于主控地位，承担数据处理和通信控制的工作，而终端一般只具有输入/输出功能，处于从属地位。通常将这种具有通信功能的计算机系统称为第一代计算机网络——面向终端的计算机通信网络，如图 5-1 所示。

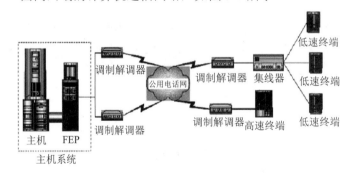

图 5-1　面向终端的计算机通信网络

随着连接终端数目的增多，为减轻承担数据处理的中心计算机负载，人们在通信线路和中心计算机之间设置了一个前端处理机（front end processor，FEP）或通信控制器（communication control unit，CCU），专门负责与终端之间的通信控制，从而出现了数据处理和通信控制的分工，更好地发挥了中心计算机的数据处理能力。另外，在终端较集中的地区，还设置了集线器和多路复用器，它们首先通过低速线路将附近群集的终端连接至集线器或多路复用器，然后通过高速通信线路，将实施数字信号和模拟信号之间转换的调制解调器与远程中心的计算机前端机相连，构成如图 5-2 所示的远程联机系统，从而提高了通信线路的利用率，降低了远程通信线路的建设成本。

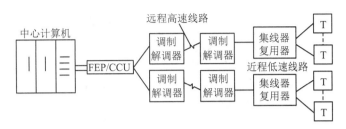

图 5-2　远程联机系统

2. 计算机-计算机网络

20 世纪 60 年代中期，出现了由若干个计算机互连的系统，开创了"计算机-计算机"通信的时代，并呈现出多处理中心的特点。20 世纪 60 年代后期由美国高级研究计划局（ARPA，现称 DARPA，即 Defense Advanced Research Projects Agency）提供经费，联合计算机公司和大学共同研制而发展起来的 ARPA 网，标志着计算机网络的兴起。ARPA 网的主要目标是借助通信系统，使网内各计算机系统之间能够共享资源。ARPA 网是一个成功的系统，它是计算机网络技术发展中的一个里程碑，它在概念、结构和网络设计方面，都为后续的计算机网络技术的发展起到了重要的引导作用，并为 Internet 的形成奠定了基础。

这一时期的计算机网络是将多个单处理机进行联机并与终端网络互相连接起来，形成以多处理机为中心的网络，为用户提供服务。此外，为了减轻主机的负荷，使其专注于计算任务，人们还设置了专门的通信控制处理机（communication control processor，CCP）负责与终端进行通信，把通信从主机中分离出来，主机间的通信通过 CCP 的中继功能间接进行，如图 5-3 所示。由 CCP 组成的传输网络称为通信子网。CCP 负责网上各主机间通信的控制和处理，它们组成的通信子网是网络的内层，或称为骨架层。网上主机负责数据处理，是计算机网络资源的拥有者，它们组成了网络的资源子网，是网络的外层。通信子网为资源子网提供信息传输服务，资源子网上用户间的通信建立在通信子网的基础上。若没有通信子网，则网络不能工作；若没有资源子网，则通信子网的信息传输也失去了意义。因此，这两者结合起来就组成了统一且资源共享的两层网络。

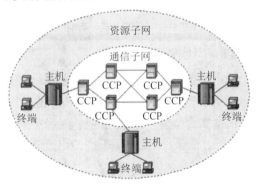

图 5-3　计算机-计算机网络

这一时期网络的特点是，连接到网络中的每台计算机本身就是一台完整的独立设备。它可以独立启动、运行和停机，所有用户都可以共享系统的硬件资源、软件资源和数据资源。

此后，计算机网络得到了迅猛的发展，各大计算机公司相继推出了自己的网络体系结构和相应的软、硬件产品。用户只需使用计算机公司提供的网络产品，就可以通过专用或租用的通信线路组建计算机网络。例如，IBM 公司的系统网络体系结构（system network architecture，SNA）和 DEC 公司的数字化网络架构（digital network architecture，DNA），凡是按 SNA 组建的网络都可称为 SNA 网，而按 DNA 组建的网络都可称为 DNA 网或 DECNET。

3. 体系结构标准化网络

经过 20 世纪 60 年代和 70 年代前期的发展，人们对组网的理论、方法和技术的研究日趋成熟。为了促进网络产品的开发，各大计算机公司纷纷制定自己的网络技术标准，最终促成了国际标准的制定。20 世纪 70 年代末，国际标准化组织（International Standards Organization，ISO）成立了专门的工作组来制定计算机网络的标准。在研究、吸收各计算机制造厂家的网络体系结构标准化经验的基础上，ISO 制定了开放系统互连参考模型（open system interconnection reference model，OSI/RM）。该模型旨在方便异种计算机之间的互连，以构建网络。OSI/RM 规定了可以互连的计算机系统之间的通信协议，遵从 OSI 协议的网络通信产品都是开放系统。今天，几乎所有网络产品厂商都声称自己的产品是开放系统，不遵从国际标准的产品逐渐失去了市场。这种统一、标准化的产品对网络技术的发展起到了促进作用。图 5-4 所示为现代计算机网络。

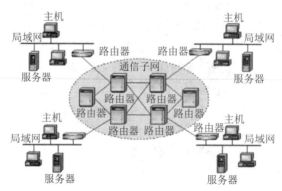

图 5-4　现代计算机网络

4. Internet 的广泛应用与高速网络技术的发展

20 世纪 90 年代，网络技术领域最热门的话题是 Internet 与高速通信网络技术、接入网、网络与信息安全技术。Internet 作为世界性的信息网络，在经济、文化、科学研究、教育与人类社会生活领域发挥着越来越重要的作用。宽带网络技术的发展为全球信息高速公路的建设提供了技术基础。用户可以利用 Internet 实现全球范围的电子邮件、WWW 信息查询与浏览、文件传输、语音与图像通信服务功能。它对推动世界科学、文化、经济和社会的发展有不可估量的作用。

5.1.3　计算机网络系统的组成

计算机网络是一个非常复杂的系统，网络的组成根据应用范围、目的、规模、结构及采用技术的不同而不尽相同。

　　处于不同位置的、具有独立功能和不同资源的计算机系统，通过通信设备和线路连接起来，形成计算机网络，在网络协议和软件的支持下实现不同用户对网络资源的共享。从网络逻辑功能角度来看，计算机网络可以分为通信子网和资源子网。

　　通信子网处于网络的内层，由通信控制设备、通信线路等组成，它承担网络的传输、转发等任务。通信子网一般由路由器、交换机、服务器和通信线路等设备组成。

　　资源子网也称为用户子网，它处于网络的外层，它由网络中的所有计算机系统、数据终端、网络设备、各种软件资源和信息资源等组成。资源子网负责全网的数据处理，向网络用户提供各种网络资源和网络服务。

　　计算机网络一般包括计算机系统、通信线路及通信设备、网络协议和网络软件四个部分。

　　（1）计算机系统

　　计算机系统的主要任务是负责数据的收集、处理、存储、传播和提供资源共享。计算机网络连接的计算机可以是巨型机、大型机、微型机及其他数据终端设备。

　　（2）通信线路及通信设备

　　通信线路是指各种传输介质及其连接部件，主要包括光纤、双绞线、同轴电缆等；通信设备是指网络互连设备，包括网卡、集线器、交换机、路由器和调制解调器等。通信线路和通信设备负责控制数据的发送、传输、接收或转发。

　　（3）网络协议

　　为了使网络实现正常的数据通信，通信双方之间必须有一套彼此能够互相了解和共同遵守的规则和约定，这些规则和约定就是网络协议。

　　现代网络大多采用层次结构，网络协议规定了分层原则、层间关系、信号传输的方向等内容。在网络上的通信双方必须遵守规定的协议才能实现信息交流。

　　（4）网络软件

　　网络软件是一种在网络环境下使用或管理网络的计算机软件。根据软件的功能，网络软件可分为网络系统软件和网络应用软件两大类。

　　网络系统软件用于控制和管理网络运行、提供网络通信和网络资源分配与共享功能，并为用户提供各种网络服务。网络系统软件主要包括各种网络协议软件、网络服务软件、网络操作系统等。网络操作系统是一组对网络内的资源进行统一管理和调度的程序集合，同时，网络操作系统也是网络用户和网络系统软件之间的接口。无论是什么样的网络环境，都需要网络操作系统的支持。网络操作系统除了具有一般的操作系统功能外，还具有网络环境下的通信、网络资源管理、网络服务等特定功能。网络操作系统是计算机网络软件的核心和基础。

　　网络应用软件是指为某个应用目的而开发的网络软件，如浏览器软件、即时通信软件、下载软件、远程教学软件、电子图书馆软件等。

5.1.4　计算机网络的分类

　　目前计算机网络的分类有许多方法，常用的是根据网络的覆盖范围和网络的拓扑结构分类，也可以按照所采用的传输介质分为双绞线网、同轴电缆网、光纤网、无线网，或按照信道的带宽分为窄带网和宽带网等。

1. 按照网络覆盖范围进行分类

（1）局域网

局域网（local area network，LAN）是将小区域内的各种网络设备互连在一起的网络，其分布范围局限在一个房间、一幢大楼或一个校园内，用于连接微型计算机、工作站和各类外围设备，以实现资源共享和信息交换。

局域网的特性包括数据传输速度快（一般在 10Mbit/s～1Gbit/s），存在于限定的地理区域（一般为几千米范围内），建造成本较低。

（2）广域网

广域网（wide area network，WAN）也称远程网，其分布范围可达数百至数千千米，可覆盖一个地区、一个国家，甚至全球。

广域网的特征包括：在地理范围上没有限制，长距离的数据传输容易出现错误，可以连接多种 LAN，建造成本很高。

（3）城域网

城域网（metropolitan area network，MAN）是介于局域网与广域网之间的一种高速网络，也可以将其视为局域网技术与广域网技术相结合的一种应用。它可以在一个较大的地理区域（几十千米的范围内）提供数据、声音和图像的传输服务。

一般来说，局域网一般用于一些局部的、地理位置相近的场合，如一个家庭、一个机房或一栋办公楼，而广域网则与局域网相反，它可以用于地理位置相差甚远的场合，如两个国家之间。此外，局域网中包含的计算机数目一般相当有限，而广域网中包含的计算机数目可高达几百万台。可见局域网与广域网之间在规模和使用范围之间相差较大，但这并不意味着两种类型的网络之间没有任何的联系，恰恰相反，它们之间联系紧密，因为广域网就是由多个局域网组成的。

从技术角度来说，广域网和局域网在连接的方式上有所不同。例如，一个局域网通常是在一个单位拥有的建筑物里用本单位所拥有的电缆线连接起来的，即网络隶属于该单位。广域网则不同，它通常是租用一些公用的通信服务设施连接起来的，如公用的无线电通信设备、微波通信线路、光纤通信线路和卫星通信线路等，通过使用这些设备可以突破空间距离的限制。

2. 按照网络拓扑结构进行分类

网络拓扑结构是指网络节点和链路所构成的网络几何图形。网络中的各种设备称为网络节点，在两个节点之间传输信号的线路称为链路。按网络拓扑结构分类，计算机网络可以分为星形网、环形网、总线型网、树形网、网形网和混合型网。

（1）星形网

星形网是最早采用的拓扑结构形式，其每个节点通过连接电缆与主控机相连，如图 5-5 所示。相关节点之间的通信由主控机控制，所以要求主控机有很高的可靠性。这种结构是一种集中的控制方式。其优点是结构简单，控制处理也较为简便，增加工作节点十分容易。其缺点是一旦主控机出现故障，将会导致整个系统瘫痪。

（2）环形网

环形网中各工作站依次互相连接组成一个闭合的环形，如图 5-6 所示。信息沿环形线路单向（或双向）传输，由目的节点接收。环形网适合那些数据不需要在中心主控机上集中处理，而主要在各自节点进行处理的情况。其优点是结构简单、成本低，缺点是环中任意一个节点出现故障都会引起网络瘫痪，可靠性低。

图 5-5　星形网拓扑结构

图 5-6　环形网拓扑结构

（3）总线型网

总线型网中的各个工作站通过一条总线连接，如图 5-7 所示，信息可以沿着两个不同的方向由一个节点传向另一个节点，是目前局域网中普遍采用的一种网络拓扑结构形式。其优点是工作站接入或从网络中退出都非常方便，系统中某个工作站出现故障也不会影响其他节点之间的通信，系统可靠性较高，结构简单，建造成本低。

（4）树形网

在树形网中，节点按照层次进行连接，信息交换主要在上下节点之间进行。其形状像一棵倒置的树，顶端为根，从根向下分支，每个分支又可以延伸出多个子分支，一直到树叶为止，如图 5-8 所示。这种结构易于扩展，但是一个非叶子节点发生故障很容易导致网络分割。

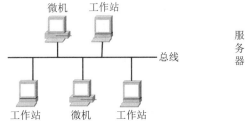

图 5-7　总线型网拓扑结构

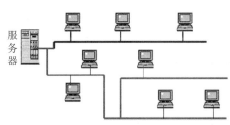

图 5-8　树形网拓扑结构

（5）网形网

网形网的控制功能分散在网络的各个节点上，网上的每个节点都有几条路径与网络相连，如图 5-9 所示。即使一条线路出现故障，通过迂回线路，网络依然能正常工作，但是必须进行路由选择。这种结构可靠性高，但网络控制和路由选择比较复杂，一般应用在广域网上。

（6）混合型网

将两种或几种网络拓扑结构混合起来构成的网络拓扑结构称为混合型拓扑结构（又称

杂合型结构）。图 5-10 所示为将星形拓扑结构和总线型拓扑结构混合起来形成的一种拓扑结构。

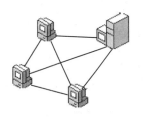
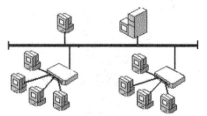

图 5-9　网形网拓扑结构　　　　　　图 5-10　混合型网拓扑结构

5.2　计算机网络体系结构

计算机网络体系结构从整体角度抽象地定义了计算机网络的构成，以及各个网络部件之间的逻辑关系和功能，并给出了协调工作的方法和构建计算机网络必须遵守的规则。

5.2.1　网络体系结构概述

在研究计算机网络时，分层次的论述有助于清晰地描述以帮助理解复杂的计算机网络体系结构。

1．网络协议

就数据发送方的计算机而言，为了把用户数据转换为能在网络上传送的电信号，需要对用户数据分步骤地进行加工处理，其中每一组相对独立的步骤可以看作一个"处理层"。用户数据通过多个处理层的加工处理后，就会成为一个个包含对方地址、本地地址、用户数据、数据校验信息等在内的，并且能在网络上传输的电信号——比特流。在每一层中如何加工处理这些数据，把它们加工处理成什么形式，其中涉及的数据处理规范就是网络通信协议。

在计算机网络中用于规定信息的格式以及如何发送和接收信息的一套规则、标准或约定称为网络协议。网络协议主要包括如下三个要素。

（1）语义

语义规定了控制信息的具体内容，以及发送主机或接收主机所要完成的工作，主要解决"讲什么"的问题。

（2）语法

语法规定了进行网络通信时，数据的传输和存储格式，以及通信中需要哪些控制信息，主要解决"怎么讲"的问题。

（3）时序

时序规定了计算机操作的执行顺序，以及通信过程中的速度匹配，主要解决"顺序和速度"的问题。

2. 网络协议的分层

为了简化网络协议，可以把网络通信问题划分为许多个小问题，然后为每一个问题设计一个通信协议，这样就可以使每一个协议的设计、分析、编码和测试更加容易。协议分层就是按照信息的流动过程，将网络的整体功能划分为多个不同的功能层，每一层都建立在它的下层之上，每一层的目的都是为它的上一层提供一定的服务。

网络系统采用层次化的结构有如下优点。

1）各层之间相互独立，高层不必关心低层的实现细节，可以做到"各司其职"。

2）某个网络层次的变化不会对其他层次产生影响，因此每个网络层次的软件或设备都可以单独升级或改造，有利于网络的维护和管理。

3）分层结构提供了标准接口，使软件开发商和设备生产商易于提供网络软件和网络设备。

4）分层结构的适应性强，只要服务和接口不变，层内实现方法可任意改变。

3. 网络体系结构

计算机网络层次模型和各层协议的集合定义为网络体系结构。如何划分网络协议的"层"，才能使它既便于理论研究又便于工程实施呢？各国的计算机网络理论研究学者和网络工程专家提出了很多种方案，制定并公布了各自的网络体系结构。其中，有些网络体系结构得到了理论界的推崇而被不断地补充和完善，有些网络体系结构在工程中得到了广泛的应用，还有些网络协议被 ISO 采纳，成为计算机网络的国际标准。常见的计算机网络体系结构有 OSI/RM、TCP/IP 等。

5.2.2　OSI/RM 网络体系结构

ISO 于 1978 年提出了开放系统互连参考模型 OSI/RM，它将计算机网络体系结构的通信协议规定为七层，其内容包括通信双方如何及时访问传输介质，发送方和接收方如何进行联系和同步，指定信息传送的目的地，提供差错的监测和恢复手段，确保通信双方互相理解。

OSI/RM 从高层到低层依次是应用层、表示层、会话层、传输层、网络层、数据链路层和物理层。OSI/RM 要求双方只能在同级进行通信，但实际通信是自上而下，经由物理层通信，再自下而上发送到对等的层次，如图 5-11 所示。

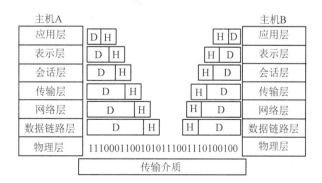

图 5-11　OSI/RM 的体系结构

（1）物理层

物理层提供机械、电气、功能和过程特征，使数据链路实体之间建立、保持和终止物理连接。它对通信介质、调制技术、传输速率、插头等具体特性进行说明。

（2）数据链路层

数据链路层实现以帧为单位的数据块交换，包括帧的装配、分解及差错处理的管理，如果数据帧被破坏，则发送端能自动重发。因此，帧是两个数据链路实体之间进行交换的数据单元。

（3）网络层

网络层主要控制两个实体间路径的选择、建立和拆除实体之间的连接。在局域网中，往往两个实体之间只有一条通道，不存在路径选择问题，但涉及几个局域网互连时就要选择路径。在网络层中交换的数据单元称为报文组或包。它还具有阻塞控制、信息包顺序控制和网络记账等功能。

（4）传输层

传输层提供两个会话实体（又称端-端、主机-主机）之间透明的数据传送，并进行差错恢复、流量控制等，该层实现独立于网络通信的端-端报文交换，为计算机节点之间的连接提供服务。

（5）会话层

会话层在协同操作的情况下保持节点之间的交互性活动，包括建立、识别和拆除用户进程之间的连接，处理某些同步和恢复问题。为建立会话，双方的会话层应该核实对方是否有权参与会话，确定由哪一方支付通信费用，并在选择功能上取得一致。因此该层是用户连接到网络上的接口。

（6）表示层

表示层用于进行数据转换，提供标准的应用接口和通用的通信服务，使双方均能理解接收到的对方数据的含义，如文本压缩、数据编码和加密、文件格式转换等。

（7）应用层

应用层是通信用户之间的窗口。各种应用服务程序在此层进行通信，如分布式数据库、分布式文件系统、电子邮件等。

OSI/RM 对人们研究网络起到了重要的指导作用，但是 OSI/RM 本身并不是网络体系结构的全部内容，这是因为它并未确切地描述用于各层的服务和协议，而仅仅告诉我们每一层应该做什么。OSI/RM 已经为各层制定了标准，它们是作为独立的国际标准公布的。

OSI/RM 从理论上来说是一个试图达到理想标准的网络体系结构，因此一直到 20 世纪 90 年代初，整套标准才制定完善。尽管 OSI/RM 具有层次清晰、便于论述等优点，并因此得到了计算机网络理论界的推崇，但是符合该模型标准的网络却从来没有被实现过。因为网络应用界有人认为，OSI/RM 实施起来过于繁杂，运行效率太低；还有人认为 OSI/RM 中层次的划分不够精练，许多功能在不同层中有所重复，且 OSI/RM 制定的周期过于漫长。因此，另一套实用的 TCP/IP 网络体系结构很快占领了计算机网络市场，成为事实上默认的国际标准，并被沿用至今。

5.2.3　TCP/IP 网络体系结构

TCP/IP 产生于 1969 年，是一整套数据通信协议簇。该协议簇由传输控制协议（transmission

control protocol，TCP）和网际协议（internet protocol，IP）组成。

TCP/IP 是针对网络开发的网络互连通信协议簇，网络中的各种异构网或主机通过 TCP/IP 可以实现相互通信。与其他分层通信协议相同，TCP/IP 将不同的通信功能集成到不同的网络层次，形成了一个具有四个层次的体系结构。TCP/IP 体系结构从高层到低层依次是应用层、传输层、网际层、网络接口层。TCP/IP 的体系结构与 OSI/RM 的对应关系如图 5-12 所示。

TCP/IP 协议簇中包含了许多协议，如图 5-13 所示。一般来说，TCP 提供传输层服务，而 IP 提供网络层服务。

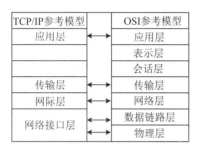

TCP/IP参考模型	OSI参考模型
应用层	应用层
	表示层
	会话层
传输层	传输层
网际层	网络层
网络接口层	数据链路层
	物理层

Telnet	FTP	SMTP	DNS	RIP	SNMP
TCP			UDP		
IP			ARP/RARP		ICMP
以太网	令牌环		帧中继		异步传输

图 5-12 TCP/IP 的体系结构与 OSI/RM 的对应关系　　　　图 5-13 TCP/IP 协议簇

1. 应用层

应用层是指使用 TCP/IP 进行通信的应用程序。应用层协议可以分为面向连接的 TCP、面向无连接的用户数据报协议（user datagram protocol，UDP）和既是 TCP 也是 UDP 的协议三类。

（1）以 TCP 为基础的协议

以 TCP 为基础的协议主要有文件传输协议（file transfer protocol，FTP）、电子邮件协议（simple mail transfer protocol，SMTP）、超文本传输协议（hypertext transport protocol，HTTP）和网络终端协议（network terminal protocol，TELNET）。

FTP 的功能是实现 Internet 中的交互式文件传输。SMTP 的功能是实现 Internet 中电子邮件的传输。HTTP 的功能是实现万维网服务。TELNET 的功能是实现 Internet 中的远程登录。

（2）以 UDP 为基础的协议

以 UDP 为基础的协议主要包括简单网络管理协议（simple network management protocol，SNMP）、简单文件传输协议（trivial file transfer protocol，TFTP）。

SNMP 的功能是管理网络效能，发现并解决网络问题，以及规划网络增长。TFTP 的功能是实现小文件的传输。

（3）既是 TCP 又是 UDP 的协议

既是 TCP 又是 UDP 的协议包含域名服务协议（domain name system，DNS）和路由信息协议（routing information protocol，RIP）。

DNS 的功能是实现网络设备名称到 IP 地址映射的网络服务。RIP 的功能是实现网络设备之间的交换路由信息服务。

2. 传输层

传输层提供端-端的数据传输，确保数据交换的可靠性，并能同时支持多个应用。在网络中的连接服务被定义成以下三种。

（1）无连接服务

无连接服务的特点是能够实现网络之间的不可靠连接，相对应的无连接协议也是不可靠协议。其优点是实现速度快，缺点是可靠性差。

（2）面向连接服务

面向连接服务的特点是实现网络之间的可靠连接，相对应的面向连接协议也是实现网络之间的可靠连接。其优点是连接可靠性强，缺点是速度慢。

（3）点-点服务

点-点服务以直接连接方式实现两点之间的数据传输。其优点是可靠性强而且速度快，缺点是成本过高，不可能在 Internet 上实现。

传输层的主要协议是 TCP 和 UDP。TCP 提供面向连接的、可靠的数据传输服务，而 UDP 提供的是无连接的、不可靠的基于数据包的服务。在使用 TCP 进行传输的过程中，发送方在被传输数据中增加一些控制数据，数据接收方接收到数据后需要返回一个回执，这样就能确保数据交换的可靠性。使用 UDP 作为传输层协议的应用应该提供自己端-端的数据流控制，以保证一定的可靠性，UDP 通常用于需要快速传输的应用场景。

3. 网际层

IP 是网际层中最重要的协议，它是一个无连接的报文分组发送协议。其功能包括处理来自传输层的分组发送请求、路径选择、转发数据报等，但并不具有可靠性，也不提供错误修复等功能。在 TCP/IP 网络上传输的基本信息单元是 IP 数据报。网际层的主要协议还包括两个协议，一个是地址解析协议（address resolution protocol/reverse address resolution protocol，ARP/RARP），它介于网络层和低层之间，主要功能是实现网卡的物理地址与 IP 地址的解析；另一个为网际报文控制协议（internet control message protocol，ICMP），主要功能是实现对 IP 协议的可靠性保障。

4. 网络接口层

网络接口层用于提供网络硬件设备的接口。这个接口可能提供可靠的传送，也可能提供不可靠的传送。其中可能是面向数据报的，也可能是面向数据流的。TCP/IP 在这一层并没有规定任何协议，但可以使用绝大多数的网络接口。

5.3 网络互连设备

计算机与计算机或客户机与服务器连接时，除了需要传输介质以外，还需要各种网络互连设备，如网卡、调制解调器、交换机、路由器等。下面按照 OSI/RM 的不同层次对网络互连设备进行介绍，并介绍常见的网络传输介质。

5.3.1 物理层网络设备

物理层设备的主要功能包括设备的物理连接与电信号匹配，完成比特流的传输。

1．调制解调器

调制解调器是一种信号转换设备。在发送数字信号时，调制解调器将基带数字信号的波形转换成适合于模拟信道传输的波形（这并不会改变数据的内容）。在接收时，解调器将经过调制器变换所形成的模拟信号恢复成原来的数字信号。

按照通信接入技术分类，调制解调器有以下几种类型。

（1）一般调制解调器

一般调制解调器指音频调制解调器，它利用公用电话交换网（public switched telephone network，PSTN）进行网络通信，最高传输速率为 56Kbit/s。由于电话线路是普及率最高的通信线路，因此，它对使用环境的要求最低。

（2）非对称用户数字线调制解调器

非对称用户数字线调制解调器（asymmetric digital subscriber line modem，ADSL modem）利用电话线路进行网络通信，最高传输速率为 8Mbit/s，如图 5-14 所示。该设备对使用环境有一定的要求。

（3）同轴电缆调制解调器

同轴电缆调制解调器（cable modem）利用有线电视网（community antenna television，CATV）进行网络数据传输，最高传输速率为 10Mbit/s。

（4）基带调制解调器

基带调制解调器主要应用于企业计算机网络，常用于连接企业本地路由器与远程路由器。

2．中继器

中继器是一种用于对信号进行放大和整形的网络设备，如图 5-15 所示。信号在网络传输的过程中，因为线材本身的阻抗会使信号变得越来越弱，导致信号衰减失真。当网线长度超过使用距离时，信号就会衰减到无法识别的程度。中继器的主要功能是重新整理接收到的信号，使其恢复成原来的波形和强度，然后继续传送下去。这样一来，信号就可以传得更远。

图 5-14　非对称用户数字线调制解调器　　　　　　图 5-15　中继器

3．集线器

集线器是一种将多台计算机连接在一起，从而构成一个计算机局域网的网络互联设备。集线器实际上是一种多端口中继器，如图 5-16 所示，它采用共享带宽的方式进行数据传输。集线器只对数据的传输进行同步、放大和整形，而对数据传输中的缺帧、碎片等现象无法进行有效的处理，因此不能保证数据传输的完整性和正确性。

集线器主要用于小型局域网，一般有 4、8、16、

图 5-16　集线器

24 等数量的 RJ-45 接口，通过这些接口连接到计算机或网络交换机中。

集线器的最大优点是价格便宜。它的缺点主要包括用户共享网络带宽，以广播方式传输数据，容易造成网络阻塞。

5.3.2　数据链路层网络设备

1.　网卡

网卡（又称网络适配器）是数据链路层的网络互连设备，如图 5-17 所示。有些计算机的主板上已经集成了网卡设备，因此不需要单独安装网卡。在服务器、路由器、防火墙等设备中，往往安装有多个网卡。

网卡一般采用 RJ-45 接口，笔记本式计算机一般采用 USB 接口，部分服务器网卡采用光纤接口。网卡的数据传输速率有 10Mbit/s、100Mbit/s、1 000Mbit/s 等。有许多网卡既可以连接到 10Mbit/s 的网络上，也可以连接到 100Mbit/s 的网络上，这种网卡称为自适应网卡。

网卡应与网络传输介质类型一致，网卡的质量在很大程度上决定了网络的性能。网卡故障可能导致网络阻塞或瘫痪。

服务器网卡应具备较高的数据传输速率，较低的 CPU 占用率，并具有网络管理等功能。

2.　网桥

网桥是一种数据链路层设备，主要用于连接两个同构且相互独立的计算机网络。同构主要指网络的拓扑结构相同、网络协议相同，独立的计算机网络指连接在不同的二层交换设备（如交换机）中的网络。

网桥的主要功能是进行数据帧转发、数据帧过滤和路径选择。网桥的连接方式如图 5-18所示。在中小型计算机网络中，极少有单独的网桥设备，往往利用交换机作为一个多端口网桥设备。

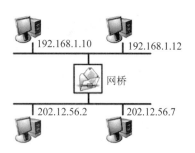

图 5-17　网卡　　　　　　　　　　　　图 5-18　网桥的连接方式

3.　交换机

交换机从网桥发展而来，我国通信行业标准《以太网交换机技术要求》（YD/T 1099—2013）中对以太网交换机的定义是：以太网交换机实质上是支持以太网接口的多端口网桥。交换机通常使用硬件实现过滤、学习和转发数据帧。

交换机产品有以太网交换机、ATM 网交换机、电话网程控交换机。计算机网络主要采用以太网交换机，如图 5-19 所示。

图 5-19　以太网交换机

5.3.3　网络层网络设备

1. 网关

网关主要用于连接两个异构且相互独立的网络，人们在早期也将路由器称为网关。网关可以工作在网络模型的不同层次，但是目前常见的网关是路由器，它属于网络层互连设备。在目前的局域网中，很少使用单独的网关产品，一般采用路由器作为网关。

2. 路由器

根据我国通信行业标准《路由器测试规范——高端路由器》（YD/T 1156—2001），路由器是工作在 OSI/RM 的第三层——网络层的数据包转发设备，如图 5-20 所示。路由器通过转发数据包实现网络互连。虽然路由器支持多种网络协议（如 TCP/IP、IPX/SPX、AppleTalk 等），但是在我国，绝大多数路由器都运行 TCP/IP 协议。

图 5-20　路由器

路由器的主要功能如下。

（1）网络连接功能

路由器可以连接相同的网络或不同的网络，既可以连接两个局域网，也可以连接局域网与广域网，或连接广域网与广域网。

（2）通信协议转换功能

路由器可以实现不同网络之间通信协议的转换，如 TCP/IP、PPP、X.25、FR、ATM 等协议之间的转换。

（3）数据包转发功能

路由器可以在各个端口之间转发数据包。

（4）路由信息维护功能

路由器负责运行路由协议并维护路由表。

（5）管理控制功能

路由器的管理控制功能包括 SNMP 代理、Telnet 服务器、本地管理、远程监控、地址分配等。

（6）安全功能

路由器的安全功能包括数据包过滤、地址转换、访问控制、数据加密、防火墙等。

5.3.4 传输介质

传输介质是指传送信息的载体，在网络中是连接收发双方的物理线路。传输介质可分为有线传输介质和无线传输介质，有线传输介质可传输模拟信号和数字信号，无线传输介质大多传输模拟信号。

1. 有线传输介质

（1）双绞线

双绞线由扭绞在一起的两根绝缘导线组成，导线扭绞在一起可以减少相互间的辐射电磁干扰。双绞线是最常用的传输介质，其结构如图 5-21 所示。双绞线一般是铜质的，有良好的传导率。用双绞线传输模拟信号，每 5～6km 只需要配置一个放大器。用双绞线传输数字信号，每 2～3km 就需要配置一个中继器，因此很少用双绞线传输数字信号。

图 5-21　双绞线结构

双绞线也可用于局域网，如 10BASE-T 和 100BASE-T 总线，可分别提供 10Mbit/s 和 100Mbit/s 的数据传输速率。通常将多对双绞线封装于一个绝缘套里组成双绞线电缆，局域网中常用的三类双绞线和五类双绞线，均由四对双绞线组成，三类双绞线常用于 10BASE-T 总线局域网，五类双绞线常用于 100BASE-T 总线局域网。

双绞线普遍适用于点-点的连接。双绞线可以很容易地在 15km 或更大范围内支持数据传输。局域网的双绞线主要用于一栋建筑物内或几栋建筑物间的通信，但在 10Mbit/s 和 100Mbit/s 传输速率的 10BASE-T 和 100BASE-T 的总线传输距离都不超过 100m。

双绞线的抗干扰性能不如同轴电缆，但双绞线的价格比同轴电缆要便宜。

（2）同轴电缆

同轴电缆也像双绞线一样由一对导体组成，但它们是按照"同轴"的形式构成线对的，其最里层是内芯，向外依次为绝缘层、屏蔽层，最外层则是起保护作用的塑料护套。内芯和屏蔽层构成一对导体，其结构如图 5-22 所示。

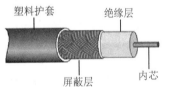

图 5-22　同轴电缆结构图

同轴电缆分为基带同轴电缆和宽带同轴电缆。基带同轴电缆又可以分为粗缆和细缆两种，用于传送数字信号；宽带同轴电缆用于传输频分多路复用的模拟信号，也可用于不使用频分多路复用的高速数据通信和模拟信号的传输，闭路电视所使用的 CATV 电缆就是宽带同轴电缆。

同轴电缆适用于点-点连接和多点连接，基带同轴电缆每段可支持几百台设备，在大型系统中还可以用转接器将各段连接起来；宽带同轴电缆可支持数千台设备，但在高数据传输速率（50Mbit/s）下使用宽带电缆时，设备数目一般限制在 20～30 台。

同轴电缆的传输距离取决于传输信号的形式和传输的速率，典型基带同轴电缆的最大距离限制在几千米内。在相同传输速率条件下，粗缆传输距离较细缆长。

同轴电缆的抗干扰性能比双绞线好，但价格比双绞线高，比光纤低。

（3）光纤

光纤是光导纤维的简称，它由能传导光波的石英玻璃纤维（纤芯）和保护层（包层和涂覆层）构成，其结构如图 5-23 所示。相比于金属导线，光纤具有重量轻、线径细的特点。用光纤传输信号时，在发送端要先将电信号转换成光信号，并在接收端再经由光检测器将光信号还原成电信号。

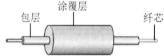

图 5-23　光纤结构

光纤在计算机网络中普遍采用点-点的连接方式，可以在几百千米的距离内不使用中继器传输，因此光纤适合于在几个建筑物之间通过点-点的连接方式连接局域网。由于光纤具有不受电磁干扰和噪声影响的特征，因此适宜在长距离内保持高速数据传输率，而且能提供很好的安全性。

2. 无线传输介质

目前，可用于通信的无线传输介质有微波、红外线、激光等。

（1）微波

微波通信分为地面微波通信和卫星微波通信两种方式，信号频率为 100MHz～10GHz。

微波通信主要利用地面微波进行通信。由于微波在空间是直线传播的，而地球表面是一个曲面，其传播距离一般限制在 50km 左右，而且微波不能穿透金属材质。因此，为实现远距离通信，需要建立微波中继站进行"接力"通信，如图 5-24 所示。

卫星微波通信就是利用地球同步卫星作为微波中继站，实现远距离通信，如图 5-25 所示。作为微波中继站的卫星，带有微波接收和发射装置，地面站将信号发送到卫星，再由卫星将信号转发至另一个地面站。当地球同步卫星位于 36 000km 的高空时，其发射角可以覆盖地球表面 1/3 的区域。

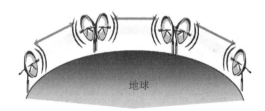

图 5-24　地面微波通信

图 5-25　卫星微波通信

（2）红外线

电视机遥控器采用红外线进行通信，计算机网络也可以使用红外线进行数据通信。红外线一般局限于一个很小的区域（如在一个房间内），并且经常要求发送器直接指向接收器。红外硬件与其他设备相比更加便宜，并且不需要架设天线。红外线通信示意图如图 5-26 所示。

（3）激光

激光束除了用于光纤通信外，也能在空中传输信号。与微波通信系统相似，激光通信系统通常由两个基站组成，每个基站配备发送和接收装置，安装在一个固定的位置（通常在一个高塔上），并且相互对准，以便使一个基站的发送器将光束直接发送至另一个基站的接收器。

由于激光是直线传输，而且激光光束不能被阻挡、不能穿透植物及雪雾等，因此，激光传输的应用受到了一定的限制。激光通信示意图如图 5-27 所示。

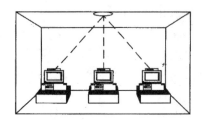

图 5-26 红外线通信示意图   图 5-27   激光通信示意图

5.3.5 其他网络设备

1. 防火墙

防火墙是外部网络与内部网络之间的一个安全网关。防火墙是一种形象的说法，其实它是计算机硬件和软件的组合，在企业内部网络与外部网之间建立起一个安全的屏障，从而保护内部网络免受非法用户的入侵。

防火墙可以工作在网络的各个层次，如工作在应用层的软件防火墙，以及工作在传输层和网络层的硬件防火墙。因此，不能将它划分到某一个固定的层次。

硬件防火墙与计算机的结构类似，包含 CPU、内存、硬盘等基本部件，主板上有南、北桥芯片，一般采用机架式结构。防火墙集成了两个以上的以太网卡，因为它需要连接一个以上的内部网络和外部网络；而且防火墙的硬盘中安装有网络操作系统和专业防火墙程序。有一些防火墙安装通用的网络操作系统（如 FreeBSD），还有一些防火墙采用专用操作系统（如 Screen OS）。防火墙程序主要有包过滤程序、代理服务器程序、路由程序等，有些防火墙还把日志也记录在硬盘上。一般地，网络要求防火墙具有非常高的稳定性，并且需要具备较强的系统吞吐性能。

2. 网络服务器

"服务器"一词在网络中有两层含义，一层含义是指提供某种网络服务的系统软件，如常用的 DNS 服务器、Web 服务器、FTP 服务器、E-mail 服务器等；另一层含义是指运行某种网络服务软件的计算机（称为服务器主机更为合适）。

与防火墙一样，服务器也可以工作在网络的各个层次，如工作在应用层、传输层和网络层等。因此，同样不能将它划分到某一个固定的层次。

从市场应用来看，我国很多网络节点都采用 IA 架构服务器。它基于 PC 体系结构，采用 Intel 或与 Intel 兼容的 CPU 芯片（主要是 AMD 系列 CPU），因此 IA 架构服务器也称为 PC

服务器。

　　PC 服务器虽然从 PC 发展而来，但在技术上与 PC 有很大差别。PC 服务器的制造工艺复杂，生产难度较大，目前只有少数厂商有能力生产中、高档 PC 服务器，因为 PC 服务器对数据处理能力、I/O 性能、可靠性、安全性、扩展能力和系统检测等有特殊的严格要求。PC 服务器一般运行在 Windows、Linux、FreeBSD 等操作系统，突出的优势在于性价比高、应用软件丰富、用户群体庞大。

5.4　互联网技术与人工智能

　　国际互联网，又称因特网，是全球性的网络，也是一种公用信息的载体，更是大众传媒的一种重要渠道。互联网本身是一个产业，同时它也带动了其他产业的发展。

　　互联网也是一个面向公众的社会性组织。世界各地的人们可以利用互联网进行信息交流和资源共享。互联网是人类社会有史以来的首个世界性的"图书馆"和全球性的"论坛"。它为用户提供了高效的工作环境，入网的计算机终端可以调阅各种信息资料。

　　随着通信技术的发展，网络终端已经包括了台式计算机和移动计算机、智能手机、平板计算机、掌上游戏机等设备，甚至由谷歌公司开发的眼镜、手表也都可以上网。

5.4.1　互联网的起源与发展

1.　互联网的起源

　　互联网的发展源于美国的冷战思维。1957 年，苏联发射了第一颗人造地球卫星，美国对此非常恐惧，担心苏联的卫星技术具有潜在的军事用途，于是美国国防部组建了高级研究计划局（advanced research project agency，ARPA）。

　　当时，美国国防部为了保证美国本土防卫力量和海外防御武装在受到苏联第一次核打击以后，仍然具有一定的生存和反击能力，认为有必要设计出一种分散的军事指挥系统。它由一个个分散的指挥点组成，当部分指挥点被摧毁后，其他指挥点仍能正常工作，并且这些指挥点之间能够绕过已被摧毁的指挥点而继续保持联系。为了对这一构思进行验证，1969 年，美国国防部委托 ARPA 开发 ARPANET 网，进行联网方面的研究。同年，ARPA 组建了ARPANET 网，并将美国加利福尼亚大学洛杉矶分校、斯坦福大学研究学院、加利福尼亚大学圣巴巴拉分校和犹他州大学的四台主要计算机连接起来。当时的网络传输能力只有50Kbit/s，按现在的标准来看非常低，但它标志着计算机网络的诞生。

　　从 1970 年开始，加入 ARPANET 的节点数不断增加。当时 ARPANET 使用的协议是网络控制协议（network control protocol，NCP），它允许计算机相互交流。最初的 NCP 下的ARPANET 上连接了 15 个节点，共 23 台主机。到 1972 年，ARPANET 网上的节点数已经达到 40 个，这 40 个节点彼此之间可以发送小文本文件（当时称这种文件为电子邮件，也就是现在的 E-mail），还可以利用文件传输协议发送大文本文件，包括数据文件（现在 Internet 中的 FTP），同时也发现了通过把一台计算机模拟成另一台远程计算机的一个终端，从而使用远程计算机上资源的方法，这种方法被称为 Telnet。由此可见，E-mail、FTP 和 Telnet 是 Internet

上较早的重要工具，特别是 E-mail，目前仍然是 Internet 上最主要的应用之一。这时，ARPANET 成为第一个简单的纯文字系统的 Internet。可以说，促使互联网起源的推动力是美苏冷战时期的军备竞赛思维。

由于最初的通信协议对节点及用户机有数量上的限制，因此，建立一种能保证计算机之间进行通信的标准规范（"通信协议"）显得尤为重要。1973 年，美国国防部开始研究如何实现各种不同网络之间的互联问题。此前，罗伯特·卡恩（Robert Kahn）来到 ARPA，提出了开放式网络框架，开发了大家熟知的 TCP/IP 协议簇。

1983 年，所有连入 ARPANET 的主机都实现了从 NCP 向 TCP/IP 协议簇的转换。为了将这些网络连接起来，美国人温顿·瑟夫（Vinton Cerf）提出一个想法：在每个网络内部各自使用自己的通信协议，而在与其他网络通信时使用 TCP/IP 协议簇。这个设想最终导致了 Internet 的诞生，并确立了 TCP/IP 协议簇在网络互联方面不可动摇的地位，基于 TCP/IP 协议簇的公网发展推动了互联网的发展。

同年，在纽约城市大学也出现了一个以讨论问题为目的的网络——BITNet，在这个网络中，不同的话题被分为不同的组，用户可以根据自己的需求，通过计算机进行订阅，这个网络后来被称为电子邮件群（mailing list）。同年，在美国旧金山诞生了另一个网络——费多网（FidoNet 或 Fido BBS），即公告牌系统。它的优点在于用户只要有一台计算机、一个调制解调器和一根电话线就可以互相发送电子邮件并讨论问题，这就是后来的 Internet BBS。以上网络相继并入 Internet 并成为 Internet 的一个组成部分，具有特定用途和特点的网络的发展，推动了 Internet 成为全世界各种网络的大集合。

后来，ARPANET 分裂为两部分，即 ARPANET 和纯军事用途的 MILNET。20 世纪 80 年代初，美国一大批科学家呼吁实现全美的计算机和网络资源共享，以改进教育和科研领域的基础设施，应对欧洲和日本先进教育和科技进步的挑战和竞争。到 20 世纪 80 年代中期，美国国家科学基金会（NSF）为鼓励大学和研究机构共享非常昂贵的四台巨型计算机，希望各大学、研究所的计算机与这四台巨型计算机连接起来，因此建立了名为 NSFNET 的广域网。

Internet 在 20 世纪 80 年代的扩张不但带来了量的改变，同时亦带来某些质的变化。由于多个学术团体、企业研究机构，甚至个人用户的进入，Internet 的使用者不再限于纯计算机专业人员。新的使用者发现计算机之间的通信功能对他们更有吸引力。于是，他们逐步把 Internet 当作一种交流与通信的工具，而不仅仅只是共享 NSF 巨型计算机的运算能力。NSFNET 对 Internet 的最大贡献是使 Internet 向全社会开放，而不像是仅供计算机研究人员和政府机构使用。这就使得更多的非计算机专业人员通过广域网获取更多信息。

2. 中国互联网的发展

1987 年 9 月 20 日，钱天白教授发出我国第一封电子邮件"越过长城，通向世界"，揭开了中国人使用 Internet 的序幕。1990 年 10 月，钱天白教授代表中国正式在国际互联网络信息中心注册登记了我国的顶级域名 CN，从此开通了使用中国顶级域名 CN 的国际电子邮件服务，Internet 在我国进入了飞速发展时期。

1996 年 1 月，ChinaNET 中国骨干网建成并正式开通，全国范围的公用计算机互联网络开始提供服务。此后，中国网民规模不断扩大，各类网络应用的用户规模也持续扩大。其中，商务类应用表现尤其突出，网上支付、网络购物和网上银行用户数量迅速增加，远远超过其他类网络应用。社交网站、网络文学和搜索引擎用户增长也较快。

从 2010 年开始，互联网彻底走进人们的生活。通信电子产品价格的大幅下降，使笔记本式计算机、台式计算机、智能手机广泛普及，上网也变得更加简单。

3. 新一代互联网

现在我们使用的互联网，最大问题是网络地址资源有限，IPv4 规定 IP 地址长度为 32 位，因此只有 2^{32}（约 43 亿）个 IP 地址。IPv6 规定 IP 地址的长度为 128 位，地址空间大大增加。也就是说，若使用新一代互联网，则 IP 地址的数量将增加为 2^{128} 个，这样就能够解决多种接入设备连入互联网的障碍。这样一来，以人与人相连为特点的当代互联网，将变为人与人、人与物、物与物相连的三位一体的新一代互联网。

新一代互联网是物联网、人工智能的基础设施。没有它，物联网、人工智能等将成为空中楼阁。未来 5 年，肉眼可见的所有事物都可能被物联网化，家用电器、智能汽车、机械设备乃至树木、农作物和牲畜，每个物体都可以配备独立的 IP 和传感器……仅中国，就将有500 亿量级的智能设备连接起来。

世界上几乎所有东西都会被连接在一起，超越空间和时间的限制，世界将变成一个"大生态系统"，也就是万物互联。这些互联设备产生的超海量数据将成为商业价值的无尽源泉。通过人工智能对物联网的数据挖掘，将使现有的生活、生产方式被彻底改变。最值得一提的是，在这一波新型互联网浪潮中，将诞生无数垂直和细分的领域。未来的世界将变得极具个性、互动性和趣味性。对于很多小而美的公司而言，创业的最佳时机即将到来。

5.4.2　互联网关键技术

1. TCP/IP 技术

TCP/IP 是 Internet 的核心，通过使用 TCP/IP 可以方便地连接多个网络。通常所说的某台主机在 Internet 上，就是指该主机具有一个 Internet 地址（即 IP 地址），并使用 TCP/IP 协议簇，可以向 Internet 上的其他主机发送 IP 数据报。

（1）TCP

TCP 处于通信子网和资源子网之间的传输层上，TCP 利用 IP 层提供的不可靠的、无连接的数据报，向上层（应用层）提供可靠的、面向连接的服务。

TCP 采用确认应答和超时重发机制来保证数据的可靠性。控制规则为接收端收到正确的数据后向发送端发回一个确认消息，若发送端在超过一定时间后还未收到确认回答则认为出错或丢失，并马上重发该组数据，这样就保证了端-端之间数据传送的可靠性。另外，TCP还规定了检查数据是否出错的校验、防止失序与重复的序号等措施。

（2）IP

在 Internet 中，IP 处于网络层的位置，计算机之间的通信是以"数据报"为单元进行传送的。IP 规定了数据报的格式，数据报分为报头和数据两部分。报头中包含了发送者和接收者的 IP 地址，以及如何处理和传递数据报的控制信息。如果发送节点和接收节点处于不同的网络，则不能直接通信，而需要借助中间的一个或多个 IP 网关实现从源网络到目的网络的寻址。IP 数据报是在相邻网关间通过点-点传递的，每经过一个中间网关都采用"存储-路由选择-转发"方式，由于 IP 地址已包含在 IP 数据报的报头中，因此它是网络寻址的主要依据。但是 IP 数据报在传输过程中可能出现失序、出错甚至丢失的情况，但 IP 不处理这些情况，而是由 TCP 来纠正。因此 IP 不保证传输的可靠性，它提供的是不可靠的无连接服务。

2. IP 地址

为了确保通信的双方能相互识别，在 Internet 上的每台主机都必须有一个唯一的标识，即主机的 IP 地址。IP 是根据 IP 地址实现信息传递的。

IP 地址由 32 位（4B）二进制数组成，为书写方便，通常将每字节作为一段并以十进制数来表示，每段用"."分隔。如 10.47.210.5 就是一个合法的 IP 地址。

IP 地址由网络标识和主机标识两部分组成。常用的 IP 地址有 A、B、C 三类，每类均规定了网络标识和主机标识在 32 位中所占的位数。这三类 IP 地址的格式如图 5-28 所示，它们的表示范围分别如下。

1）A 类地址：0.0.0.1～126.255.255.254

2）B 类地址：128.0.0.1～191.255.255.254

3）C 类地址：192.0.0.1～223.255.255.254

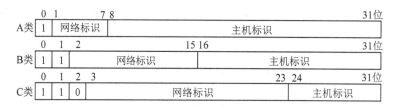

图 5-28 三类 IP 地址格式

A 类地址一般分配给具有大量主机的网络使用，B 类地址通常分配给中等规模的网络使用，C 类地址通常分配给小型局域网使用，而并不常用的 D、E 类地址则有特殊用途。为了确保唯一性，IP 地址由世界各大地区的权威机构网络信息中心（network information center，NIC）管理和分配。

3. 域名系统原理

32 位二进制数 IP 地址对计算机来说是十分有效的，但对人类来说，要记忆一组并无意义的且无任何特征的 IP 地址很困难。为此，因特网引进了字符形式的 IP 地址，即域名。域名采用层次结构基于"域"的命名方案，每一层由一个子域名组成，子域名间用"."分隔，其格式为"主机名.网络名.机构名.最高域名"。

关于域名应该注意以下几点。

1）域名只能以字母开头，以字母或数字结尾，其他位置可使用字母、数字、连字符或下划线。

2）域名中不区分字母的大、小写。

3）各子域名之间以圆点"."分隔开。

4）域名中最左边的子域名通常代表计算机所在单位名，中间各子域名代表相应层次的区域，最高域名是标准化的代码。

5）整个域名的长度不得超过 255 个字符。

通常，最高域名可以是国家名（或地区名）或领域名。国家名有 CN（中国）、JP（日本）、UK（英国）；领域名有 GOV（政府机构）、COM（商业机构）、EDU（教育机构）、AC（科研机构）等。我国的地区域名有 BJ（北京市）、SH（上海市）、TJ（天津市）、CQ（重庆市）、JS（江苏省）、ZJ（浙江省）、AH（安徽省）等。另外，由于 Internet 起源于美国，所以美国的域名没有国家名部分。

在 Internet 上，域名和 IP 地址都是唯一的。Internet 上的域名由域名系统（domain name system，DNS）统一管理。DNS 是一个分布式数据库系统，由域名空间、域名服务器和地址转换请求程序三部分组成。凡域名空间中有定义的域名都可以通过 DNS 有效地转换为对应的 IP 地址，同样地，IP 地址也可通过 DNS 转换成域名。

网络实名是继 IP 地址、域名之后出现的第三代网络访问技术。网民只需使用现实世界中企业、产品、商标等名称，即可通过浏览器、搜索引擎等多种途径快速地找到企业或产品信息，而无须使用复杂的域名、网址，也不必在搜索引擎的成千上万个结果中反复查找。例如，要访问人民网，以前需要在地址栏输入 www.people.com.cn，而现在使用网络实名，只需输入"人民网"，再按 Enter 键即可进入该网站。

4. IPv4 协议与 IPv6 协议

目前普遍采用的 IP 被称为 IPv4，即版本 4。IPv4 采用 32 位地址空间，可以提供约 43 亿个地址。随着 Internet 规模的不断扩大，现存的 IPv4 网络面临着可用的地址空间枯竭和路由表急剧膨胀两大危机，IPv6 就是为了解决这些问题而提出的，IPv6 指的是网络协议版本 6，它将逐步取代 IPv4。

IPv6 对地址分配系统进行了改进，摒弃了 IPv4 的缺点，支持 128 位的地址长度，地址空间是 IPv4 的 2^{96} 倍。同时，IPv6 还具有灵活的报头格式、支持资源分配和支持协议扩展等特点。因此，IPv6 在地址容量、安全性、网络管理、移动性及服务质量等方面有明显的改进，是下一代 Internet 可采用的比较合理的协议。

在 IPv6 中，每个地址占 16 个 8 位组，是 IPv4 地址长度的 4 倍。如此大的地址空间足以使 IPv6 适应各种地址分配策略。为了方便表示 IP 地址，IPv6 的设计者建议使用"冒分十六进制表示法"，即把每个 16 位的值用 4 位十六进制数表示，并用冒号将其分隔。

例如，686E:8064:FFF0:3F00:0:1180:927A:32，其中，0000 和 0032 简记为 0 和 32，前面的 0 省略了。为进一步简化和方便使用，冒分十六进制表示法还可以采用以下两种表示法。

1）冒分十六进制表示法允许零压缩（zero compression），即多个连续的零可以用一对冒号来代替。

例如，FF38:0:0:0:0:0:0:AA2 可以简写成 FF38::AA2，IPv6 规定，在一个 IPv6 地址中只能使用一次零压缩。

2）冒分十六进制表示法可以和点分十进制表示法的后缀联合使用。这种结合表示方法在 IPv4 向 IPv6 的过渡阶段特别实用。

例如，0:0:0:0:0:0:192.25.12.99，在这种记法中，冒号所分隔的每个值是一个 16 位的量，但每个点分十进制部分的值则自然是一个字节的值，再使用零压缩即可得出::192.25.12.99。

5.4.3 云计算与云存储

1. 云计算及其应用

（1）云计算简介

云计算（cloud computing）是一种按使用量付费的模式。这种模式提供可用的、便捷的、按需的网络访问，进入可配置的计算资源共享池（资源包括网络、服务器、存储、应用软件、服务）。这些资源能够被快速提供，而且只需投入很少的管理资源，或与服务供应商进行很少的交互。

云计算通过互联网向用户提供服务，包括运算服务、基础设施服务等。

1）运算服务。例如，希望通过海量的销售记录计算某个大型商业网站中某类商品最近几年的销售量，用户向云服务前端提交任务，由"云"返回计算结果。

2）基础设施服务。例如，用户向云服务前端申请一台服务器，明确自己对硬件和软件的需求，包括 CPU 需求，是否需要使用大内存和硬盘资源，需要使用何种操作系统等，"云"将按照用户的要求提供一台虚拟服务器供其使用，登录服务器（使用远程桌面或终端工具软件登录），就会发现服务器的配置与用户的要求一致。

当然还有许多其他的服务类型，如云储存服务、云安全等。

用户只需向"云"提出要求来获取服务，而不需要了解云内部的细节。这里的"云"实际上是一个大量硬件和软件的集合体。这些软硬件集合通过网络与"云软件"连接和组织在一起，向用户提供各种服务。前面提到的虚拟服务器、CPU 和内存来源于哪里，销售量运算究竟是哪几台机器做的，用户无须知道，而是由"云软件"组织调配"云"中的资源完成。"云软件"可以看作云资源集合的操作系统，有着操作系统的特征，包括管理软、硬件资源和任务流程，提供人机界面。

综上所述，云计算可以视作一种 IT 资源的交付和使用模式，用户通过网络，以按需、易扩展的方式获得所需的资源（包括硬件、平台和软件）。"云"中的资源在使用者看来是可以无限扩展的，并且可以随时获取、按需使用、随时扩展、按需付费。这种特性被人们形象地称为像使用水、电资源一样使用 IT 资源。计算能力也可以作为一种商品在市场上流通，就像水、电一样，取用方便，通过互联网进行传输。

云计算未来主要有两个发展方向，一是构建与应用程序紧密结合的大规模底层基础设施，使应用能够扩展到很大的规模；二是通过构建新型的云计算应用程序，在网络上提供更好的用户体验。云计算虽然是一种新型的计算模式，但是现实的需要恰恰为云计算提供了良好的发展机遇。虽然现在的云计算并不能完美地解决所有问题，但是相信在不久的将来，一定会有更多的云计算应用投入使用，云计算系统也将不断地被完善，并推动其他科学技术的发展。

（2）云计算的五大应用场景

1）电子邮箱。作为较为流行的通信服务，电子邮箱的不断演变，为人们提供了更便捷和更可靠的交流方式。传统的电子邮箱使用物理内存来存储通信数据，而云计算使电子邮箱可以使用云端的资源来检查和发送邮件，用户可以在任何地点、任何设备和任何时间读取自己的邮件，企业可以使用云计算技术让它们的邮箱服务系统变得更加稳固。

2）数据存储。云计算的出现，使本地存储变得不再必需。用户可以将所需要的文件、数据存储在互联网上的某个地方，以便随时随地读取。来自云服务商的各种在线存储服务，将会为用户提供广泛的产品选择和独有的安全保障，使其能够在免费和专属方案之间进行自由选择。

3）商务合作。共享式的商务合作模式，使企业可以不必配置需要消耗大量时间和金钱的系统设备和软件，只需接入云端的应用，便可以邀请合作伙伴展开相应业务。这种类似于即时通信的应用，一般都会为用户提供特定的工作环境，协作时长可以从几个小时到几个月不等。总之，云计算的一切都为满足用户需求而打造。

4）虚拟办公。对于云计算来说，最常见的应用场景就是让企业"租"服务而不是"买"软件来开展业务部署。除了谷歌公司的 Google Docs 这一较受欢迎的虚拟办公系统，还有很多其他的解决方案，如微软公司的 Office Live 等。虚拟办公应用的主要优点是，它不会因为"个头太大"而导致用户的设备"超载"，它将企业的关注点集中在公司业务上，通过改进的可访问性，为轻量办公提供保证。

5）业务扩展。在企业需要进行业务扩展时，云计算的独特优势便显现出来了。基于云的解决方案，可以使企业以较小的额外成本获得所需的计算能力。大部分云服务商都可以满足用户的定制化需求，企业完全可以根据现有业务容量来决定所需要投资的计算成本，而无须对未来的扩张有所顾虑。

2. 云存储

（1）云存储的概念

云存储（cloud storage）是指通过集群应用、网格技术或分布式文件系统等功能，将网络中大量的、各种不同类型的存储设备，通过应用软件集合起来协同工作，共同对外提供数据存储和业务访问功能的一个系统，可保证数据的安全性，并节约存储空间。当云计算系统运算和处理的核心任务是大量数据的存储和管理时，云计算系统中就需要配置大量的存储设备，这样一来，云计算系统就转变成为一个云存储系统。因此，云存储是一个以数据存储和管理为核心的云计算系统。

简单来说，云存储就是将存储资源放到"云"上供人存取的一种新兴方案。使用者可以在任何时间、任何地点，通过任何可联网的装置连接到云上方便地存取数据。

（2）云存储服务

1）公共云存储。公共云存储也称公有存储，如亚马逊公司的 Simple Storage Service（S3）和 Nutanix 公司可以以较低的成本来提供大量的文件存储服务。供应商可以保持每个客户的存储、应用都是独立的、私有的。国内比较突出的代表有搜狐企业网盘、百度云盘、移动彩云、金山快盘、坚果云、酷盘、115 网盘、华为网盘、360 云盘、新浪微盘、腾讯微云、cStor 云存储等。

2）私有云存储或内部云存储。私有云存储仅对某一机构提供存储服务。内部云存储和私有云存储比较相似，唯一的不同点是它仍然位于企业防火墙内部。可以提供私有云的平台有 Eucalyptus、3A Cloud、联想网盘等。

3）混合云存储。混合云存储把公共云存储和私有云存储或内部云存储结合在一起，主要用于按客户要求进行访问，特别是需要临时配置容量的时候。

5.4.4　大数据及其应用

1．大数据的概念

大数据（big data）是一个不断发展的概念，可以指任何体量或复杂性超出常规数据处理方法与处理能力的数据。数据本身可以是结构化、半结构化甚至是非结构化的。随着物联网技术与可穿戴设备的飞速发展，数据规模变得越来越大，内容越来越复杂，更新速度越来越快。大数据研究和应用已成为产业升级与新产业崛起的重要推动力量。

从狭义上讲，大数据主要是指处理海量数据的关键技术及其在各个领域中的应用，是指从各种组织形式和类型的数据中发掘有价值信息的能力。一方面，狭义的大数据反映的是数据规模大，以至于无法在一定时间内用常规的数据处理软件和方法对其内容进行有效的抓取、管理和处理；另一方面，狭义的大数据主要是指海量数据的获取、存储、管理、计算分析、挖掘与应用的全新技术体系。

从广义上讲，大数据包括大数据技术、大数据工程、大数据科学、大数据应用，以及大数据相关的领域。大数据工程是指大数据的规划、建设、运营、管理的系统工程。大数据科学主要关注在大数据网络发展和运营过程中发现、验证大数据的规律及其与自然和社会活动之间的关系。

现在的社会是一个高速发展的社会，科技发达，信息交流通畅，人们之间的联系越来越密切，生活也越来越方便，大数据就是这个高科技时代的产物。阿里巴巴的创始人马云曾提到，未来的时代将不是信息技术（information technology，IT）的时代，而是数据科技（data technology，DT）的时代。

有人把数据比喻为蕴藏能量的煤矿。煤炭按照性质可分为焦煤、无烟煤、肥煤、贫煤等，而露天煤矿、深山煤矿的挖掘成本又不一样。与此类似，大数据的价值并不在"大"，而在于"有用"。价值含量、挖掘成本比数量更为重要。对很多行业而言，如何利用好这些大规模数据是赢得竞争的关键。

2．大数据的特征

大数据有以下四个特征。

1）容量大：指数据量大。

2）种类多：指数据的类型多。

3）速度快：指获得数据的速度快。

4）价值高：指可挖掘的价值高。

3．大数据的应用

大数据广泛应用于各个行业，下面仅从电商、金融、医疗三个行业做简单介绍。

（1）电商行业

电商行业是最早利用大数据进行精准营销的行业。大数据可帮助电商根据客户的消费习惯提前购买生产资料，进行物流管理等，有利于社会大生产的精细化。

（2）金融行业

大数据在金融行业的应用比较深入。例如，现在很多股权的交易利用大数据算法进行，这些算法越来越多地考虑了社交媒体和网站新闻的因素来决定在未来几秒内是买入还是卖出。

（3）医疗行业

医疗行业早就面临着海量数据和非结构化数据的挑战，而近年来很多国家都在积极推进医疗信息化建设，因此，很多医疗机构都在推动大数据技术在医疗行业的应用。

5.4.5 物联网

继计算机技术、互联网技术和移动通信技术之后，信息产业革命的新一次浪潮被业界认为将来自物联网技术。

1. 物联网的概念

物联网（internet of things，IoT），顾名思义就是"实现物物相连的互联网络"。其内涵包含两个方面，一是物联网的核心和基础仍是互联网，是在互联网基础上延伸和扩展的一种网络；二是其用户端延伸和扩展到了物品与物品之间，能令物品与物品之间进行信息交换和通信，即物联网时代的每一件物品均可寻址、通信、控制。物联网的核心技术是通过射频识别（radio frequency identification，RFID）装置、传感器、红外感应器、全球定位系统和激光扫描器等信息传感设备，按约定的协议，把相应的物品与互联网相连，进行信息交换和通信，以实现智慧化识别、定位、跟踪、监控和管理。

物联网是新一代 IT 技术的充分运用。具体地说，就是把感应器嵌入电网、铁路、桥梁、隧道、公路、建筑、油气管道等各种物体中，然后将"物联网"与现有的互联网整合起来，实现人类社会与物理系统的整合。在这个整合的网络当中，需要功能超级强大的中心计算机群，能够对整合网络内的人员、机器、设备和基础设施实施实时的管理和控制，以更加精细和动态的方式管理生产和生活，以期达到"智慧"状态，提高资源利用率和生产力水平，改善人与物之间的关系。

2. 物联网的产生与发展

物联网概念的产生可追溯到 1995 年，比尔·盖茨在《未来之路》中首次提出物联网，但由于受限于无线网络、硬件及传感器的发展，当时并没有引起太多关注。

1999 年，美国召开的移动计算和网络国际会议提出，传感网是 21 世纪人类面临的又一个发展机遇，传感网的重要性得到了学术界的充分肯定。

2003 年，美国《技术评论》提出：传感网络技术将是未来改变人们生活的十大技术中最重要的技术。

2005 年，国际电信联盟（International Telecommunications Union，ITU）在信息社会世界峰会上发布了《互联网报告 2005：物联网》，正式提出"物联网"概念。根据 ITU 当年的描述，无所不在的物联网通信时代即将来临，在物联网时代，通过在各种各样的日常用品上嵌入一种短距离的移动收发器，人类在信息与通信世界里将达到一个更高的沟通维度，从任何时间、任何地点的人与人之间的沟通连接，扩展到人与物、物与物之间的沟通连接。

回顾物联网的过去，预测物联网的未来，物联网从诞生到成熟经历了以下四个阶段。

1）概念形成阶段（2000年前后）。

2）技术形成阶段（2010年前后）。

3）实验验证阶段（2020年前后）。

4）应用拓展阶段（2020年之后）。

3. 典型的物联网应用

（1）全球定位系统（GPS）

车辆中配备的嵌入式GPS接收器能够接收多个不同卫星的信号并计算车辆当前所在的位置，定位的误差一般是几米。GPS信号的接收受限于卫星的"视野"，因此在城市中心区域可能由于建筑物的遮挡而使该技术的使用受到限制。GPS是很多车载导航系统的核心技术。很多国家已经或计划利用车载GPS设备来记录车辆行驶的里程信息并进行相应的管理。

（2）物联网在智能交通中的应用

随着物联网技术的日益发展和完善，其在智能交通中的应用也越来越广泛、深入，在世界各地出现了很多成功应用物联网技术提高交通系统性能的实例，如电子收费（electronic toll collection，ETC）系统就是物联网在智能交通方面的典型应用。

电子收费系统能够在车辆以正常速度驶过收费站的时候自动收取相关费用，降低了收费站附近产生交通拥堵的概率。

德国电子收费系统的应用非常典型。德国高速公路启用卫星卡车收费系统，为几十万辆卡车装配了车载记录器，这种记录器能够记录卡车行驶与自动缴费情况，但需要依赖卫星才能运作。该系统在300个高架桥部署了红外线监视器，用于识别车牌号码，同时有大量带有监视器和计算装置的监控车来回巡逻。该系统投入使用后，道路上的堵塞问题得到缓解。

（3）智慧家居应用

美国、日本、韩国的智慧家居已经走出实验室，进入应用阶段。我国典型的智慧家居平台海尔U-home在应用中也体现了"物联网"概念在生活中的延伸。

U-home与杭州电信"我的e家"合作推出了"我的e家·智慧屋"产品，可以让用户切身感受物联网的无穷魅力。"我的e家·智慧屋"产品是通过物联网网桥，使用户通过手机、互联网实现与家中灯光、窗帘、报警器、电视、空调、热水器等设备的连通。通过"网桥"，可以轻松地实现人与家电之间、家电与家电之间、家电与外部网络之间、家电与售后体系之间的信息共享，其最大的优势是将物联网概念与生活实际紧密联系起来，使之成为像水、电、燃气一样的居家生活基础应用服务。

5.4.6 人工智能与智能化

1. 人工智能

（1）人工智能的概念

人工智能是研究、开发用于模拟、延伸和扩展人类智慧的理论、方法、技术及应用系统的一门新的技术科学。人工智能是计算机科学的一个分支，它试图理解智能的实质，并生产出一种新的、能以类似于人类智能的、方式做出反应的智能机器，该领域的研究包括机器人、语音识别、图像识别、自然语言处理和专家系统等。

人工智能从诞生以来，理论和技术日益成熟，应用领域也不断扩大，可以设想，未来人工智能带来的科技产品将会是人类智慧的"容器"，甚至可能超过人的智慧。

（2）人工智能的发展

1942 年，美国科幻巨匠阿西莫夫提出"机器人三定律"，后来成为学术界默认的研发原则。

1956 年，在达特茅斯会议上，科学家们探讨用机器模拟人类智能等问题，并首次提出了人工智能的术语，人工智能的名称和任务得以确定，同时出现了最早的一批研究者，并取得了最初的成就。

1959 年，德沃尔与美国发明家约瑟夫·英格伯格联手制造出第一台工业机器人。随后，成立了世界上第一家机器人制造工厂——Unimation 公司。

1965 年，兴起研究"有感觉"的机器人，约翰斯·霍普金斯大学应用物理实验室研制出机器人——Beast。Beast 能通过声呐系统、光电管等装置，根据环境校正自己的位置。

1968 年，美国斯坦福研究所公布他们研发成功的机器人——Shakey，可以算是世界第一台智能机器人。Shakey 带有视觉传感器，能根据人的指令发现并抓取积木，但控制它的计算机有一个房间那么大。

2002 年，美国 iRobot 公司推出了吸尘器机器人——Roomba，它能避开障碍，自动设计行进路线，还能在电量不足时，自动驶向充电座。Roomba 是目前世界上销量较大的智能家用机器人。

2014 年，在英国皇家学会举行的"2014 图灵测试"大会上，聊天程序"尤金·古斯特曼"（Eugene Goostman）首次通过了图灵测试，预示着人工智能进入全新的时代。

2016 年 3 月，AlphaGo 对战世界围棋冠军、职业九段选手李世石，并以 4∶1 的总比分获胜。

（3）人工智能的应用

人工智能的实际应用十分广泛，如智能家居、自动驾驶、银行、医院、互联网、物联网等。地球以外的地方也有人工智能的影子，如送至月球和火星的机器人，在太空轨道上运行的卫星。好莱坞动画片、电子游戏、卫星导航系统和谷歌的搜索引擎也都以人工智能技术为基础。金融家们预测股市波动以及各国政府用来指导制定公共医疗和交通决策的各项系统，也是基于人工智能技术的。还有虚拟现实中的虚拟替身技术，以及为"陪护"机器人建立的各种"试水"情感模型，甚至美术馆也使用人工智能技术，如网页和计算机艺术展览。当然，它还有一些应用不那么让人欢欣鼓舞，如在战场上穿梭的军事无人机。

人工智能也向人类发出了挑战——如何看待人性，以及未来在何方。有些人会担心人类是否真的有未来，因为他们预言人工智能将全面超过人的智能。虽然他们当中的某些人对这种预想充满了期待，但是大多数人还是会对此感到恐惧。他们会问，如果这样，那还有什么地方能保留人类的尊严和责任？

2．自动化、智能化与智慧化

人工智能的发展能够提高自动化水平，从而有助于提高生产力，积累大量财富。人工智能推动经济自动化和社会智能化与智慧化。

（1）自动化及其发展

自动化是指机器设备、系统或过程（生产、管理过程）在没有人或较少人的直接参与下，按照人的要求，经过自动检测、信息处理、分析判断、操纵控制，实现预期目标的过程。

1946年，美国福特公司的机械工程师哈德最先提出"自动化"一词，并用来描述发动机气缸的自动传送和加工的过程。

20世纪50年代，自动调节器的发展，使自动化进入以单变量自动调节系统为主的局部自动化阶段。

20世纪60年代，自动化进入生产过程与管理的综合自动化阶段。

20世纪70年代，自动化的对象变为大规模、复杂的工程和非工程系统，涉及许多用现代控制理论难以解决的问题。对这些问题的研究，促进了自动化的理论、方法和手段的革新，于是出现了大规模的系统控制和复杂系统的智能控制，进而出现了综合利用计算机、通信技术、系统工程和人工智能等成果的高级自动化系统，如办公自动化、专家系统、决策支持系统等。

自动化的概念一直处于动态发展过程中。过去，人们对自动化的理解或者说自动化的功能目标是以机械的动作代替人力操作，自动地完成特定的作业。这实质上是自动化代替人的体力劳动的观点。后来随着电子和信息技术的发展，特别是随着计算机的出现和广泛应用，自动化的概念已扩展为用机器（包括计算机）不仅代替人的体力劳动，还代替或辅助脑力劳动，以自动地完成特定的作业。

（2）自动化的应用领域

自动化广泛用于工业、农业、军事、科学研究、交通运输、商业、医疗等领域。采用自动化技术不仅可以把人从繁重的体力劳动、部分脑力劳动以及恶劣环境下、危险的工作中解放出来，而且能扩展人的器官功能，极大地提高劳动生产率，增强人类认识世界和改造世界的能力。因此，自动化是工业、农业、国防和科学技术现代化的重要条件和显著标志。

现代生产和科学技术的发展，对自动化技术提出了越来越高的要求，同时也为自动化技术的革新提供了必要条件。20世纪70年代以后，自动化开始向复杂的系统控制和高级的智能控制方向发展，并广泛地应用到国防、科学研究和经济等各个领域，实现了更大规模的自动化，如大型企业的综合自动化系统、全国铁路自动调度系统、国家电网自动调度系统、城市交通控制系统、自动化指挥系统等。

自动化的应用正从工程领域向非工程领域扩展，如医疗自动化、经济管理自动化等。自动化将在更大程度上模仿人的智能，机器人已在工业生产、海洋开发和宇宙探测等领域得到应用，专家系统在医疗诊断、地质勘探等方面取得了显著效果。工厂自动化、办公自动化、家庭自动化和农业自动化将成为新技术革命的重要内容，并将得到迅速发展。

（3）智能化与智慧化

简单地说，智能化比自动化更高级一点，智能化是加入了像人的智慧一样的程序，一般能根据多种不同的情况做出不同的反应，而自动化相对要简单得多，一般是根据出现的几种情况做同样的反应，多用于重复性的工作中。

智能是有一定的"自我"判断能力，自动化只是能够按照已经制定的程序工作，没有自我判断能力。自动化常用于处理结构化数据，智能化往往用于处理半结构化数据，人可以处理非结构化数据。

智能化是指由现代通信与信息技术、计算机网络技术、行业技术、智能控制技术汇集而成的针对某一个方面的应用。从感觉到记忆再到思维，这一过程称为"智慧"，智慧的结果产生了行为和语言，将行为和语言的表达过程称为"能力"，两者合称"智能"。智能一般具有如下特点。

1）具有感知能力，即具有能够感知外部世界、获取外部信息的能力，这是产生智能活动的前提条件和必要条件。

2）具有记忆和思维能力，即能够存储感知到的外部信息及由思维产生的知识，同时能够利用已有的知识对信息进行分析、计算、比较、判断、联想、决策。

3）具有学习能力和自适应能力，即通过与环境的相互作用，不断学习积累知识，使自己能够适应环境变化。

4）具有行为决策能力，即对外界的刺激做出反应，形成决策并传递相应的信息。

具有上述特点的系统被称为智能系统或智能化系统。

智慧化是升级版的智能化，是人机环境系统之间的交互角色最优化，取长补短、优势互补。除了必要的计算机知识、数学算法外，还应把哲学、心理学、生理学、语言学、人类学、神经科学、社会学、地理学等学科的知识融合进来，只有这样，才能实现真正的"智慧化"。

（4）人工智能推动社会发展

从短期来看，人工智能推动经济自动化和社会智能化。人工智能在智能交通、智能家居、智能社区等方面有突出表现。新型柔性机器人能够做饭、洗碗，还可以铺床、洗衣服、遛狗。人工智能还能帮助人们挑选穿搭、推荐晚餐吃什么。未来的城市交通也会因人工智能而得到改善。

从长期来看，人工智能将驱动经济向服务化、高端化方向转型，驱动社会向灵活化、智慧化方向转型。未来的新闻可以是情境化的，通过个性化推荐、智能计算、情景感知等降低情境化的成本；未来的广告可以是精准广告，根据消费者的上下文情境，判断消费意向，进行广告的精准投放；未来的个人健康状况数据可以通过可穿戴设备记录，借助大数据分析，实现 24 小时医护和诊疗的个人定制化服务。2016 年，日本东京大学用国际商业机器（IBM）公司的沃森人工智能技术，仅花了 10 分钟，便诊断出一名 60 多岁女性患有一种罕见的白血病，并提供了低成本的个性化诊疗方案。

对人工智能的安全问题，人类历来有"弗兰肯斯坦"情结。英国小说家玛丽·雪莱的小说《弗兰肯斯坦》讲述了一位理工科学生创造了一个科学生物，这个生物最终变成了杀人狂。人工智能会不会在超越人类智力后，与人类作对呢？《人工智能》一书的作者多梅尔认为，不在于人类是否能设计出比自身好的东西，而在于政策是什么，以及人们决定要用技术去做什么。2016 年 9 月，英国标准化协会发布了《机器人和机器系统的伦理设计和应用指南》，希望以机器人伦理指南为突破口，规避这类风险。目前各国政府、企业也越来越重视这一问题。

如何监管人工智能发展带来的负面问题是国际社会普遍关心的话题。美国前总统奥巴马认为，在人工智能的早期发展阶段，监管框架应当百花齐放，政府要尽量少地干预，要将更多的投资用于科研，确保基础研究和应用研究之间的转化。随着技术的开发和成熟，如何将其纳入现有监管框架中，这是更加重要的问题，需要各国政府更多地参与探索。

思考题

1. 什么是计算机网络？计算机网络的基本功能是什么？
2. 常用的拓扑结构有哪几种？各有什么特点？
3. 什么是数据通信？数据通信方式有哪几种？
4. 计算机网络由哪几部分组成？其中硬件部分包括哪些内容？
5. 计算机网络协议的作用是什么？列举出你所知道的网络协议名称。
6. 画图说明 OSI/RM，简述各层的主要功能。
7. IP 地址指的是什么？它和域名的关系是什么？请写出一到两例 IP 地址或域名。
8. 简述 IPv4 与 IPv6 的区别。
9. 什么是云计算？什么是云存储？它们之间有什么关系？
10. 什么是大数据？大数据有什么特征？
11. 人工智能是什么？有哪些应用？
12. 什么是自动化、智能化和智慧化？

第6章 软 件 技 术

计算机软件技术是计算机技术的一个重要组成部分，是计算机技术中最活跃的领域之一，是衡量计算机技术发展阶段的重要标志。随着计算机应用的普及，掌握一定的计算机软、硬件基础知识，已经成为现代社会人才的必要条件。在掌握计算机硬件知识的基础上，学习一定的软件技术基础知识，理解计算机软件中的一些基本原理、方法和思想，有助于提高自身的软件素质，增强对软件的理解，掌握利用计算机软件解决实际问题的方法，并奠定一定的软件设计基础。

本章主要内容如下：
1）软件工程基础。
2）程序设计基础。
3）算法与数据结构。

6.1 软件工程基础

软件开发是一个复杂的过程，开发的周期长、成本高，且参与人员多，用户期望值高。如何以较低的成本开发出高质量的、用户满意的软件，如何提高软件开发的效率和自动化程度，如何增强软件的可维护性，如何对软件工程进行管理等，都是软件工程学研究的问题。

软件工程（software engineering，SE）是将软件开发作为工程项目进行全面管理，采用工程学的原理、技术和方法指导计算机软件开发和维护的一门工程学科。

6.1.1 软件工程概述

1. 软件的定义与特点

软件不等同于程序。软件的定义为，与计算机系统的操作有关的计算机程序、规程、规则以及可能含有的文件、文档及数据。从上述定义可见，软件由两部分组成，包括可以执行的程序和数据；不可执行的，与软件开发、运行、维护、使用等有关的文档。因此，软件也可以简单地定义为"软件=程序+文档"。

软件在开发、生产、维护和使用等方面与计算机硬件相比存在明显的差异。软件具有如下特点。
1）软件是逻辑实体，而不是物理实体，具有抽象性。
2）软件的生产与硬件不同，它没有明显的制造过程。
3）软件在运行、使用期间不存在磨损、老化问题。
4）软件的开发、运行对计算机系统具有依赖性。

5）软件的复杂度高，开发和设计成本高。

6）软件开发涉及诸多社会因素。

2. 软件危机与软件工程

20 世纪 60 年代，由于计算机硬件技术的进步，计算机运行速度、容量和可靠性有了显著的提高，生产成本有了显著的下降，这为计算机的广泛应用创造了条件。一些复杂的、大型的软件开发项目被提出来。但是，软件开发技术一直未能满足发展的要求，人们找不到软件开发过程中遇到问题的解决办法。因此，问题逐渐累积起来，形成了尖锐的矛盾，导致了软件危机。

软件危机具体表现在以下几个方面：软件开发的经费预算经常超出，完成时间一再拖延；开发的软件不能满足用户的需求；软件产品难以维护；软件产品的质量无法保证等。造成上述软件危机的原因概括起来有以下几方面：软件的规模越来越大，结构越来越复杂；软件开发的管理困难；软件开发技术落后；生产方式落后；开发工具落后，生产率提高缓慢等。

为了解决软件危机，人们试图采用工程学、科学和数学的方法解决软件开发和维护过程中的一系列问题，从而形成了一门新兴的计算机学科——软件工程学。

电气与电子工程师协会（IEEE）对软件工程的定义为：软件工程是将系统化的、规范化的、可度量的方法应用于软件的开发、运行和维护过程，即将工程化方法应用于软件中。

软件工程包括方法、工具和过程三要素。方法是完成软件工程项目的技术手段；工具用于支持软件开发、管理及文档生成；过程是对软件开发各个环节的控制和管理。

软件工程的核心思想是把软件产品作为一个工程产品对待，就像其他工业产品一样。人们把需求计划、工程审核、质量监督等工程化概念引入软件开发过程，以便对软件的开发过程进行规范化管理。同时，针对软件的特点，人们提出许多有别于一般工业工程技术的方法，如结构化方法、面向对象方法及软件开发过程等。

3. 软件生命周期

软件工程的过程是一个软件开发机构针对某类软件产品所规定的工作步骤。软件工程过程通常包括以下四种基本活动。

1）P（plan）：软件规格说明，规定软件的功能及其运行时的限制。

2）D（do）：软件开发，生产满足规格说明的软件。

3）C（check）：软件确认，确认软件能够满足客户提出的要求。

4）A（action）：软件演进，为满足客户变更要求，软件必须在使用过程中不断演进。

通常，将软件产品从提出、实现、使用、维护到停止使用的全过程称为软件生命周期。软件生命周期可以分为软件定义、软件开发及软件运行维护三个时期，每个时期又可进一步划分成若干个阶段，如图 6-1 所示。

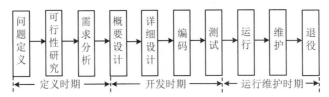

图 6-1　软件生命周期

软件生命周期的主要活动阶段介绍如下。

1）问题定义。确定系统"要解决什么问题"，明确任务。

2）可行性研究。可行性研究不是具体解决问题，而是研究问题的范围，从经济、技术和法律等方面探索这个问题是否值得去解决，是否有可行的解决办法。在对软件系统进行调研和可行性论证的基础上制订初步的项目开发计划。

3）需求分析。开发人员根据用户对软件系统在功能、行为、性能、设计约束等方面提出的需求进行分析并给出详细定义。编写软件需求规格说明书及初步的用户手册，并提交评审。

4）软件设计。系统设计人员和程序设计人员应该在反复理解用户需求的基础上，给出软件的结构、模块的划分、功能的分配及处理流程等方案。在系统比较复杂的情况下，设计阶段可分解成概要设计阶段和详细设计阶段。编写概要设计说明书、详细设计说明书和测试计划初稿，并提交评审。

5）编码。把软件设计转换成计算机可以接受的程序代码，即完成源程序的编码。编写用户手册、操作手册等面向用户的文档，编写单元测试计划。

6）测试。在设计测试用例的基础上，先测试软件的每个模块，然后集成测试，最后在用户的参与下进行验收测试和系统测试，编写测试分析报告。

7）运行和维护。将软件交付用户运行使用，并在运行使用过程中不断地维护和更新，根据用户在使用过程中提出的需求，进行必要而且可能的扩充和删改。

在划分软件生存周期各阶段时应注意使各阶段的任务彼此间尽可能地相对独立，同一阶段的任务性质尽可能相同，从而降低每个阶段任务的复杂程度，简化不同阶段之间的联系，以利于软件开发工程的组织管理。

4. 软件工程的目标和主要内容

（1）软件工程的目标

软件工程的目标是在给定成本与进度计划的前提下，开发出满足用户需求的，且有效性、可靠性、可理解性、可维护性、可重用性、可适应性、可移植性、可追踪性和可互操作性较好的软件产品。

软件工程需要达到的基本目标是，付出较低的开发成本，达到要求的软件功能，取得较好的软件性能，开发的软件可移植性好，需要的维护费用较低，能按时完成开发，及时交付使用。

（2）软件工程的主要内容

基于软件工程的目标，软件工程的主要内容包括软件开发技术和软件工程管理。

1）软件开发技术包含软件开发方法学、开发过程、开发工具和软件工程环境。软件开发技术的主体内容是软件开发方法学，即根据不同的软件类型，按照不同的原则，对软件开发中的策略、步骤，以及需要产生的文档做出必要规定，从而使软件的开发进入规范化、工程化的阶段。

2）软件工程管理包含软件管理学、软件工程经济学、软件心理学等内容。

5. 软件开发工具与软件开发环境

（1）软件开发工具

软件开发工具是为支持软件人员开发和维护活动而使用的软件。软件开发工具的发展和完善促进了软件开发方法的进步和完善，使开发人员能高速度和高质量地开发软件。软件开发工具的发展是从单项工具的开发逐步向集成工具的开发，软件开发工具为软件开发方法提供了自动的或半自动的软件支撑环境。同时，软件开发方法的有效应用也必须得到软件工具的支持，否则将难以有效地实施。

（2）软件开发环境

软件开发环境（或称软件工程环境）是全面支持软件开发全过程的软件工具集合。它们按照一定的方法或模式组合在一起，支持软件生命周期内的各个阶段和各项任务的完成。

计算机辅助软件工程（computer aided software engineering，CASE）是当前软件开发环境中富有特色的研究领域和发展方向。CASE 将各种软件工具、开发机器和一个存放开发过程信息的中心数据库组合起来，形成软件工程环境。CASE 能最大限度地降低软件开发的技术难度，并使软件开发的质量得到保证。

6.1.2　结构化开发方法

软件开发方法是软件开发过程中所遵循的方法和步骤，研究和使用软件开发方法的目的在于有效地得到满足质量要求的软件产品。软件开发方法包括分析方法、设计方法和编程方法。

目前较常见的软件开发方法主要包括结构化方法和面向对象方法。

结构化方法是一种成熟的软件开发方法，由结构化分析、结构化设计和结构化编程三部分构成。用结构化方法开发软件的过程是从系统需求分析开始，运用结构化分析方法建立环境模型（即用户要解决的问题是什么，以及要达到的目标、功能和环境），完成后再采用结构化设计方法进行系统设计，确定系统的功能模型，最后进入软件开发的实现阶段，运用结构化编程方法确定用户的实现模型，完成目标系统的编码和调试工作。

1. 结构化分析

（1）需求分析

软件需求是指用户对目标软件系统在功能、性能、设计约束等方面的要求。需求分析是系统开发初期的一项重要工作，完成包括发现需求、提炼需求和定义需求在内的主要任务。

需求分析阶段的工作包括以下四个主要步骤。

1）需求获取。需求获取的任务是明确用户对目标系统各方面的需求。需求获取是在与用户的交流过程中认真理解用户的要求，不断收集、积累用户的各种需求信息，帮助用户理清模糊的需求，排除不合理的需求，最终全面地、清晰地提炼出系统的功能性与非功能性需求。

2）需求分析。需求分析是对获取的需求进行分析和综合，提出目标系统的逻辑模型。

3）编写需求规格说明书。需求分析阶段的成果是需求规格说明书，在需求规格说明书中应明确定义系统的各项需求，并给出系统的逻辑模型。

4）需求评审。在需求分析的最后一步，对需求获取、需求分析等进行全面审查，力图发现需求分析中的错误和缺陷，最终确认系统需求规格说明书。

（2）结构化分析方法

结构化分析方法是 20 世纪 70 年代中期由爱德华•尤顿（E. Yourdon）等倡导的一种面

向数据流、自顶向下、逐步求精进行需求分析的方法。该方法使用简单易读的符号，根据分解与抽象的原则，按照系统中数据处理的流程，用数据流图建立系统的功能模型，从而完成需求分析。结构化分析的具体步骤如下。

1）通过对用户的调查，以软件的需求为线索，了解当前系统的工作流程，获得当前系统的具体业务模型。

2）去掉具体业务模型中的非本质因素，抽象出当前系统的逻辑模型。

3）根据计算机的特点分析当前系统与目标系统的差别，建立目标系统的逻辑模型，并用数据流图、数据字典等工具将目标系统的逻辑模型描述出来。

4）完善目标系统并补充细节，写出目标系统的软件需求规格说明书。

5）对软件需求规格说明书的内容进行评审，直到确定完全满足用户对软件的需求为止。

（3）结构化分析工具

结构化分析使用的工具主要有数据流图、数据字典、判定表和判定树。

1）数据流图（data flow diagram，DFD）是需求分析阶段使用的一种主要工具，它以图形的方式表示数据处理系统中信息的变换和传递过程。数据流图主要包括以下四种图形元素。

〇：加工（转换）。输入的数据经过加工变换后产生输出。

→：数据流。表示沿箭头方向流动的数据，一般标有数据流名。

▬：表示处理过程中存放各种数据的文件。

▢：外部实体。表示数据源及数据终点，是系统外实体，是系统和外部环境的接口。

数据流图是一种分层次的图形模型，在需求阶段，对系统进行了解和分析后，一般使用数据流图为系统建立逻辑模型。图 6-2 所示为网上商店的数据流图。

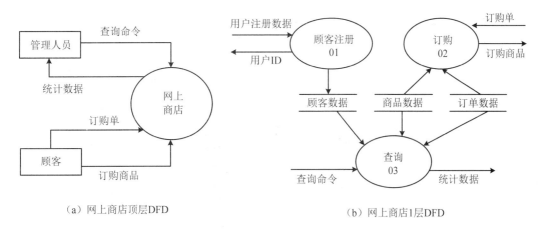

（a）网上商店顶层DFD　　　　　　　　　（b）网上商店1层DFD

图 6-2　网上商店的数据流图

2）数据字典（data dictionary，DD）可与数据流图配合使用，它能对数据流图中出现的所有数据元素给出逻辑定义。数据字典可使数据流图上的数据流、数据加工和文件得到确切的解释。例如，网上商店的数据流图中，存储文件"顾客数据"的数据字典定义如下：

顾客数据=顾客 ID+顾客姓名+注册日期+性质

顾客 ID=m { } n

注册日期=年+月+日

性质 = "1" … "3"

在数据字典中，常用定义方式描述数据结构。在上述"顾客数据"的数据字典定义中，"="符号表示"由什么构成"，"$m\{$ $\}n$"符号表示"重复"，即括号中的项重复若干次，m、n分别表示重复次数的上限和下限。例如，"顾客 ID=6{字母}12"。

3）判定树和判定表。在表达一个加工逻辑时，判定树、判定表都是很好的描述工具，特别是对于约束条件复杂，有各种组合条件的判定情况而言，使用判定树和判定表可以使问题的描述更为清晰。

（4）软件需求规格说明书

软件需求规格说明书是需求分析阶段的最后成果，是软件开发中的重要文档之一。软件需求规格说明书通过建立目标系统完整的数据描述、功能和行为描述、性能需求及设计约束的说明，给出目标软件的各种需求。

软件需求规格说明书的作用是使用户和软件开发者双方对该软件的初始规定有一个共同的理解，便于用户、开发人员进行交流，是软件开发工作的基础和依据，并可作为确认测试和验收的依据。

2. 结构化设计

（1）结构化软件设计基础

软件设计是软件工程的重要阶段，是把软件需求转换为软件表示的过程。

结构化设计方法采用自顶向下的模块化设计方法，按照模块独立性原则和软件设计策略，将需求分析得到的数据流图转换为软件的体系结构，用软件结构图来建立系统的物理模型，并设计每个模块的算法流程。

从技术角度来看，软件设计包括软件结构设计、数据设计、接口设计和过程设计。

从工程管理角度来看，软件设计包括概要设计和详细设计。概要设计将软件需求转化为软件体系结构，确定系统级接口、全局数据结构或数据库模式，并详细设计确立每个模块的实现算法和局部数据结构，用适当的方法表示算法和数据结构的细节。

在软件设计过程中，应遵循以下几个基本原则。

1）抽象。抽象就是抽取事物最基本的特性和行为，忽略其他细节。软件设计中采用分层次抽象、自顶向下、逐层细化的办法，简化软件开发过程的复杂性。

2）模块化。模块化是指在解决一个复杂问题时自顶向下逐层地把软件系统分成若干个小的、相对独立但又相互关联的模块。模块是软件中相对独立的成分，每个模块完成一个特定的子功能，各个模块可以组装起来形成一个整体，从而实现整个系统的功能。模块化可以降低问题的复杂度，减少开发工作量，提高软件开发效率。

3）信息隐蔽。信息隐蔽是指一个模块内包含的信息对于不需要这些信息的其他模块来说是不能访问的。

4）模块独立性。模块独立性是指每个模块只完成系统要求的独立子功能，并且与其他模块的联系最少且接口简单。模块的独立程度是评价系统设计优劣的重要标准。衡量模块独立性可以引入两个定性的度量标准，即内聚性和耦合性。

① 内聚性是一个模块内部各个元素间彼此结合紧密程度的度量。若一个模块的内聚性越强，则其模块独立性越强。

② 耦合性是模块间互相连接紧密程度的度量。它取决于各个模块之间接口的复杂度、调用方式等。一个模块与其他模块的耦合性越弱，则表明其模块独立性越强。

耦合与内聚是相互关联的。在程序结构中，各模块的内聚性越强，则耦合性越弱。一般来说，优秀的软件设计应尽量做到高内聚、低耦合，以提高模块的独立程度。

（2）概要设计

概要设计的基本任务如下。

1）设计软件系统结构。采用某种设计方法，将一个复杂的系统按功能划分成若干个模块，确定其模块的功能、模块之间的调用关系、模块之间的接口，评价模块结构的质量。

2）数据结构及数据库设计。

3）编写概要设计文档。需要编写的文档主要有概要设计说明书、数据库设计说明书、集成测试计划等。

4）概要设计文档评审。

常用的软件结构设计工具是结构图（structured chart，SC），也称程序结构图。结构图是描述软件结构的图形工具，可用来描述软件的模块结构、模块之间的依赖或调用关系、模块之间传递的参数信息等。

结构图的基本符号有如下三种。

☐：一般模块，用矩形表示，矩形内注明模块的功能和名称。

○——▶：数据信息，用带空心圆的箭头表示模块调用过程中传递的数据信息。

●——▶：控制信息，用带实心圆的箭头表示模块调用过程中传递的控制信息。

与图 6-2 所示的网上商店的数据流图相对应的结构图如图 6-3 所示。

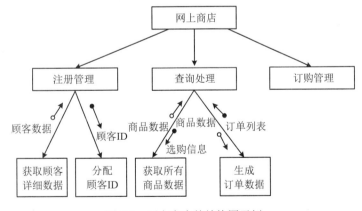

图 6-3　网上商店的结构图示例

（3）详细设计

详细设计为结构图中每一个模块确定实现算法和局部数据结构，用某种选定的表达工具表示算法和数据结构的细节。在详细设计阶段，要对每个模块规定的功能及算法的设计，给出适当的算法描述，确定模块内部的详细执行过程。详细设计的目的是确定应该如何具体实现所要求的系统，不同于编码或编程。

常见的详细设计工具有图形工具、表格工具和语言工具共三类。

1）图形工具：程序流程图、N-S 图、PAD、HIPO。

2）表格工具：判定表。

3）语言工具：PDL（伪代码）。

3. 结构化编程

结构化编程就是根据结构化程序设计原理，选择一种适当的程序设计语言，将每个模块的功能用程序代码表示出来，最终得到可交付用户使用的软件产品。

结构化编程方法的基本要点如下。

1）采用自顶向下逐步求精的程序设计方法。

2）使用顺序、选择和循环三种基本控制结构构造程序。

3）子程序尽可能只设置一个入口和一个出口。

4）程序风格应尽量明确、清晰，适当增加注释，书写格式体现层次结构，变量名的选用应尽量具有逻辑意义，且易读易懂。

5）在编写程序的同时完成有关的文档编撰，以加快软件的开发进度。

结构化编程方法的指导思想是自顶向下且逐步求精，它的基本原则是功能的分解与抽象。自顶向下是指从顶层的主模块开始，向下一层层地确定和编写所需要的模块；而逐步求精则是先考虑总体和全局，后考虑细节，先对每个模块的功能进行一般性描述，然后逐步将其精确化为程序。

结构化编程方法是软件工程最初使用的开发方法，特别适合应用于数据处理领域。结构化编程方法不适用于大规模的项目及特别复杂的项目，该方法难以解决软件重用问题，后续开展的维护工作十分烦琐也难以适应新的需求变化。

6.1.3 面向对象开发方法

面向对象开发方法的基本出发点是尽可能地按照人类认识世界的方法和思维方式来分析和解决问题。客观世界是由许多具体的事物、事件、概念和规则组成的，这些均可视作对象，而每个对象都有特定的属性和行为。面向对象方法以对象作为最基本的元素和分析问题、解决问题的核心。

用面向对象方法开发软件的过程如下。第一步，分析用户需求，从实际问题中抽取对象模型。第二步，将模型细化，设计对象类，包括类的属性和类之间的相互关系，同时考虑是否有可以直接引用的已有的类或部件。第三步，选定一种面向对象的编程语言，再编码实现类的设计。第四步，进行测试，实现整个软件系统的设计。

在面向对象开发方法中，对象和类是最重要的概念。

对象是面向对象开发方法中最基本的概念。它是系统中用来描述客观事物的一个实体，是构成系统的一个基本单位。对象可以用来表示客观世界中的任何实体，应用领域内与所要解决的问题有关联的任何事物都可以作为对象。对象既可以是物理实体的抽象，也可以是人们定义的概念，以及任何有明确边界和意义的事物。例如，一个人、一本书、读者的一次借阅、学生的一次选课、一个窗口等，都可以作为一个对象。总之，对象是对问题域中某个实体的抽象，创建一个对象就反映出软件系统保存了相关信息并具有与之进行交互的能力。

面向对象开发方法学中的对象是由描述对象属性的数据以及可以施加于这些数据之上

的所有操作封装起来的一个整体。属性是对象的静态特征，只能通过执行对象的操作来改变。对象的操作也称方法或服务，表示对象的动态行为。对象之间通过消息进行通信。

类是指具有相同属性和相同行为的对象集合。类是对象的抽象，而一个对象则是它所对应类的一个实例。

例如，一个面向对象的图形程序在屏幕左下角显示一个半径为 3cm 的红色圆，在屏幕中部显示一个半径为 4cm 的绿色圆，在屏幕右上角显示一个半径为 1cm 的黄色圆。这是三个圆心位置、半径大小和颜色均不相同的圆，是三个不同的对象。但是，它们都有相同的属性（圆心坐标、半径、颜色）和相同的行为（显示自己、放大/缩小半径、在屏幕上移动位置等）。因此，它们是同一类事物——圆。

面向对象开发方法包括面向对象分析、面向对象设计和面向对象编程三个部分。

（1）面向对象分析

面向对象分析是抽取和整理用户需求并建立问题域精确模型的过程。在这个阶段，通过进行需求分析，识别出问题域内的类与对象，并分析它们相互之间的关系，最终建立问题域的简洁、精确、可理解的三种模型，即对象模型、动态模型和功能模型。

（2）面向对象设计

面向对象设计是把分析阶段生成的对象模型转换成面向对象的类的描述，包括类的属性详细描述、类的行为操作和类间相互关系的准确表达等。面向对象设计分为系统设计和对象设计。系统设计确定实现系统的策略和目标系统的高层结构；对象设计确定解空间中的类、关联、接口形式及实现服务的算法。

（3）面向对象编程

面向对象编程是选择一种合适的面向对象编程语言，如 C++、Java 等，把面向对象设计结果翻译成用某种程序语言书写的面向对象程序，然后对其进行测试，最终实现可运行的应用软件系统。

6.1.4　软件测试与维护

1. 软件测试

（1）软件测试的目的

关于软件测试的目的，梅耶（Grenford J. Myers）在《软件测试的艺术》（*The Art of Software Testing*）一书中给出了如下深刻的阐述。

1）软件测试是为了发现错误而执行程序的过程。

2）一个好的测试用例很可能找到迄今为止尚未发现的错误。

3）一个成功的测试可以发现至今尚未发现的错误。

Myers 的观点告诉人们，测试要以查找错误为中心，而不是为了演示软件的功能。

（2）软件测试的方法

软件测试方法研究如何以最少的测试用例集来测试出程序中最多的潜在错误。软件测试方法可按其测试过程是否在实际应用环境中（即是否需要实际执行被测试软件）而分为静态测试与动态测试两种。

1）静态测试。静态测试并不实际运行软件，主要是通过人工进行。静态测试包括代码检查、静态结构分析、代码质量度量等。静态测试可手动进行，也可借助软件工具自动进行。

2）动态测试。动态测试是基于计算机的测试，是为了发现错误而执行程序的过程，即根据软件开发各阶段的规格说明和程序内部结构而精心设计的一批测试用例，并利用这些测试用例运行程序，以发现程序错误的过程。

动态测试又分为白盒测试和黑盒测试。

① 白盒测试也称结构测试或逻辑驱动测试。它根据软件产品的内部工作过程，检查内部成分，以确认每种内部操作是否符合设计规格要求。它把测试对象看作一个打开的盒子，允许测试人员利用程序内部的逻辑结构及有关信息来设计或选择测试用例，对程序所有的逻辑路径进行测试，通过在不同点检查程序的状态来了解实际的运行状态，是否与预期的结果一致。因此，白盒测试是在程序内部进行的，主要用于完成软件内部操作的验证。

② 黑盒测试也称功能测试或数据驱动测试。它对软件已经实现的功能是否满足需求进行测试和验证。黑盒测试完全不考虑程序内部的逻辑结构和内部特性，只依据程序的需求和功能规格说明，检查程序的功能是否符合它的需求和功能规格说明。因此，黑盒测试在软件接口处进行功能验证。黑盒测试只检查程序功能是否能够按照需求规格说明书的规定正常使用，程序是否能适当地接收输入数据而产生正确的输出信息，并且保持外部信息（如数据库或文件）的完整性。

（3）软件测试的步骤

软件测试过程一般按四个步骤进行，即单元测试、集成测试、验收测试（确认测试）和系统测试。通过这些步骤的实施来验证软件是否合格，能否交付用户使用。

1）单元测试。单元测试是对软件设计的各模块进行正确性检验的测试。单元测试的目的是发现各模块内部可能存在的各种错误，保证每个模块都能作为一个单元正确运行。

2）集成测试。集成测试是测试和组装软件的过程。它在把模块按照设计要求组装起来的同时进行测试，主要目的是发现与接口有关的错误。

3）确认测试。确认测试的任务是验证软件的功能和性能是否满足需求规格说明书中确定的各种需求，以及软件配置是否完全正确。

4）系统测试。系统测试是将通过确认测试的软件作为基于整个计算机系统的一个元素，与计算机硬件、外部设备、支持软件、数据和人员等其他系统元素组合在一起，在实际运行环境下对计算机系统进行一系列的集成测试和确认测试。

2. 软件维护

软件维护是指在软件产品安装、运行并交付用户使用后，在新版本产品升级之前的这段时间里，由软件厂商向用户提供的服务工作。

软件维护是软件交付之后的一项重要的日常工作，软件项目或产品的质量越高，其维护的工作量就越小。随着软件开发技术、软件管理技术和软件支持工具的发展，软件维护中的许多观念发生了变化，维护的工作量也逐步减少。

传统软件维护工作根据起因分为纠错性维护、适应性维护、完善性维护和预防性维护。

（1）纠错性维护

产品或项目中存在缺陷或错误，在测试和验收时未发现，而在使用过程中逐渐暴露出来，维护人员将其改正，这类维护称为纠错性维护。

（2）适应性维护

适应性维护是为了使产品或项目适应变化的硬件、软件系统的运行环境，而修改软件的工作。

（3）完善性维护

完善性维护是为了给软件系统增加一些新功能，使产品或项目的功能更加完善与合理而进行的维护工作，这类维护占维护工作的大部分。

（4）预防性维护

预防性维护是为了提高产品或项目的可靠性和可维护性，有利于系统进一步改造或升级换代而进行的维护工作。

6.1.5 软件开发过程模型

软件开发过程模型反映的是从软件需求定义到软件交付使用后报废为止，在整个生命周期中的系统定义、开发、运行、维护所实施的全部策略。常用的软件开发过程模型主要有瀑布模型、原型模型、螺旋模型、增量模型和喷泉模型等。下面主要介绍瀑布模型和原型模型。

（1）瀑布模型

瀑布模型遵循软件生命周期的划分次序，各个阶段的工作按顺序展开，如同瀑布一般，如图 6-4 所示。瀑布模型将软件生命周期划分为问题定义、可行性研究、需求分析、系统设计、编码、测试、运行与维护等若干阶段。前一阶段的工作完成后，后一阶段的工作才能开始，前一阶段产生的文档是后一阶段工作的依据。瀑布模型适合在软件需求比较明确、开发技术比较成熟的场景下使用。

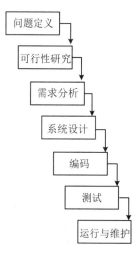

图 6-4 瀑布模型

（2）原型模型

按瀑布模型开发软件，只有当系统分析员做出准确的需求分析时，才能够得到预期的结果。但由于系统分析员和用户在专业上的差异，在计划时期定义的用户需求常常出现不完全和不准确的情况，原型模型正是为解决上述问题而提出的。其创建过程如下，首先建立一个能反映用户主要需求的原型，使用户通过使用这个原型提出对原型的修改意见；然后根据用户意见对原型进行改进，如此反复多次；最后建立符合用户需求的新系统，如图 6-5 所示。这种原型相当于工业产品的样机。它的特点是开发快速，而且用户与分析员之间的交互从抽象变为具体，避免了许多由于理解的不同而造成的需求分析错误。

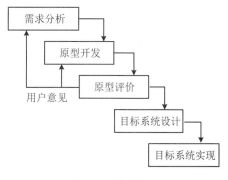

图 6-5 原型模型

随着面向对象技术的逐步成熟，人们还提出了面向对象的软件生命周期模型。需要指出的是，在实际的软件开发过程中，必须针对具体情况，采用适当的软件开发过程模型，有时需要将不同的开发过程模型结合起来使用。例如，采用瀑布模型时，部分子系统可以选择采用原型模型；而在采用面向对象开发模型时，也可以与传统的开发模型结合在一起使用。

6.2   程序设计基础

软件能够针对人们的各种需求提供灵活的解决方案。当人们使用计算机完成某项任务时，有时可以利用已有的软件完成，有时则需要根据特定需求自己编写程序完成。

因此，人们不仅要学会使用现有的软件，也应该掌握计算机程序设计的基础知识。本节介绍程序设计的基本概念、基本思想和方法。

6.2.1   程序和程序设计语言

1. 程序

程序是为了让计算机解决某一问题而编写的一系列指令的集合。例如，若计算圆的面积，则可用 C 语言编写如下程序代码：

```
#include<stdio.h>
void main()
{
 float r,s;
 scanf("%f",&r);
 s=3.14*r*r;
 printf("s=%f\n",s);
}
```

程序设计就是编写程序的过程。

2. 程序设计语言的发展

程序设计语言是用于描述计算机所执行的操作语言。从第一台计算机问世以来，计算机硬件技术得到飞速发展，与此相适应，作为软件开发工具的程序设计语言经历了机器语言、汇编语言、高级语言、第 4 代语言（the 4th generation language，4GL）共四个阶段的发展变化。

（1）机器语言

机器语言是采用计算机指令格式并以二进制编码表达各种操作的语言。计算机能够直接理解和执行机器语言程序。

例如，计算 A=5+11 的机器语言程序如下：

```
10110000    00000101    //把 5 放入累加器 A 中
00101100    00001011    //11 与累加器 A 中的值相加，结果仍放入 A 中
11110100                //结束，停机
```

机器语言的特点是能够被计算机直接识别，执行速度快，占用存储空间小，但难读、难记，编程难度大，调试修改十分烦琐，而且不同型号的计算机具有不同的机器指令系统。

（2）汇编语言

汇编语言是一种符号语言，它用助记符来表达指令功能。汇编语言比机器语言更容易理解，而且书写和检查也方便得多。但汇编语言程序通用性差，必须翻译成机器语言程序，才能由机器执行。

例如，计算 A=5+11 的汇编语言程序如下：

```
MOV  A, 5        //把 5 放入累加器 A 中
ADD  A, 11       //11 与累加器 A 中的值相加，结果仍放入 A 中
HLT              //结束，停机
```

汇编语言程序较机器语言程序易读、易写，并保持了机器语言执行速度快、占用存储空间小的优点。但汇编语言的语句功能比较简单，程序的编写仍然比较复杂，而且程序难以移植。汇编语言和机器语言都是面向机器的语言，都是为特定的计算机系统而设计的。汇编语言程序不能被计算机直接识别和执行，需要使用一种起翻译作用的程序（汇编程序），将其翻译成机器语言程序（称为目标程序），计算机方可执行，这一翻译过程称为"汇编"。

机器语言和汇编语言统称为低级语言。

（3）高级语言

高级语言是面向问题的语言，独立于具体的机器之外（它不依赖于机器的具体指令形式），比较接近于人类的自然语言。因为高级语言是与计算机结构无关的程序设计语言，它具有更强的表达能力，因此，可以方便地表示数据的运算和程序控制结构，能更有效地描述各种算法，用户也更容易掌握。

例如，计算 A=5+11 的 BASIC 语言程序如下：

```
A=5+11           //5 与 11 相加的结果放入存储单元 A 中
PRINT  A         //输出存储单元 A 中的值
END              //程序结束
```

用高级语言编写的程序（称为源程序）不能被计算机直接识别和执行，需要经过翻译程序翻译成机器语言程序（目标程序）才能执行。高级语言的翻译程序有编译程序和解释程序。编译程序使用相应的语言将源程序翻译成目标程序，最终生成可执行程序在机器上执行；解释程序是用相应的语言对源程序解释一句执行一句，直至执行完整个程序。

高级语言可分为两类，一类为面向过程的语言，如 BASIC、Pascal、C 等；另一类为面向对象的语言，如 C++、Java 等。

（4）第 4 代语言

第 4 代语言是非过程化语言。这类语言的特点是编码效率高，一条语句一般可被编译成 30～50 条机器代码指令，适用于管理信息系统的开发，编写的程序更容易理解和维护。例如，数据库查询语言（SQL）就是非过程化语言，当用户需要检索一批数据时，只需通过 SQL 语言指定查询的范围、内容和条件，系统就会自动生成具体的查询过程，并一步一步地执行查找操作，最后获取查询结果。

从高级语言到第 4 代语言的发展，反映了人们对程序设计的认识由浅入深的过程。高级语言的程序设计要详细描述问题的求解过程，告诉计算机每一步应该"怎样做"，而第 4 代语言的程序设计直接面向各类应用系统，只需说明"做什么"即可。

3. 常用的程序设计语言

目前，程序设计语言有很多种，但其中只有少部分得到了比较广泛的应用，下面介绍几种常用的程序设计语言。

（1）C 语言和 C++语言

C 语言是 20 世纪 70 年代初由美国贝尔实验室的丹尼斯·里奇（Dennis Ritchie）在 B 语言基础上开发出来的。C 语言功能丰富、使用灵活、简洁明了，编译产生的代码短，执行速度快，可移植性强。C 语言最重要的特色是虽然在形式上属于高级语言，但却具有与机器硬件沟通的底层处理能力，能够很方便地实现汇编级的操作，目标程序效率较高。它既可以用于开发系统软件，也可用于开发应用软件。由于 C 语言具有诸多优点，其迅速成为广泛使用的程序设计语言之一。

1980 年，贝尔实验室的本贾尼·斯特劳斯特卢普（Bjarne Stroustrup）对 C 语言进行了扩充，加入了面向对象的概念，对程序设计思想和方法进行了彻底的革命，并于 1983 年将其更名为 C++语言。由于 C++语言兼容 C 语言，它成为应用最广的面向对象程序设计语言。目前主要的 C++语言开发工具有 Visual C++等。

（2）Java 语言

Java 语言是在 1995 年由 Sun 公司开发的面向对象的程序设计语言，主要用于网络应用开发。Java 语言的语法类似于 C++语言，但简化并删去了 C++语言中的一些容易被误用的功能，如指针等，使程序更严谨、可靠、易懂。它适用于 Internet 环境并具有较强的交互性和实时性，还提供了对网络应用的支持和多媒体内容的存取。Java 语言的跨平台性使其应用迅速推广，而 Sun 公司的 J2EE 平台的发布，促进了 Java 在各个领域的应用。

（3）标记语言和脚本语言

在网络时代，若要制作 Web 页面，则需要使用标记语言和脚本语言。标记语言是一种用于描述文本及文本结构和外观细节的文本编码；脚本语言以脚本的形式定义一项任务，以此控制操作环境。

在网络应用软件开发中，标记语言用于描述网页中各种媒体的显示形式和链接；脚本语言则用于增强 Web 页面设计人员的设计能力，扩展网页应用的功能。

1）标记语言。超文本标记语言（hyper text markup language，HTML）是网页内容的描述语言。HTML 是格式化语言，它确定 Web 页面中文本、图形、表格和其他一些信息的静态显示方式，它能将各处的信息链接起来，使生成的文档成为超文本文档。HTML 语言编写的代码是纯文本的 ASCII 文档，当使用浏览器进行查看时，这些代码能产生相应的多媒体、超文本的 Web 页面。可扩展标记语言（extensible markup language，XML）定义了一套定义语义标记的规则，这些标记将文档分成许多部件并对部件加以标记。XML 是对 HTML 的扩展，主要是为了克服 HTML 只能显示静态的信息、使用固定的标记、无法反映数据的真实物理意义等缺陷。

2）脚本语言。脚本语言实质上是大型机和微型机中批处理语言的分支，它将单个命令组合在一起，形成程序清单，以此来控制操作环境，扩展应用程序的性能。脚本语言不能独立运行，需要依附于一个主机应用程序来运行。VBScript、JavaScript 是专用于 Web 的脚本语言，主要解决 Web 的动态交互问题。脚本语言分为客户端和服务器端两个不同版本，客户端版本用于实现改变 Web 页面外观的功能，服务器端版本用于实现输入验证、表单处理、数据库查询等功能。

6.2.2　程序设计步骤与风格

1. 程序设计步骤

程序设计就是使用某种程序设计语言编写程序代码，驱动计算机完成特定功能的过程。

程序设计的基本步骤一般包括分析问题、确定解决方案、设计算法、编写程序、调试运行程序和编写文档，如图 6-6 所示。

图 6-6　程序设计的基本步骤

程序设计步骤说明如下。

1）分析问题：确定需要解决的问题，对任务进行调查分析，明确要实现的功能。

2）确定解决方案：对需要解决的问题进行分析，找出它们的运算和变化规律，建立数学模型。当一个问题有多个解决方案时，选择适合用计算机解决问题的最佳方案。

3）设计算法：依据解决问题的方案确定数据结构和算法，绘制流程图。

4）编写程序：依据流程图描述的算法，选择一种合适的计算机语言编写程序。

5）调试运行程序：通过反复执行所编写的程序，找出程序中的错误，直到程序的执行效果达到预期的目标。

6）编写文档：将整个过程的有关资料进行整理，编写程序使用说明书。

2. 程序设计风格

除了优秀的程序设计方法和技术外，良好的程序设计风格也是十分重要的。程序设计风格是指程序员在编写程序时所表现出来的特点、习惯和逻辑思路等。在程序设计中，若使程序结构合理、清晰，还要便于后续的程序调试和维护，这就要求程序员应养成良好的编程习惯，使编写的程序清晰、易懂。因此，"清晰第一，效率第二"已经成为当今程序设计风格的主流观点。

若形成良好的程序设计风格，则应遵循以下几个原则。

（1）源程序文档化原则

1）标识符的命名应具有一定的实际含义，即按意取名。

2）程序应添加注释。注释是程序员与读者之间进行交流的重要手段，可用自然语言或伪代码描述。注释用于说明程序的功能，可为读者理解程序提供明确的指导。注释分为序言性注释和功能性注释。序言性注释通常置于程序的起始部分，对程序进行整体说明；功能性注释嵌入源程序内部，说明程序段或语句的功能及数据的状态。

（2）数据说明原则

为了使数据定义更易于理解和维护，应注意如下内容。

1）数据说明的顺序要规范，使数据的属性更易于查找，从而有利于测试、纠错与维护。

2）用一个语句说明多个变量时，各变量名按字典序排列。

3）对于复杂的数据结构，应添加注释进行说明。

（3）语句构造原则

语句构造的原则是简单、直接，不能为了追求效率而使代码复杂化。为了便于阅读和理解，不要在同一行编写多个语句；不同层次的语句应采用缩进形式，使程序的逻辑结构和功能特征更加清晰；要避免复杂的判定条件，避免多重的循环嵌套；在表达式中使用括号以提高运算次序的清晰度等。

（4）输入/输出原则

在编写输入和输出程序时应考虑以下原则。

1）输入操作步骤和输入格式应尽量简单。

2）应检查输入数据的合法性、有效性，报告必要的输入状态信息及错误信息。

3）输入一批数据时，使用数据或文件结束标志，而不要使用计数来控制。

4）进行交互式输入时，提供可用的选择和边界值。

5）当程序设计语言有严格的格式要求时，应保持输入格式的一致性。

6）将输出数据表格化、图形化。

输入/输出风格还受其他因素的影响，如输入/输出的设备、用户经验及通信环境等。

6.2.3　结构化程序设计

目前，程序设计方法主要有两大类，一类是面向过程的结构化程序设计方法，另一类是面向对象的程序设计方法。结构化程序设计方法体现了抽象思维和复杂问题求解的基本原则，面向对象的程序设计方法则深刻反映了客观世界由对象组成这一本质特点。这两种程序设计方法的区别在于对问题进行分解的出发点和思维模式不同。

1. 结构化程序设计的原则

结构化程序设计方法是 20 世纪 60 年代由荷兰学者艾兹格·迪科斯彻（Edsger Dijkstra）提出的，该方法通过实践的检验，同时也在实践中不断地发展和完善，逐渐成为软件开发的重要方法。结构化程序设计强调程序设计风格和程序结构的规范化，提倡清晰的结构。结构化程序设计方法的基本思路是，把一个复杂问题的求解过程分阶段进行，每个阶段处理的问题都控制在人们容易理解和处理的范围内。

结构化程序设计的基本原则是，在程序设计和实现过程中，采用自顶向下、逐步细化的模块化程序设计原则。限制使用 goto 语句，强调采用单入口、单出口的三种基本控制结构，即顺序结构、选择结构和循环结构。

2. 结构化程序设计的基本结构

1966 年，伯姆（Bohm）和贾可皮尼（Jacopini）证明了只用三种基本的控制结构就能实现任何单入口、单出口的程序。这三种基本的控制结构是顺序结构、选择结构和循环结构。

1）顺序结构是按照程序语句行的自然顺序，按一条条语句顺序执行程序，其流程图如图 6-7 所示。该结构程序的执行过程为先执行 A 语句，再执行 B 语句，最后执行 C 语句。

2）选择结构又称为分支结构，它根据设定的条件，判断应该选择哪一条分支来执行相应的语句序列，其流程图如图 6-8 所示。该结构程序的执行过程为先计算条件表达式 P 的值，如果结果为真（T），则执行语句（语句序列）A；否则（条件表达式的值为 F），执行语句（语句序列）B。

3）循环结构又称为重复结构，它根据给定的条件，判断是否需要重复执行某一相同的或类似的程序段，其流程图如图 6-9 所示。该结构程序的执行过程如下。

① 计算条件表达式 P 的值。

② 如果结果为真（T），则执行 A 语句；否则转到步骤④。

③ 回到步骤①。

④ 结束循环，执行循环后面的语句。

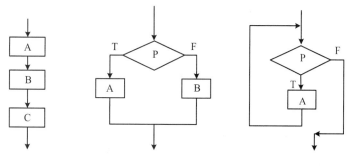

图 6-7　顺序结构　　图 6-8　选择结构　　图 6-9　循环结构

3．结构化程序设计的应用

结构化程序设计采用自顶向下、逐步细化的方法，先从全局出发，把一个复杂问题分解成若干相对独立的子问题，再将每个子问题逐步细化为一系列具体的处理步骤，每个处理步骤可以使用三种基本控制结构来描述。

【例 6.1】求两个数中的最大值的问题。

1）将算法分解成三步。

① 输入两个数 a、b。

② 从 a、b 中找出最大数并将其赋给 max。

③ 输出 max。

2）将步骤 1）中的算法细化为如下步骤。

① 先定义两个变量 a、b，并确定其类型，如整型 int，然后调用输入函数 scanf()对变量 a、b 进行赋值。

② 求 a、b 中的最大值，并将其赋给 max。

③ 调用输出函数 printf()，输出最大值 max。

3）细化步骤 2）中求两数中的最大值的方法，如果 a>b，则 a 为最大值；否则，b 为最大值。用控制结构描述的流程图如图 6-10 所示。

4）将细化的算法翻译成高级语言程序。下面是上述算法的 C 语言程序：

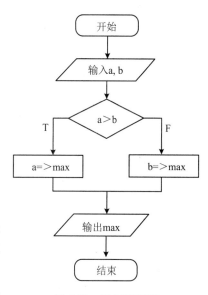

图 6-10　程序流程图

```
#include<stdio.h>
void main()
{  int a,b,max;                               //定义两个整型变量和保存最大值的变量max
   printf ("Input two numbers a,b\n");
   scanf ("%d %d",&a,&b);           //输入两个数
   if(a>b)  max=a;                     //将a与b中的较大者赋给max
   else max=b;
   printf ("The max number is:",max);//输出最大值
}
```

结构化设计方法有助于程序设计者把握问题的全局，分阶段逐步深入细化，使每个阶段的问题变得更容易理解和处理。

6.2.4 面向对象程序设计

结构化设计方法曾经给计算机软件业带来巨大进步，成功地缓解了部分软件危机，使用结构化设计方法开发的许多中、小规模软件项目取得了极大的成功。但是，随着计算机技术应用的深入和全面发展，结构化程序设计方法的缺点也逐渐暴露出来。例如，数据与对数据的操作分离不符合人们对现实世界的认知规律；基于模块的设计方法导致软件修改困难；自顶向下的设计方法限制了软件的重用性，降低了开发效率，也导致开发的产品难以维护。因此，人们逐渐开始重视面向对象程序设计方法。

面向对象程序设计方法把数据和对数据的操作视作一个相互依赖、不可分割的整体——对象。对同类型的对象抽象出其共性，形成类。类中的大多数数据只能用本类的方法进行处理。类通过一个简单的外部接口与外界发生关系，对象与对象之间通过消息进行通信。

1. 面向对象程序设计的基本概念

（1）对象

面向对象程序设计中的对象是系统中用来描述客观事物的一个实体，对象都由一组属性和一组行为构成。属性是用来描述对象静态特征的数据项；行为是用来描述对象动态特征的操作序列，用对象中的代码来实现，也称为对象的方法。

例如，有一个人名叫张三，性别是男性，身高 1.7m，体重 68kg，肤色是黄色，可以编程、讲授计算机专业课，下面来描述这个对象。

1）对象的属性：姓名——张三，性别——男性，身高——1.7m，体重——68kg，肤色——黄色。

2）对象的行为：回答自己的名字、性别、身高、体重和肤色，还可"编程、讲授计算机专业课"。

（2）类

面向对象程序设计中的类是具有相同属性和行为的一组对象的集合。它为属于该类的全部对象提供了抽象的描述。类与对象的关系如同模具与铸件，一个属于某类的对象称为该类的一个实例。

（3）消息

一个系统由若干个对象组成，各个对象之间通过消息相互联系、相互作用。消息就是对象之间联系的纽带，用于通知、命令或请求对象执行某个处理或回答某些信息。例如，教师发出指令，即消息，要求学生提交实验报告，学生接收该消息后，就会按照规定的方式提交实验报告。教师和学生之间通过消息通信完成对消息发送和接收处理工作。

（4）封装

封装（encapsulation）是把对象的属性和方法结合成一个独立的系统单位，并尽可能地隐蔽对象的内部细节，不允许外界直接存取对象的属性，只能通过有限的接口与对象发生联系。

（5）继承

继承（inheritance）是面向对象方法中一个十分重要的概念，特殊类的对象拥有其一般类的全部属性与方法，称为特殊类对一般类的继承。例如，在父子关系中，儿子自动地继承了父亲的基因，因此具有其父亲的一些基本特征和行为能力，同时也可能通过学习产生其父亲不具有的一些新的特征和行为能力。

如果把用面向对象方法开发的类作为可重用构件提交到构件库，那么在开发新系统时不仅可以直接重用这个类，还可以把它作为一般类，通过继承实现并重用，从而大大扩展重用范围。这样可以加快软件的开发速度，增强软件的稳定性和可重用性。

（6）面向对象

Coad 和 Yourdon 为面向对象（object-oriented）下了一个定义，即面向对象=对象+类+继承+通信。一个面向对象程序的每一个组成部分都是对象，计算是通过建立对象和对象之间的通信来执行的。

（7）多态性

对象的多态性（polymorphism）是指在一般类中定义的属性或方法被特殊类继承之后，可以具有不同的数据类型或表现出不同的行为。这就使同一个属性或方法在一般类及其各个特殊类中具有不同的语义。

例如，在一般类"几何图形"中定义了一个方法"绘图"，但并不确定执行时到底要绘制一个什么图形。特殊类"椭圆"和"矩形"都继承了"几何图形"类的"绘图"方法，但其功能却不同，分别可以绘制出一个椭圆和一个矩形。

2. 面向对象程序设计方法

面向对象的程序设计是一种支持模块化设计和软件重用的且实际可行的编程方法。它把程序设计的主要活动集中在建立对象与对象之间的联系（或通信）上，从而完成所需的计算。一个面向对象的程序就是相互联系（或通信）的对象集合。由于现实世界可以抽象为对象和对象联系的集合，因此，面向对象的程序设计方法是一种更接近现实世界的、更自然的程序设计方法。

使用面向对象程序设计方法开发软件的具体过程如下。

1）分析现实世界的问题领域。

2）以对象来模拟问题域中的实体，以对象之间的联系来描述实体之间的联系，由此构造问题领域的对象模型。

3）编写程序，建立类数据类型（属性、方法）。

4）用类声明对象，通过对象间的消息传递完成指定的功能。

通过上述步骤就可以构造出面向对象的软件系统。

由于面向对象的软件系统是根据问题域中的模型，而不是根据系统应完成的功能分解而建立起来的，因此，当系统的功能需求有所变化时，往往只需进行一些局部性的修改即可，无须对软件的整体结构进行更改。

6.3 算法与数据结构

计算机科学研究的重点是计算机中的信息表示和问题处理。从程序设计的角度来看，信息在计算机中的表示就是"数据结构"研究的问题；信息在计算机中的处理就是"算法"研究的问题。学习算法和数据结构的基本知识是了解计算机工作基本原理、掌握程序设计基本技术的必经之路。

6.3.1 算法

1. 算法的概念

算法是对特定问题求解步骤的一种描述。或者说，算法是为求解某个问题而设计的步骤序列。求解同样的问题，不同的人写出的算法一般是不同的（一题多解）。

算法是通过程序最终实现的。对于一个实际问题，通过一个计算机程序，可在有限的存储空间中运行有限的时间后，得到正确的结果。

算法并不等价于程序。程序可以作为算法的一种描述，它是通过使用一些编程语言来描述算法的。对于同一个算法，如果采用不同的编程语言，则能够编写出不同的程序，并且程序中一般还要考虑一些与算法无关的问题，如在编写程序时要考虑计算机系统运行环境的限制等。因此，算法不等于程序，程序的编写也不能优于算法的设计。

算法设计完成之后，若要检查其正确性和完整性，则需要根据算法使用某种高级语言编写出相应的程序。程序设计的关键在于设计一个好的算法，而算法是程序设计的核心。算法的执行效率与数据结构的优劣有很大的关系。下面给出算法应该具有的几个基本特征。

1）有穷性：一个算法必须在执行有限个操作步骤后终止。

2）确定性：算法中每一步操作的内容和顺序必须含义确切，不能有二义性。

3）有效性：算法中每一步操作都应该能被有效地执行，一个不可执行的操作是无效的。例如，一个数被 0 除的操作是无效的，应当避免这种操作。

4）输入：一个算法有零个或多个输入。这些输入数据应在算法操作前提供。

5）输出：一个算法有一个或多个输出。算法的目的是解决一个给定的问题，因此，它应提供输出结果，否则算法就没有实际意义。

算法可以用自然语言、计算机语言、流程图或专门为描述算法而设计的语言描述。在计算机上运行的算法，要用计算机语言进行描述。

2．算法的基本要素

一般的算法有两个基本要素。

1）对数据对象的运算和操作。算法中基本的运算和操作包括算术运算、关系运算、逻辑运算和数据传输。

2）算法的控制结构。算法的控制结构是指算法中各个操作之间的先后执行次序，一个算法的执行次序可以使用顺序、选择和循环三种基本结构进行组合。

3．算法设计的基本方法

计算机算法不同于人工处理的方法。下面介绍几种常用的算法设计方法。

（1）列举法

列举法的基本思想是根据提出的问题，列举所有可能的情况，并用问题中给定的条件检验哪些是需要的，哪些是不需要的，常用于解决"是否存在"或"有多少种可能"等类型的问题。列举法的特点是比较简单，但当列举的可能情况较多时，执行该算法的工作量会很大。

（2）归纳法

归纳法的基本思想是通过列举少量的情况，经过分析，找出一般关系。归纳法解决了列举法列举量无限的问题，更能反映问题的本质。

由于归纳过程中不可能对所有的情况进行列举，最后由归纳得到的结论只是分析的结果（只是一种猜测），因此还要对归纳的结果进行必要的验证。

（3）递推法

递推法是指从已知初始条件出发，逐次推导出所要求得的各个中间结果和最后结果。递推法在本质上也属于归纳法。递推法在数值计算中非常常见。

（4）递归法

递归法是一种很重要的算法设计方法。递归法的基本思想是针对一个复杂的问题，为了降低问题的复杂度，可将问题逐层分解，最后分解成为一些最简单的问题，当解决了这些最简单的问题后，再沿着原来分解的逆过程逐步进行综合即可。

递归法分为直接递归和间接递归两种。

4．算法的复杂度

评价一个算法优劣的主要标准是算法的执行效率与存储需求。算法的执行效率指的是时间复杂度，存储需求指的是空间复杂度。

（1）算法的时间复杂度

算法的时间复杂度是指执行算法所需要的计算工作量。由于同一个算法在采用不同的语言、不同的编译程序，以及在不同的计算机上运行时的效率都不同，不能使用绝对时间单位来衡量算法效率。算法的工作量应使用算法在执行过程中的基本运算执行次数来度量。

算法执行的基本运算次数与问题的规模有关。例如，两个 30 阶矩阵相乘的基本运算次数一定大于两个 5 阶矩阵相乘的基本运算次数。

算法的时间复杂度通常记为

$$T(n)=O(f(n))$$

式中，n 为问题的规模；$f(n)$ 表示算法中基本运算执行的次数，是关于问题规模 n 的某个函数；$f(n)$ 和 $T(n)$ 是同数量级的函数；大写字母 O 表示 $f(n)$ 与 $T(n)$ 只相差一个常数倍。

算法的时间复杂度用数量级的形式表示后，一般可简化为分析循环体内基本操作的执行次数。

【例 6.2】求下列三个简单的程序段的时间复杂度。

① x=x+1;

② for (i=1; i<=n; i++)
        x=x+1;

③ for (i=1; i<=n; i++)
     for(j=1; j<=n; j++)
        x=x+1;

基本操作"x=x+1;"语句在这三个程序段的执行次数分别为 1、n、n^2，则这三个程序段的时间复杂度分别为 $O(1)$、$O(n)$ 和 $O(n^2)$。

在同一个问题规模下，如果算法执行所需的基本运算次数取决于某一特定输入，则可以用以下两种方法来分析算法的工作量。

1）平均性态分析：是指用各种特定输入下的基本运算次数的加权平均值来衡量算法的工作量。

2）最坏情况分析：是指在规模为 n 时，算法所执行的基本运算的最大次数。

（2）算法的空间复杂度

一个算法的空间复杂度是算法所需的存储空间的量度，包括算法程序所占用的存储空间、输入的初始数据所占的存储空间及算法执行过程中需要的额外存储空间。

算法的空间复杂度表示为

$$S(n)=O(f(n))$$

式中，n 为问题的规模，空间复杂度也是关于问题规模 n 的函数。

6.3.2 数据结构的基本概念

1. 有关数据的概念

（1）数据

数据是描述客观事物的所有能输入计算机中并被计算机程序处理的符号集合，如数值、字符、声音、图像等都是数据。数据是信息的载体，是对客观事物的描述。

（2）数据元素

数据元素是数据的基本单位，在计算机中通常作为一个整体进行考虑和处理。每个数据元素由若干个数据项组成，其中能唯一标识一个数据元素的数据项称为关键码项，该数据项的值称为关键码。在某些情况下，数据元素也称为元素、节点、顶点或记录。数据项是具有独立含义的最小标识单位。表 6-1 所示为学生成绩表。表中的每一行是一个数据元素，它由学号、姓名、各科成绩及平均成绩等数据项组成，其中，学号是关键码项。

表 6-1　学生成绩表

学号	姓名	数学分析	普通物理	高等数学	平均成绩
880001	丁一	90	85	95	90
880002	马二	80	85	90	85
880003	张三	95	91	99	95
880004	李四	70	84	86	80
880005	王五	91	84	92	89

（3）数据类型

数据类型是具有相同性质的计算机数据的集合，以及在这个数据集合上的一组操作。例如，整数，它是[-maxint, maxint]区间上的整数（maxint 是依赖于所使用的计算机及语言的最大整数），在这个整数集上可以进行加、减、乘、整除、求余等操作。

2. 数据结构

（1）数据结构的定义

数据结构是相互之间存在一种或多种特定关系的数据元素集合。它一般包括以下三个方面的内容。

1）数据元素之间的逻辑关系，也称为数据的逻辑结构。

2）数据元素及其关系在计算机存储器内的表示，称为数据的存储结构。

3）数据的运算，即对数据施加的操作。

数据的逻辑结构从逻辑关系上描述数据，它与数据的存储无关，是独立于计算机的，因此，数据的逻辑结构可以看作从具体问题抽象出来的数学模型；数据的存储结构是数据逻辑结构在计算机中的表示（又称为映像），它是依赖于计算机语言的；数据的运算是定义在数据的逻辑结构上的，每种逻辑结构都有一个运算的集合。只有确定了存储结构之后，才需要考虑如何具体实现这些运算。

（2）数据的逻辑结构

数据的逻辑结构只抽象地反映数据元素之间的结构，而不管其存储方式的结构。

数据的逻辑结构包括数据元素的信息和数据元素之间的前后关系。其中，数据元素之间的前后关系用前驱（或直接前驱）和后继（或直接后继）描述。

根据数据元素之间关系的不同特性，数据的逻辑结构通常可分为如下四类基本结构。

1）集合：结构中的数据元素之间除了"同属于一个集合"的关系外，无其他关系。

2）线性结构：结构中的数据元素之间存在"一对一"的相邻关系。

3）树形结构：结构中的数据元素之间存在"一对多"的层次关系。

4）图形结构：结构中的数据元素之间存在"多对多"的任意关系。

图 6-11 所示为上述四种基本数据结构图。一般地，将树形结构和图形结构称为非线性结构。

（3）数据的存储结构

数据的存储结构也称为数据的物理结构，它是数据的逻辑结构在存储器中的实现。数据的存储可采用顺序存储方法或链接存储方法。

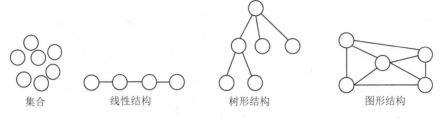

图 6-11 四种基本数据结构图

1）顺序存储方法：把逻辑上相邻的数据元素存储在物理位置上相邻的存储单元里，元素间的逻辑关系由存储单元的邻接关系体现。由此得到的存储表示称为顺序存储结构。顺序存储方法主要应用于线性的数据结构，如线性表、数组等。非线性的数据结构也可以通过某种线性化的方法来实现顺序存储。

2）链接存储方法：不要求逻辑上相邻的元素在其物理位置上也相邻，元素间的逻辑关系是由附加的指针字段表示的。由此得到的存储表示称为链式存储结构。链式存储结构要借助程序设计语言的指针类型来描述元素的存储地址，即在此存储方法中，每个节点（数据元素）所占用的存储单元分成两部分，一部分为节点本身的值，称为数据域；另一部分为指针域，存储该节点的后继节点的存储单元地址，从而形成一条链，如图 6-12 所示。

图 6-12 节点的结构

（4）数据的运算

为了对数据进行处理，需要对数据进行各种运算。数据的运算是定义在数据的逻辑结构上的，但运算的具体实现要在存储结构上进行。数据的各种逻辑结构有相应的各种运算，每种逻辑结构都有一个运算的集合。下面列举常用的几种运算。

1）插入：向数据结构中添加新的元素。

2）更新：修改或替代数据结构中指定元素的一个或多个数据项（字段值）。

3）删除：把指定的数据元素从数据结构中删除。

4）查找：在数据结构中查找满足一定条件的数据元素。

5）排序：在保持数据结构中数据元素个数不变的前提下，把元素按指定的顺序重新排列。排序一般建立在线性逻辑结构的基础上。

6.3.3 常用数据结构——线性表

1. 线性表的定义

线性表是由 n（$n \geq 0$）个数据元素（节点）a_1、a_2、…、a_i、…、a_n 组成的一个有限序列，记为（a_1, a_2, …, a_i, …, a_n）。其中，数据元素个数 n 称为线性表长度。当 $n=0$ 时，称此线性表为空表。例如，一个 n 维向量（x_1, x_2, …, x_n）是一个长度为 n 的线性表，其中的每一个分量就是一个数据元素；英文小写字母表（'a', 'b', 'c', …, 'z'）是一个长度为 26 的线性表，其中的每一个小写字母就是一个数据元素。

2. 线性表的逻辑结构

线性表（a_1，a_2，…，a_i，…，a_n）的逻辑结构描述如下。

1）有且仅有一个开始节点 a_1，它没有直接前驱，仅有一个直接后继 a_2。

2）有且仅有一个终端节点 a_n，它没有直接后继，仅有一个直接前驱 a_{n-1}。

3）其余的内部节点 a_i（$2 \leq i \leq n-1$）有且仅有一个直接前驱 a_{i-1} 和一个直接后继 a_{i+1}。

线性表的基本运算有置空表、求表长、取表中节点、定位、插入和删除等。

3. 线性表的存储结构

线性表的存储结构有顺序表和链表两种。

（1）顺序表

顺序表是用顺序存储方法存储的线性表。在顺序表中，每个节点占用存储空间的大小是相同的，设开始节点 a_1 的存储地址为 $\text{Loc}(a_1)$，每个节点占 c 个存储单元，则节点 a_i 的存储地址如下：

$$\text{Loc}(a_i) = \text{Loc}(a_1) + (i-1) \times c \quad 1 \leq i \leq n$$

在顺序表中，只要知道首地址和每个节点所占存储单元的个数，就可以求出第 i 个节点的存储地址，因此顺序表具有按节点序号随机存取的特点。

在顺序表中，线性表的有些运算很容易实现，下面仅介绍顺序表的插入运算和删除运算。

1）插入运算。顺序表的插入运算是指在表的第 i 个位置上插入一个新节点 x，使长度为 n 的表（a_1，…，a_{i-1}，a_i，…，a_n）变成长度为 $n+1$ 的表（a_1，…，a_{i-1}，x，a_i，…，a_n）。

用顺序表作为线性表的存储结构时，由于节点的物理顺序必须与节点的逻辑顺序保持一致，因此应将表中位置 n、$n-1$、…、i 上的节点，依次后移到 $n+1$、n、…、$i+1$ 上，空出第 i 个位置，然后在该位置上插入新节点 x。

2）删除运算。顺序表的删除运算是将表的第 i 个节点删去，使长度为 n 的表（a_1，…，a_{i-1}，a_i，a_{i+1}，…，a_n）变成长度为 $n-1$ 的表（a_1，…，a_{i-1}，a_{i+1}，…，a_n）。

若 $1 \leq i \leq n-1$，则应将表中的第 $i+1$、$i+2$、…、n 上的节点，依次前移到位置 i、$i+1$、…、$n-1$ 上，以填补删除操作造成的空缺。

（2）链表

链表是用链式存储方法存储的线性表。在链表中，每个节点所占存储单元由数据域和指针域两部分组成，数据域存储节点本身，指针域存储其后续节点的地址。每个节点都只有一个指针域的链表称为单链表。图 6-13 所示为一个单链表，其最后一个节点无后继节点，且指针域为空（记为 NULL 或 ∧），设置一个表头指针 head，指向单链表的第一个节点。

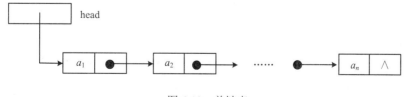

图 6-13　单链表

下面介绍单链表的插入和删除运算。

1）单链表的插入。在单链表中的节点 P 后插入一个值为 x 的新节点 S。首先，使新节点 S 的指针域中存放节点 P 的后继节点的地址，然后修改节点 P 的指针值，令其存放节点 S 的地址。图 6-14 所示为在单链表中节点 P 后插入一个新节点，虚线表示变化后的指针。

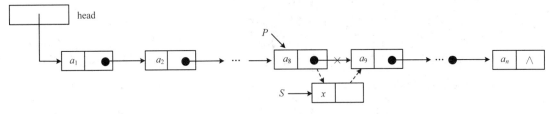

图 6-14　单链表的插入

2）单链表的删除。从单链表中删除指针 P 所指节点的后继节点。删除运算就是改变被删节点的前驱节点指针域的值，即将被删节点指针域的值赋给其前驱节点 P 的指针域中。如图 6-15 所示，长线是变化后的指针。

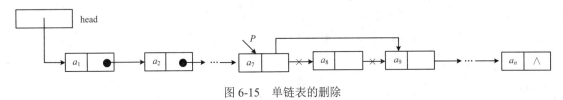

图 6-15　单链表的删除

（3）顺序表和链表的比较

1）在顺序表中，节点的逻辑顺序与物理顺序是一致的；而在链表中，节点的逻辑顺序与物理顺序可以是不一致的。

2）对顺序表的访问是随机的，而对链表的访问需要顺序进行。

3）对顺序表进行插入和删除运算会引起大量节点的移动，而对链表进行插入和删除运算无须移动节点。

如果对线性表的插入或删除运算的位置加以限制，那么就会产生两种特殊的线性表——栈和队列。

6.3.4　常用数据结构——栈和队列

1. 栈

栈是限定仅在表的一端进行插入和删除运算的线性表，通常称插入或删除的这一端为栈顶，另一端为栈底。当表中没有元素时称为空栈。

如图 6-16 所示的栈中，元素以 a_1、a_2、$\cdots$、a_{n-1}、a_n 的顺序进栈，而出栈的次序却是 a_n、a_{n-1}、$\cdots a_2$、a_1，即栈是按照"后进先出"的原则组织数据。因此，栈又称为"后进先出"的线性表（LIFO 表）。

栈可以采用顺序存储结构，也可采用链式存储结构。

栈的基本运算有进栈、出栈、置空栈、取栈顶元素等。

2. 队列

队列也是一种运算受限的线性表。它只允许在表的一端进行插入，而在另一端进行删除。允许删除的一端称为队头，允许插入的一端称为队尾。当队列中没有元素时称为空队列。在空队列中依次加入元素 a_1、a_2、$\cdots$、a_n 之后，a_1 是队头元素，a_n 是队尾元素。显然退出队列的次序也只能是 a_1、a_2、$\cdots$、a_n，即队列中的元素是依照"先进先出"的原则组织的。因此，队列又称为"先进先出"的线性表（FIFO 表），如图 6-17 所示。

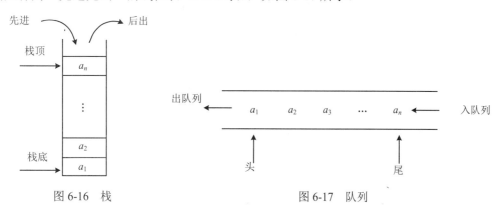

图 6-16 栈   图 6-17 队列

队列可以采用顺序存储结构，也可采用链式存储结构。队列的基本运算有入队、出队、置空队列、取队头元素和判队列空等。

6.3.5 常用数据结构——树和二叉树

树形结构是一类重要的非线性结构，树和二叉树是最常用的树形结构。

1. 树的概念

树是一个或多个节点组成的有限集合 T，它满足如下两个条件。

1）有且仅有一个特定的称为根的节点。

2）其余的节点分为 m（$m \geqslant 0$）个互不相交的集合 T_1、T_2、$\cdots$、T_m，每个集合又是一棵树，称其为根的子树。

图 6-18（a）所示为只有一个根节点的树。图 6-18（b）所示为包含 12 个节点的树，其中，A 是根节点，其余的 11 个节点分成三个互不相交的子集，$T_1=\{B, E, F, J\}$，$T_2=\{C\}$，$T_3=\{D, G, H, I, K, M\}$。T_1、T_2、T_3 都是树，而且是根节点 A 的子树。对树 T_1 而言，根节点是 B，其余的节点分成两个互不相交的子集，$T_{11}=\{E\}$，$T_{12}=\{F, J\}$。T_{11}、T_{12} 也是树，而且是根节点 B 的子树。在 T_{12} 中，F 是根节点，$\{J\}$ 是 F 的子树。

在树结构中常用的基本术语如下。

1）节点的度：一个节点的子树个数称为该节点的度。

2）树的度：一棵树的度是指该树中节点的最大度数。

3）叶子节点：度为零的节点称为叶子或终端节点。如图 6-18（b）所示中，节点 A、B、C、D 的度分别为 3、2、0、3，树的度为 3。C、E、H、I、J、K 和 M 均为叶子节点。

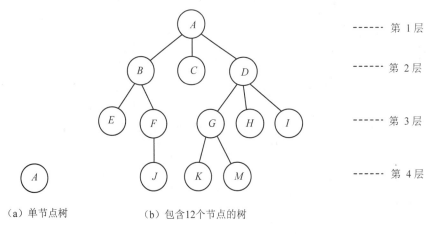

（a）单节点树　　　　　　　（b）包含12个节点的树

图 6-18　树的示例

4）分支节点：度不为零的节点称为分支节点或非终端节点。

5）孩子及双亲节点：树中某个节点的子树的根称为该节点的孩子，该节点称为孩子的双亲或父亲。如图 6-18（b）所示，B 是节点 A 的子树 T_1 的根，故 B 是 A 的孩子，而 A 是 B 的双亲，E、F 是 B 的孩子，B 是 E、F 的双亲。

6）节点的层数：树是一种分层结构，根节点为第 1 层，从根节点开始到某节点的层数称为该节点的层数，树中节点的最大层数称为树的深度或高度。如图 6-18（b）所示中，A 的层数为 1，B、C、D 的层数为 2，E、F、G、H、I 的层数为 3，J、K、M 的层数为 4，此树的深度为 4。

2. 二叉树

（1）二叉树的定义

二叉树是 $n(n \geq 0)$ 个节点的有限集合，它或者是空集（$n=0$），或者由一个根节点及两棵互不相交的、分别称为这个根节点的左子树和右子树的二叉树组成。这是二叉树的递归定义。图 6-19 所示为二叉树的五种基本形态，其中图 6-19（a）为空二叉树，图 6-19（b）为仅有一个根节点的二叉树，图 6-19（c）为右子树为空的二叉树，图 6-19（d）为左子树为空的二叉树，图 6-19（e）为左、右子树均非空的二叉树。

（a）空二叉树　　（b）仅有一个根节点　　（c）右子树为空　　（d）左子树为空　　（e）左右子树均非空

图 6-19　二叉树的五种基本形态

二叉树不是树的特殊情形，尽管树和二叉树的概念间有很多关系，但它们是两个不同的概念。树与二叉树间最主要的差别是，二叉树为有序树，即二叉树的节点的子树要区分为左子树和右子树，即使在节点只有一棵子树的情况下也要明确指出该子树是左子树还是右子树。如图 6-19 所示的（c）和（d）是两棵不同的二叉树，但如果作为树，它们就是相同的。

（2）二叉树的基本性质

性质 1：二叉树的第 i 层上最多有 2^{i-1} 个节点（$i \geq 1$）。

性质 2：深度为 k 的二叉树最多有 2^k-1 个节点（$k \geq 1$）。

满二叉树和完全二叉树是两种特殊形态的二叉树，如图 6-20 所示。

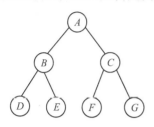 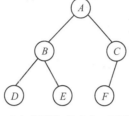 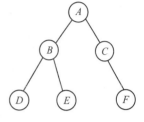

（a）深度为3的满二叉树　　　（b）深度为3的完全二叉树　　　（c）非完全二叉树

图 6-20　不同形态的二叉树

满二叉树：一棵深度为 k 且具有 2^k-1 个节点的二叉树称为满二叉树，如图 6-20（a）所示。

完全二叉树：若一棵二叉树至多只有最下面的两层上节点的度数小于 2，并且最下一层的节点都集中在靠左的若干位置上，则此二叉树称为完全二叉树，如图 6-20（b）所示。

非完全二叉树：若一棵二叉树至多只有最下面的两层上节点的度数可以小于 2，并且最下一层上的节点不都集中在该层最左边的若干位置上，则此二叉树称为非完全二叉树，如图 6-20（c）所示。

性质 3：具有 n 个节点的完全二叉树的深度为 $[\log_2 n]+1$。

性质 4：在任意一棵二叉树中，若叶子节点的个数为 n_0，度数为 2 的节点数为 n_2，则 $n_0 = n_2 + 1$。

（3）二叉树的存储

二叉树的存储通常采用链接方式。使用链表来表示一棵二叉树时，链表中的每个节点由三个域组成，除了存储节点自身的信息外，还应设置两个指针域 lchild 和 rchild，分别指向节点的左孩子和右孩子，节点的存储结构如下：

lchild	data	rchild

其中，data 域存放某节点的数据信息；lchild 与 rchild 分别存放其左孩子和右孩子的存储地址。图 6-21（b）所示为图 6-21（a）中的二叉树的存储表示。

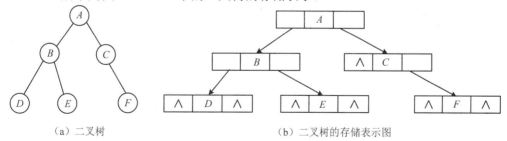

（a）二叉树　　　　　　　　（b）二叉树的存储表示图

图 6-21　二叉树及二叉树的存储表示图

（4）二叉树的遍历

二叉树的遍历（或称周游）就是按某条搜索路径访问二叉树中的每一个节点，使每个节点都被访问一次且仅被访问一次。可以按照多种不同的顺序遍历二叉树，此处介绍三种重要的二叉树遍历方法。

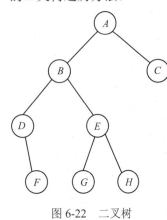

图6-22　二叉树

1）先序（根）遍历：首先访问根节点，然后先序遍历左子树，最后先序遍历右子树。

2）中序（根）遍历：首先中序遍历左子树，然后访问根节点，最后中序遍历右子树。

3）后序（根）遍历：首先后序遍历左子树，然后后序遍历右子树，最后访问根节点。

【例6.3】如图6-22所示为一棵二叉树，写出其对应的三种遍历序列。

按先序遍历的序列：*ABDFEGHC*

按中序遍历的序列：*DFBGEHAC*

按后序遍历的序列：*FDGHEBCA*

6.3.6　查找与排序

1. 查找

查找又称检索，它是数据处理中经常使用的一种重要的运算方式。查找的效率直接影响数据处理的效率。

假定被查找的对象是由一组数据元素组成的线性表，而每个数据元素由若干个数据项组成，其中能唯一标识一个数据元素的数据项称为关键码。查找的定义是，给定一个值，在含有 n 个数据元素的线性表中找出关键码等于给定值的数据元素，若找到，则表示查找成功；否则，表示查找失败。

下面介绍两种常用的查找方法。

（1）顺序查找

顺序查找一般指从线性表的第一个元素开始，依次将线性表中元素的关键码与给定值进行比较，若匹配成功则表示找到（即查找成功）；若线性表中所有元素的关键码都与给定值不匹配，则表示线性表中没有满足条件的元素（即查找失败）。

顺序查找的优点是线性表不必按关键码排序，对线性表的存储结构无特殊要求（顺序存储、链接存储皆可）。其缺点是，在一般情况下，在整个查找过程中大约要与表中一半的数据元素进行比较，当线性表的长度很大时效率就会较低，即不适用于长度较大的线性表的查找。

（2）二分法查找

二分法查找是一种效率较高的线性表查找方法。二分法查找要求线性表必须是按关键码排序的，且线性表以顺序方式存储。

二分法查找的方法是在线性表中，取中间元素作为比较对象，这个中间元素把线性表分成了左右两个子表，若给定值与中间元素的关键码相等，则查找成功；若给定值小于中间元素的关键码，则在左表中继续查找；若给定值大于中间元素的关键码，则在右表中继续查找。

不断重复上述查找过程，直到查找成功；或确定表中没有这样的数据元素，即查找失败。

二分法查找的优点是平均检索长度小，即每经过一次比较，查找范围将缩小一半。其缺点是线性表必须按关键码排序，很费时间。

【例6.4】已知线性表的关键码序列为（16，21，29，33，35，43，48，54，66，78，85）。现要查找关键码为 33 的元素。用"[ ]"包含本次查找的子表，用"↑"指向该子表的中间元素，即本次参加比较的关键码，检索的过程如图6-23所示，经过三次比较找到了该节点。

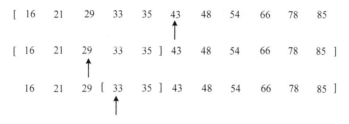

图 6-23 使用二分法查找"33"

2. 排序

排序是数据处理中经常使用的一种重要运算。排序是指将一个无序序列整理成按关键码递增或递减顺序排列的有序序列。假定排序的对象是顺序存储的线性表，线性表中的数据元素由若干个数据项组成，以关键码作为排序依据。排序的方法有很多，根据待排序序列的规模及数据处理的要求，可以采用不同的排序方法。

（1）直接插入排序

直接插入排序是最简单、直观的排序方法。其基本方法为，每次将一个待排序数据元素按其关键码的大小插入已经排好序的线性表中的适当位置，直到全部元素插入完成为止。

直接插入排序过程为，假设前 $i-1$ 个数据元素已经排好序，首先将第 i 个数据元素存放到临时变量 T 中；然后将 T 中数据元素的关键码 key_i 从后向前依次与前面数据元素的关键码 key_{i-1}、key_{i-2}、…、key_1 进行比较，将关键码大于 key_i 的数据元素依次向后移动一个位置，直到发现一个关键码小于或者等于 key_i 的数据元素为止；最后将 T 中的数据元素插入刚移出的空存储单元即可。直接插入排序的整个过程需要进行 $n-1$ 次插入。每次比较最多移去一个逆序，在最坏的情况下，直接插入排序需要进行 $n(n-1)/2$ 次比较。

（2）冒泡排序

冒泡排序是基于交换思想的一种简单的排序方法。其基本思想为，两两比较待排序数据元素的关键码，发现两个数据元素的次序相反时即进行交换，直到没有逆序的数据元素为止。

对 n 个数据元素进行冒泡排序的过程为，第一趟，从第 1 个数据元素开始到第 n 个数据元素，按关键码顺序两两比较，若为逆序，则进行交换。将序列按照此方法从头至尾处理一遍称作一趟冒泡，一趟冒泡的结果是将关键码最大的数据元素交换到最后的位置。若某一趟冒泡过程中没有任何交换发生，则排序过程结束。长度为 n 的线性表最多需要进行 $n-1$ 趟冒泡。在最坏情况下，冒泡排序需要进行 $n(n-1)/2$ 次比较。

（3）简单选择排序

简单选择排序的基本思想为，每一趟从待排序的数据序列中选出关键码最小的数据元素，顺序放在已排好序的子表的最后，直到全部数据元素排序完毕。

简单选择排序的基本过程如下。

1）从第 1 个数据元素开始，通过 $n-1$ 次关键码比较，从 n 个数据元素中找出关键码最小的数据元素，再将它与第 1 个数据元素交换位置，完成第一趟简单选择排序。

2）从第 2 个数据元素开始，再通过 $n-2$ 次比较，从剩余的 $n-1$ 个数据元素中找出关键码最小的数据元素，再将它与第 2 个数据元素交换位置，完成第二趟简单选择排序。

3）从第 i 个数据元素开始，再通过 $i-1$ 次比较，从剩余的 $n-i+1$ 个数据元素中找出关键码最小的数据元素，将它与第 i 个数据元素交换位置，完成第 i 趟简单选择排序。

重复上述操作，共进行 $n-1$ 趟排序，把 $n-1$ 个数据元素移动到指定位置，最后一个数据元素直接放到最后，排序结束。在最坏的情况下，长度为 n 的线性表需要进行 $n(n-1)/2$ 次比较。

（4）快速排序

快速排序又称划分交换排序。其基本思想为，在当前无序表中任取一个数据元素作为比较基准，用此基准将当前无序表划分为左右两个无序子表，且左边的无序子表中数据元素的关键码均小于或等于基准的关键码，右边的无序子表中数据元素的关键码均大于或等于基准的关键码，当左右两个无序子表均非空时，分别对它们进行上述的划分过程，直到所有无序表中的数据元素均已排好序为止。

思考题

1. 什么是软件工程？
2. 什么是软件的生命周期？软件生命周期分为哪几个阶段？
3. 简述用结构化方法进行软件开发的过程。
4. 什么是程序？程序的三种最基本的控制结构是什么？
5. 什么是算法？算法最主要的特征是什么？衡量算法优劣的主要标准是什么？
6. 数据结构主要由哪三方面内容组成？
7. 什么是栈、栈顶、栈底、空栈？
8. 树与二叉树的区别是什么？
9. 常用的排序方法有哪几种？

第 7 章　数据库技术

数据库（database，DB）技术是计算机应用技术的一个重要分支，也是计算机技术中发展最快，应用最广的技术之一。作为数据管理的主流技术，数据库技术已经广泛应用于工业、农业、医疗、教育、金融、商业、军事等各个领域。从某种意义上说，数据库的建设规模、数据库信息量的大小和使用频度，已成为衡量一个国家信息化程度的重要标志。

本章主要内容如下：

1）数据库系统概述。

2）数据模型。

3）关系运算。

4）数据库设计。

5）常见的数据库管理系统。

7.1　数据库系统概述

7.1.1　数据库技术的发展

数据库系统的产生和发展与数据库技术的发展是相辅相成的。数据库技术是数据管理技术，是对数据进行分类、组织、编码、存储、检索和维护的技术。数据管理方式随着计算机硬件（尤其是外存）、软件技术的进步和计算机应用范围的扩展而不断发展，大致经历了三个基本阶段，即人工管理阶段、文件系统阶段和数据库系统阶段。

1. 人工管理阶段

在 20 世纪 50 年代中期以前，数据管理方式处于人工管理阶段，这一阶段的计算机主要用于科学计算。外存只有磁带、卡片和纸带，没有磁盘等可以进行直接存取的存储设备。软件只有汇编语言，没有操作系统，没有用于管理数据的软件。这个阶段数据管理的基本特点为，数据不保存在计算机内、无专门软件对数据进行管理、数据不共享（冗余度大）、数据完全依赖于程序（不具有独立性）。图 7-1 所示为人工管理阶段应用程序与数据之间的关系。

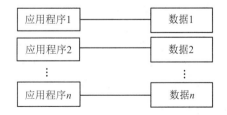

图 7-1　人工管理阶段应用程序与数据之间的关系

2．文件系统阶段

20 世纪 50 年代后期到 20 世纪 60 年代中期，数据管理方式处于文件系统阶段，这一阶段的计算机硬件和软件技术都有了一定的发展。计算机不仅用于科学计算，还用于数据管理。在这个阶段，硬件方面已经出现了磁盘、磁鼓等可用于直接存取的设备；在软件方面，操作系统中已经包含了数据管理软件，即文件系统。这个阶段数据管理的基本特点是数据可以长期保存，由文件系统管理数据，程序与数据有一定的独立性，但数据文件依赖于对应的程序，不能被多个程序所共享。图 7-2 所示为文件系统阶段应用程序与数据之间的关系。

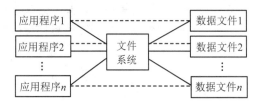

图 7-2　文件系统阶段应用程序与数据之间的关系

3．数据库系统阶段

从 20 世纪 60 年代中期开始至今，数据管理方式处于数据库系统阶段。在这一阶段，随着计算机硬件和软件技术的飞速发展，计算机用于数据管理的规模更为庞大，应用越来越广泛，数据量急剧增长，数据共享的要求越来越高，因此，数据库技术应运而生。数据库技术能有效地管理和存取大量的数据资源，提高数据的共享性，使多个用户能并发存取数据库中的数据，减小数据的冗余度，以提高数据的一致性和完整性，实现数据和应用程序的独立性，减少维护应用程序的代价。图 7-3 所示为数据库系统阶段应用程序与数据之间的关系。

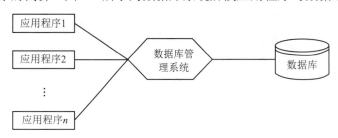

图 7-3　数据库系统阶段应用程序与数据之间的关系

（1）数据库系统的特点

与文件系统相比，数据库系统具有以下特点。

1）实现了数据的结构化。数据的结构化是数据库的主要特征之一，也是数据库系统与文件系统的根本区别。数据库中的数据是按照一定的数据结构组织起来的，能表示数据之间所存在的有机关联，从而反映现实世界事物之间的联系。

2）实现了数据共享，减少了数据冗余。在数据库系统中，对数据的定义和描述已经从应用程序中分离出来，通过数据库管理系统统一管理。在数据库中存放着整个系统的综合性数据，可以被多个应用程序共享使用，这样可以大大减少数据冗余，不仅节省了存储空间，还能够避免数据之间的不相容和不一致。

3）数据具有较高的独立性。数据独立具有两个含义，分别为物理数据独立性和逻辑数据独立性。物理数据独立性是指数据库的物理结构（包括数据的组织、存储、存取方法、外部存储设备等）发生改变时，不会影响逻辑结构，用户使用的是逻辑数据，所以不必改动程序；逻辑数据独立性是指数据库的全局逻辑发生改变时，用户也无须改动程序。

4）实现了对数据的统一管理和控制。数据库供多个用户和应用程序所共享，对数据的存取往往是并发的，数据库管理系统可提供三个方面的数据控制功能，分别为数据的安全性控制、数据的完整性控制和数据的并发控制，从而保障了多用户对数据库中数据的共享。

（2）数据库技术的分支

目前，数据库技术与其他信息技术一样，也在不断进步，并与其他计算机技术分支结合，向更高一级的数据库技术发展，如分布式数据库技术、面向对象数据库技术、其他新型的数据库技术等。

1）分布式数据库技术。对集中式数据库系统而言，所有的工作由一台计算机完成。数据集中管理减少了数据冗余。但随着数据库应用规模的不断扩大，集中式数据库难以扩展的缺点便暴露出来。

分布式数据库系统是在集中式数据库系统技术的基础上发展起来的，是物理上分布在计算机网络的不同节点，而逻辑上属于同一系统的数据集合。网络上每个节点的数据库都有自治能力，能执行局部应用。同时，每个节点也能通过网络通信执行全局应用。

2）面向对象数据库技术。面向对象数据库系统是面向对象技术与数据库技术有机结合形成的新型数据库系统。它首先是一个数据库系统，具有传统数据库系统的基本功能。其次又是一个面向对象系统，能充分支持完整的面向对象的概念和机制。

3）其他新型的数据库技术。其他新型的数据库技术包括演绎数据库技术、主动数据库技术、基于逻辑的数据库技术、模糊数据库技术、并行数据库技术、多媒体数据库技术、内存数据库技术、联邦数据库技术、工作流数据库技术、工程数据库技术、地理数据库技术等。

7.1.2　数据库系统的基本概念

1. 数据库

数据库是长期存储在计算机内的、有组织的、可共享的数据集合。数据库中的数据按一定的数据模型来组织、描述和存储，具有较小的冗余度。

2. 数据库管理系统

数据库管理系统（database management system，DBMS）是位于用户与操作系统之间的数据管理软件，它为用户或应用程序提供访问 DB 的方法，包括 DB 的建立、查询、更新及各种数据控制。数据库管理系统是数据库系统的一个重要组成部分，它的基本功能包括以下几个方面。

（1）数据定义功能

DBMS 提供数据定义语言（data definition language，DDL），通过它可以方便地对数据库中的数据对象进行定义，如 CREATE DATABASE 是创建数据库命令，CREATE TABLE 是创建数据表命令等。

（2）数据操纵功能

DBMS 提供数据操纵语言（data manipulation language，DML），可以使用 DML 操纵数据，实现对数据的基本操作，如查询、插入、删除和修改。

（3）数据库的运行管理功能

数据库在建立、运行和维护时由数据库管理系统统一管理和控制，以保证数据的安全性、完整性、多用户对数据的并发使用及发生故障后的系统恢复。

（4）数据库的建立和维护功能

数据库的建立和维护功能包括数据库初始数据的输入、转换功能，数据库的转储与恢复功能，数据库的重组织、性能监视和分析功能等。这些功能通常是由一些实用程序实现的。

3. 数据库系统

数据库系统（database system，DBS）是指在计算机系统中引入数据库后构成的系统。一般由数据库、数据库管理系统、数据库管理员、数据库应用系统和用户组成，如图 7-4 所示。数据库系统并不仅仅指数据库和数据库管理系统，而是指带有数据库的整个计算机系统。

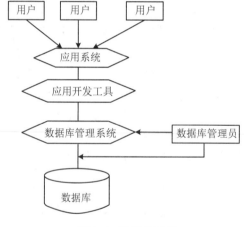

图 7-4　数据库系统

4. 数据库管理员

数据库管理员（database administrator，DBA）是负责建立、维护和管理数据库系统的专业人员。为保证数据库能高效、正常地运行，大型数据库系统都需要专人管理和维护。

5. 数据库应用系统

数据库应用系统（database application system，DBAS）是为某一领域应用而开发的数据库系统，包括数据库、数据库管理系统、数据库管理员、软硬件平台、应用软件和应用界面。

7.1.3　数据库系统的内部结构

数据库系统在其内部具有三级模式和两级映射。三级模式分别是概念模式、外模式和内模式；两级映射分别是概念模式到内模式的映射和外模式到概念模式的映射。

1. 数据库系统的三级模式

（1）概念模式

概念模式是数据库系统中全局数据逻辑结构的描述，是全体用户（应用）的公共数据视图。此种描述是一种抽象的描述，不涉及具体的硬件环境与平台，也与具体的软件环境无关。一个数据库只有一个概念模式。

概念模式是所有概念记录类型的定义，是对数据库中所有记录类型的整体描述。概念模式还要描述记录之间的联系，以及记录之间的一些语义约束。

概念模式的描述可以用 DBMS 中的 DDL 定义。

（2）外模式

外模式也称子模式或用户模式，它是用户与数据库系统的接口。外模式是用户的数据视图，也就是用户所见到的数据模式，由概念模式推导而来。概念模式给出了系统全局的数据描述，而外模式则给出了每个用户的局部数据描述。一个概念模式可以有若干个外模式，每个用户只关心与它有关的模式，这样不仅可以屏蔽大量无关的信息，而且有利于数据保护。DBMS 提供外模式描述语言（外模式 DDL）来定义外模式。

（3）内模式

内模式又称物理模式。它给出了数据库物理存储结构与物理存取方法，如数据存储的文件结构、索引、集簇及散列等。内模式对一般用户是透明的，但它的设计直接影响数据库的性能。DBMS 提供内模式描述语言（内模式 DDL）来定义内模式。

数据模式给出了数据库的数据框架结构，数据是数据库中的真正实体，但这些数据必须按框架所描述的结构进行组织。以概念模式为框架所组成的数据库称为概念数据库，以外模式为框架组成的数据库称为用户数据库，以内模式为框架组成的数据库称为物理数据库。在上述三种数据库中，只有物理数据库是真实存在于计算机外存中的，其他两种数据库并不真正存在于计算机中，而是通过两种映射由物理数据库映射而成的。

2. 数据库系统的两级映射

数据库系统通过两级映射建立了模式之间的联系与转换，使概念模式与外模式虽然并不是物理的，但是也能通过映射而获得其实体。此外，两级映射也保证了数据库系统中数据的独立性，即数据的物理组织改变与逻辑概念改变相互独立，只需调整映射方式而不必改变用户模式。

（1）概念模式到内模式的映射

概念模式到内模式的映射给出了概念模式中数据的全局逻辑结构到数据的物理存储结构之间的对应关系，此种映射一般由 DBMS 实现。

当数据库的存储结构发生变化时，可通过修改相应的概念模式到内模式的映射，使数据库的概念模式不变。若其外模式不变，则应用程序无须修改，从而保证数据具有较高的物理独立性。

（2）外模式到概念模式的映射

概念模式是全局模式，而外模式是用户的局部模式。在概念模式中可以定义多个外模式，而每个外模式是概念模式的一个基本视图。外模式到概念模式的映射给出了外模式与概念模式的对应关系，这种映射一般也是由 DBMS 来实现的。

当概念模式发生变化时，可通过修改相应的外模式到概念模式的映射，使用户所使用的那部分外模式不变，从而无须修改应用程序，保证数据具有较高的逻辑独立性，如图 7-5 所示。

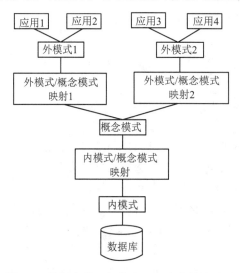

图 7-5　数据库的三级模式、两种映射关系图

7.2　数据模型

如何在数据库中存储和处理现实世界的事物及事物之间的联系，是数据库技术首先要解决的问题。数据模型是现实世界中数据特征的抽象，是一组严格定义的模型元素集合。数据模型是数据库系统中用于数据表示和操作的一组概念和定义。各种数据库管理系统都是基于某种数据模型的。

数据模型按照不同的应用层次分为概念数据模型、逻辑数据模型和物理数据模型三种类型。

概念数据模型又称概念模型，是一种面向客观世界、面向用户的模型，与具体的数据库管理系统和具体的计算机平台无关。概念模型是整个数据模型的基础。概念数据模型中最常用的是 E-R 模型、扩充的 E-R 模型、面向对象模型及谓词模型。

逻辑数据模型又称数据模型，是一种面向数据库系统的模型，该模型着重于数据库系统一级的实现。概念模型只有在转换成数据模型后才能在数据库中表示。常用的逻辑数据模型有层次模型、网状模型、关系模型和面向对象模型等。

物理数据模型又称物理模型，是一种面向计算机物理表示的模型。此模型给出了数据模型在计算机上的物理结构表示，与具体的 DBMS、操作系统和硬件均有关。

7.2.1　E-R 模型

概念模型是面向现实世界的，它可以有效和自然地模拟现实世界，给出数据的概念化结构。长期以来被广泛使用的概念模型是 E-R 模型（或称实体联系模型），它于 1976 年由 Peter

Chen 首先提出。该模型将现实世界的要求转化成实体、联系、属性等几个基本概念，以及这些基本概念之间的连接关系，并且可以用一种图形非常直观地表示出来。

1. E-R 模型的基本概念

（1）实体

现实世界中的事物可以抽象为实体，实体是概念模型中的基本单位，它们是客观存在且又能相互区别的事物。凡是有共性的实体可组成一个集合，即实体集，如小王是一个学生实体，全体学生就是一个实体集。

（2）属性

现实世界中的事物都有一些特性，这些特性可以用属性来表示。属性刻画了实体的特征。一个实体往往可以有若干属性。每个属性可以有属性值，一个属性的取值范围称为该属性的值域或值集，如小王的年龄取值为 17，小赵的年龄取值为 19。

（3）联系

现实世界中事物之间的关联称为联系。在概念模型中，联系反映了实体集之间的一定的关系，如工人与设备之间的操作关系，上、下级之间的领导关系，生产者与消费者之间的供求关系等。

联系可分为两种，一种是实体集内部的联系，它反映了实体集不同属性之间的联系；另一种是实体集之间的联系。两个实体集之间的联系实际上是实体之间的函数关系，两个实体集之间的联系可以分为一对一联系、一对多联系、多对多联系三种。

1）一对一联系，简记为 $1:1$。如果对于实体集 A 中的每一个实体，实体集 B 中至多只有一个实体与之联系，反之亦然，则称实体集 A 与实体集 B 具有一对一联系。例如，一个学校与一个校长相互一一对应，因此学校与校长之间具有一对一联系。

2）一对多联系，简记为 $1:n$。如果对于实体集 A 中的每一个实体，实体集 B 中有 $n(n \geq 0)$ 个实体与之联系；反之，对于实体集 B 中的每一个实体，实体集 A 中至多只有一个实体与之联系，则称实体集 A 与实体集 B 具有一对多联系。例如，一个班级中有多名学生，而一个学生只属于一个班级，则班级与学生之间具有一对多联系。

3）多对多联系，简记为 $m:n$。如果对于实体集 A 中的每一个实体，实体集 B 中有 $n(n \geq 0)$ 个实体与之联系；反之，对于实体集 B 中的每一个实体，实体集 A 中有 $m(m \geq 0)$ 个实体与之联系，则称实体集 A 与实体集 B 具有多对多联系。例如，一个教师可以教授多个学生，而一个学生可以受教于多个教师，则教师与学生之间具有多对多联系。

2. 实体、联系和属性之间的关系

组成 E-R 模型的三个基本概念——实体、联系、属性结合起来才能表示现实世界。

（1）实体集（联系）与属性之间的连接关系

实体是概念模型中的基本单位，属性附属于实体，它本身并不构成独立单位。一个实体可以有若干属性，实体及其所有属性构成了实体的一个完整描述。例如，在学生档案中，每个学生（实体）可以有学号、姓名、年龄、籍贯、政治面貌等若干属性，这些属性组成了该学生（实体）的完整描述。

一个实体所有属性的值组成了一个值集，称为元组。在概念模型中，可以用元组表示实体，也可以用它区别不同的实体。例如，在表 7-1 所示的学生档案表中，每一行表示一个实体，这个实体可以用一组属性值表示，如"201110012，李洪亮，男，18，计算机"和"201110013，刘刚，男，19，会计"这两个元组分别表示两个不同的实体。

表 7-1　学生档案表

学号	姓名	性别	年龄	专业
201110012	李洪亮	男	18	计算机
201110013	刘刚	男	19	会计
201110014	赵美	女	18	数学

实体有型与值之别，一个实体的所有属性构成了这个实体的型，如学生档案表中的实体型是由学号、姓名、性别、年龄、专业等属性组成，而实体中属性值的集合（即元组）则构成了这个实体的值。相同型的实体构成了实体集。

联系也可以有附属属性，联系和它的所有附属属性构成了联系的一个完整描述。因此，联系与附属属性之间也有连接关系，如教师与学生两个实体集之间的教与学的联系，该联系可含有附属属性"教室号"。

（2）实体（集）与联系之间的连接关系

实体集之间可通过联系建立连接关系，但实体集之间无法建立直接关系，如教师与学生之间无法直接建立关系，只有通过"教与学"的联系才能在相互之间建立关系。

3. E-R 模型的图示法

E-R 模型可以用一种直观图的形式表示，这种图称为 E-R 图。在 E-R 图中分别用下面不同的几何图形表示 E-R 模型中的三个基本概念与连接关系。

（1）实体集表示法

在 E-R 图中，用矩形表示实体集，在矩形内写上该实体集的名称，如学生实体集，可用如图 7-6 所示的方法表示。

（2）属性表示法

在 E-R 图中，用椭圆形表示属性，在椭圆形内写上该属性的名称，如学生有学号、姓名等属性，可用如图 7-7 所示的方法表示。

（3）联系表示法

在 E-R 图中，用菱形表示联系，在菱形内写上联系的名称，如学生与课程之间的联系为选修，可用如图 7-8 所示的方法表示。

图 7-6　实体　　　　　　图 7-7　属性　　　　　　图 7-8　联系

三个基本概念分别用三种几何图形表示，它们之间的连接关系也可用图形表示。

（4）实体集（联系）与属性之间的连接关系

在 E-R 图中，实体集与属性之间的关系可用连接这两个图形间的无向线段表示。例如，学生实体集有学号、姓名、性别属性，其表示法如图 7-9 所示。

联系与属性之间的连接关系也可用无向线段表示。例如，联系选修可与学生的成绩属性建立连接关系，如图 7-10 所示。

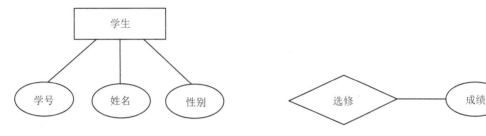

图 7-9 实体集与属性间的连接关系 　　　图 7-10 联系与属性间的连接关系

（5）实体集与联系之间的连接关系

在 E-R 图中，实体集与联系之间的连接关系可用连接这两个图形之间的无向线段表示。例如，实体集学生与联系选修之间有连接关系，实体集课程与联系选修之间也有连接关系，因此它们之间的连接关系可用无向线段表示，如图 7-11 所示。

图 7-11 实体集与联系之间的连接关系

学生实体与课程实体联系的 E-R 模型，由学生和课程两个实体集及其属性、这两个实体集之间的联系为选修，以及选修的属性为成绩构成，如图 7-12 所示。

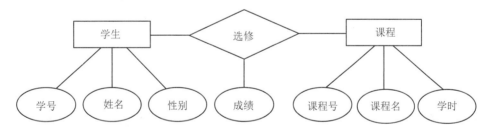

图 7-12 学生课程联系的 E-R 模型

7.2.2 常用的数据模型

常用的数据模型主要有层次模型、网状模型、关系模型等。

1. 层次模型

层次模型是用树形结构来表示实体及实体之间联系的数据模型。这样的树由节点和连线组成，节点表示实体集，连线表示相连实体之间的关系。现实世界中有很多这样的层次关系。

图 7-13 所示为学校实体的层次模型。

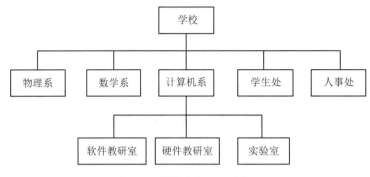

图 7-13　学校实体的层次模型

层次模型的基本特点如下。

1）有且仅有一个节点，无父节点，此节点是根节点。

2）其他节点有且仅有一个父节点。

支持层次模型的数据库管理系统称为层次数据库管理系统。

2. 网状模型

网状模型是用网状结构表示实体及实体之间联系的数据模型。网状模型突破了层次模型的两点限制，允许节点有多于一个的父节点，并且可以有一个以上的节点没有父节点。

支持网状模型的数据库管理系统称为网状数据库管理系统。图 7-14 所示为教师授课和学生选课的网状模型。

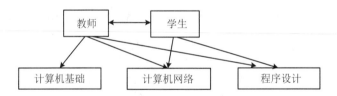

图 7-14　教师授课和学生选课的网状模型

3. 关系模型

关系模型对数据库的理论和实践产生了很大的影响，与层次模型和网状模型相比，它具有明显的优点，是目前使用最广泛的数据模型。

（1）关系的数据结构

关系模型是用二维表来表示实体及实体之间联系的数据模型。表 7-2 所示的学生表就是一个关系模型，表中的行称为元组，列称为属性。

表 7-2　学生登记表

学号	姓名	性别	出生日期	所在系
050120007	张从	男	1989-12-12	计算机系
050120008	陈平	女	1989-01-02	物理系
050120009	袁敏	女	1988-06-30	数学系

二维表一般满足以下七个性质。

1）二维表中元组的个数是有限个的——元组个数有限性。

2）二维表中元组各不相同——元组的唯一性。

3）二维表中元组的次序可以任意交换——元组的次序无关性。

4）二维表中元组的分量是不可分割的基本数据项——元组分量的原子性。

5）二维表中属性名各不相同——属性名唯一性。

6）二维表中属性与次序无关，可任意交换——属性的次序无关性。

7）二维表中属性的分量具有与该属性相同的值域——分量值域的同一性。

满足以上七个性质的二维表称为关系，以二维表为基本结构所建立的模型称为关系模型。

关系模型中一个重要的概念是键或码。键具有标识元组、建立元组之间联系等重要作用。在二维表中，凡能唯一标识元组的最小属性集称为该表的键或码。二维表可能有若干个键，它们称为该表的候选键或候选码。从所有候选键中选取一个作为用户使用的键称为主键或主码，一般主键也简称键或码。若表 A 中的某属性集是某表 B 的键，则称该属性集为 A 的外键或外码。

（2）关系操纵

关系模型的关系操纵是建立在关系上的数据操纵，一般有查询、删除、插入及修改四种操作。

1）数据查询。用户可以查询关系数据库中的数据，包括一个关系内的查询及多个关系之间的查询。一个关系内的查询的基本单元是元组分量，其基本过程是先定位后操作。定位包括纵向定位与横向定位两部分，纵向定位是指定关系中的一些属性（称列指定），横向定位是选择满足某些逻辑条件的元组（称行选择）。通过纵向与横向定位后，即可确定一个关系中的元组分量。在定位后可进行查询操作，即将定位的数据从关系数据库中取出并放入指定的内存。

2）数据删除。数据删除的基本单位是一个关系内的元组，其功能是删除指定关系内的指定元组。它也分为定位与操作两部分，其中定位部分只需横向定位，无须纵向定位，定位后即可执行删除操作。因此，数据删除可以分解为一个关系内的元组选择与关系中元组删除两个基本操作。

3）数据插入。数据插入仅对一个关系而言，在指定关系中插入一个或多个元组。在数据插入中无须定位，仅需进行关系中的元组插入操作，因此数据插入只有一个基本操作。

4）数据修改。数据修改是在一个关系中修改指定的元组与属性。数据修改不是一个基本操作，它可以分解为删除需要修改的元组与插入修改后的元组两个基本操作。

（3）关系中的数据约束

关系模型允许定义三类数据约束，分别是实体完整性约束、参照完整性约束和用户定义的完整性约束，其中，前两种完整性约束是关系数据库必须遵守的规则，均由关系数据库自动支持。对于用户定义的完整性约束，则由关系数据库系统提供完整性约束语言，用户利用该语言写出约束条件，运行时由系统自动检查。

1）实体完整性约束（entity integrity constraint）。该约束要求关系主键中的属性值不能为空值，这是数据库完整性的最基本要求（若为空值，则无法保证元组的唯一性）。

2）参照完整性约束（reference integrity constraint）。该约束是关系之间相关联的基本约束，它不允许关系引用不存在的元组，即关系中的外键，或者是所有关联关系中实际存在的元组，或是空值。

3）用户定义的完整性约束（user-defined integrity constraint）。这是针对具体数据环境与应用环境由用户具体设置的约束，它反映了具体应用中数据的语义要求。

7.3　关系运算

关系运算采用集合操作方式，即操作的对象和结果都是集合。关系模型中常用的关系运算包括两种，一种是传统的集合运算，主要包括并、交、差等；另一种是专门的关系运算，主要包括选择、投影、连接、除、增加、删除、修改等。在使用过程中，一些查询工作通常需要组合几个基本运算，并经过若干步骤才能完成。

7.3.1　传统的集合运算

进行并、差、交集合运算的关系必须具有相同的关系模式，假设两个关系 R 和 S 具有相同的关系模式。

（1）并运算

R 和 S 的并是由属于 R 或属于 S 的元组组成的集合，即并运算，结果是把关系 R 与关系 S 合并到一起，去掉重复元组（只保留一个）。运算符为"∪"，记为 $R \cup S$。

（2）差运算

关系 R 和 S 的差是由属于 R 但不属于 S 的元组组成的集合，即差运算，结果是从 R 中去掉 S 中也有的元组。运算符为"−"，记为 $R-S$。

（3）交运算

关系 R 和 S 的交是由既属于 R 又属于 S 的元组组成的集合，即交运算，结果是 R 和 S 的共同元组。运算符为"∩"，记为 $R \cap S$。

（4）笛卡儿积运算

关系 R 和 S 的笛卡儿积是由 R 中每个元组与 S 中每个元组组合生成的新关系，即新关系的每个元组左侧是关系 R 的元组，右侧是关系 S 的元组。运算符为"×"，记为 $R \times S$。

7.3.2　专门的关系运算

专门的关系运算包括投影、选择和连接运算。这类运算将关系看作元组的集合，其运算不仅涉及关系的水平方向（表中的行），而且涉及关系的垂直方向（表中的列）。

1. 选择运算

选择运算是从关系 R 中找出满足给定条件的元组组成新关系。选择的条件以逻辑表达式的形式给出，使逻辑表达式的值为真的元组被选取，记为 $\delta_F(R)$。

其中，F 是选择条件，是一个逻辑表达式，它由逻辑运算符（∧或∨）和比较运算符（>、≥、<、≤）组成。

选择运算是一元关系运算，选择运算结果中的元组个数一般比原来关系中的元组个数少，它是原关系的一个子集，但关系模式不变。

2. 投影运算

投影运算是由选择关系 R 中的若干属性组成的新关系，并去掉重复元组，只保留一个，可对关系的属性进行筛选，记为 $\prod_A(R)$。

其中，A 为关系的属性列表，各属性间用逗号分隔。

投影运算是一元关系运算，相当于对关系进行垂直分解。一般地，其结果的关系属性个数比原来的关系属性个数少，或者属性的排列顺序不同。投影的运算结果不仅取消了原来关系中的某些列，而且还可能取消某些元组（去掉重复元组，只保留一个）。

3. 连接运算

连接运算是依据给定的条件，从两个已知关系 R 和 S 的笛卡儿积中选取满足连接条件（属性之间）的若干元组组成新关系，记为 $(R) \overset{\bowtie}{F} (S)$。

连接运算是笛卡儿积导出的，相当于把两个关系 R 和 S 的笛卡儿积做一次选择运算，从笛卡儿积的全部元组中选择满足条件的元组。

连接运算与笛卡儿积的区别是：笛卡儿积是关系 R 和 S 所有元组的组合，而连接只是满足条件的元组的组合。

在连接运算的结果中，元组、属性的个数一般比两个关系的元组、属性的总数少，比其中任意一个关系的元组、属性的个数多。

连接运算分为条件连接、等值连接、自然连接、外连接等。

1）条件连接：从两个关系 R 和 S 的笛卡儿积中选取属性间满足一定条件的元组。

2）等值连接：从两个关系 R 和 S 的笛卡儿积中选取属性间满足等值条件的元组。

3）自然连接：自然连接也是等值连接，从两个关系 R 和 S 的笛卡儿积中选取公共属性满足等值条件的元组，但新关系不包含重复的属性。

4）外连接：外连接分为左外部连接和右外部连接。关系 R 和 S 的左外部连接结果是先将 R 中的所有元组都保留在新关系中，包括公共属性不满足等值条件的元组，新关系中与 S 相对应的非公共属性的值均为空；关系 R 和 S 的右外部连接结果是先将 S 中的所有元组都保留在新关系中，包括公共属性不满足等值条件的元组，新关系中与 R 相对应的非公共属性的值均为空。

7.4 数据库设计

数据库设计是开发数据库及其应用系统的技术，数据库应用系统是以数据库为核心和基础的，所以数据库设计的好坏直接影响整个系统的效率和质量。只有设计出高质量的数据库，才能开发出高质量的数据库应用系统。数据库设计包括需求分析、概念结构设计、逻辑结构设计、物理结构设计、数据库实施、数据库运行和维护六个阶段。

1．需求分析

需求分析是数据库设计的第一个阶段，这一阶段是设计概念结构的基础。若设计出可用的概念结构，则必须在需求分析阶段从系统的角度来考虑问题，收集、分析及处理数据。

需求分析阶段的任务是通过详细调查现实世界要处理的对象（组织、部门、企业等），充分了解原系统的工作概况，明确用户的各种需求，然后在此基础上确定新系统的功能。新系统必须充分考虑今后可能的扩充和改变，不能仅按照当前应用需求来设计数据库。

2．概念结构设计

概念结构设计是整个数据库设计的关键，它通过对用户需求进行综合、归纳与抽象，形成一个独立于具体 DBMS 的概念模型。概念模型能够真实地反映现实世界信息的需求，包括实体及实体之间的联系，同时还易于向关系、网状、层次等各种数据模型转换。概念模型便于开发者与不熟悉计算机专业知识的用户进行交流，当应用环境和用户需求发生改变时，开发者又可以很容易地对概念模型做出相应的调整。描述概念模型的有效工具是实体-联系图，即 E-R 图。

3．逻辑结构设计

逻辑结构设计是将在概念结构设计阶段设计好的概念模型（用 E-R 图描述）转换为与选定的 DBMS 产品所支持的数据模型，并使其在功能、性能、完整性约束、一致性和可扩充性等方面均满足用户的需求。逻辑结构设计要分两步进行。

1）将概念模型转换为关系模型，并对关系模型进行优化。

2）将优化的关系模型向特定的关系数据库管理系统（relational database management system，RDBMS）产品支持下的数据模型转换，就是将一般的关系模型转换为符合某一具体的并能被计算机接受的 RDBMS 模型（如 Oracle、SQL Server 等）。

4．物理结构设计

数据库的物理结构是指数据库在实际物理设备上的存储结构与存储方法。物理结构设计是为逻辑数据模型选取一个最适合应用环境的物理结构，即利用选定的 DBMS 提供的方法和技术，用合理的存储结构设计一个高效的、可行的数据库物理结构。

5．数据库实施

数据库实施阶段的任务是根据逻辑结构设计和物理结构设计的结果，在实际选定的RDBMS 上建立数据库，通常要完成以下两项工作。

1）建立数据库的结构。利用 RDBMS 提供的数据定义语言将逻辑结构设计和物理结构设计结果描述为源程序，调试执行源程序后就完成了数据库结构的建立。

2）输入模拟数据并调试应用程序。

6．数据库运行和维护

数据库试运行合格后，数据库设计工作就基本完成了，即可投入正式运行。在数据库运行阶段，对数据库的维护工作主要由数据库管理员完成，主要的工作包括数据库的转储和恢复、数据库的安全性和完整性控制、数据库性能的监督和分析、数据库的重组织与重构造等。

7.5 常见的数据库管理系统

当前流行的数据库管理系统产品主要有 SQL Server、Oracle 等。

1. SQL Server

SQL Server 是一个支持关系模型的关系数据库管理系统，是 Microsoft 公司的产品，已经历了多个版本的发展演化。Microsoft 公司于 1995 年发布 SQL Server 6.0 版本；1996 年发布 SQL Server 6.5 版本；1998 年发布 SQL Server 7.0 版本，在数据存储和数据引擎方面做了根本性的变化，确立了 SQL Server 在数据库管理工具中的主导地位；2000 年发布的 SQL Server 2000，在数据库性能、可靠性、易用性方面做了重大改进；2005 年发布的 SQL Server 2005，可为各类用户提供完善的数据库解决方案；2008 年发布的 SQL Server 2008 R2，在安全性、延展性和管理能力等方面进一步提高；2012 年发布了 SQL Server 2012。

现在比较流行的 SQL Server 2012 不仅继承了早期版本的优点，同时增加了许多新的功能，具有高安全性、高可靠性、高效智能等优点。

2. Oracle

Oracle 是甲骨文（Oracle）公司开发的大型关系数据库系统。Oracle 数据库系统支持多种系统平台（如 Linux、SunOS、Windows 等），Oracle 数据库的常用版本为 Oracle Database 12c。Oracle Database 12c 引入了一个新的多承租方架构，使用该架构可轻松部署和管理数据库云。此外，其具备的一些创新特性可最大限度地提高资源的使用率和灵活性。

思考题

1. 数据库技术的发展经历了哪些阶段？各有什么特点？
2. 什么是数据库、数据库管理系统、数据库系统？数据库管理系统的基本功能有哪些？
3. 数据库系统内部具有的三级模式和二级映射的含义是什么？
4. 数据模型有哪几种？
5. 关系模型有哪些数据约束？
6. 传统的集合运算和专门的关系运算有哪些？

第 8 章　计 算 思 维

20 世纪 90 年代后期，在高等院校普遍开设计算机基础、计算机文化基础等大学计算机课程之后，高等教育界在计算机课程改革的过程中，逐渐将课程改革的着力点放在目标的调整上，核心任务之一是培养学生的计算思维能力，提出高校开设的大学计算机类课程应以计算思维作为主线。那么，究竟什么是计算思维？计算机思维会给大学计算机教学带来什么样的好处？本章将给予解答。

本章主要介绍计算思维的基本概念和特征，学习使用计算思维进行问题求解的一般方法。本章的目的在于强调计算思维在学习、研究和工作中的重要作用，培养读者自觉、主动的计算思维能力。

本章主要内容如下：

1）科学与科学思维。

2）计算思维的概念。

3）计算思维与问题求解。

8.1　科学与科学思维

计算科学是采用数学建模、定量分析和计算机技术来解决科学问题的研究领域。理论科学、实验科学与计算科学并称为科学的三大支柱，而理论思维、实验思维和计算思维便是与之相对应的科学思维方式。计算思维在人类社会的经济、科技等领域发挥了重要的作用，是现代社会中每个人都应具备的思维方式。

8.1.1　科学与计算科学

1. 科学的概念

在现实生活中，"科学"被人们普遍而又简单、模糊地认为是"真实的""客观的"含义。"科学"一词最早源于拉丁语，不同的国家、不同的学者对"科学"有着不同的解释。

1）达尔文对"科学"的定义为：科学就是整理事实，从中发现规律并做出结论。

2）爱因斯坦认为：设法将人们杂乱无章的感觉经验加以整理，使之符合逻辑一致的思想系统，就叫科学。

3）美国《韦伯斯特新世界词典》对"科学"的定义为：科学是从确定研究对象的性质和规律这一目的出发，通过观察、调查和实验得到的系统知识。

4）中国《辞海》对"科学"的定义为：科学是运用范畴、定理和定律等思维形式反映现实世界各种现象的本质和运动规律的知识体系。

由此可见，对于"科学"的理解和认识，众说纷纭，见仁见智。不过，从各种对"科学"概念的表述中，还是可以找出一些基本的、共同的内涵——科学是反映现实世界中各种现象及其客观规律的知识体系。科学作为人类知识的最高形式，已成为人类社会普遍的文化理念。

2. 科学的分类

对科学的分类，也存在不同的观点。根据分类方式的不同，可以将科学划分为各种不同的类型，如表 8-1 所示。

表 8-1　科学的分类

分类方式	划分的类型
按照研究对象的不同	自然科学、社会科学、思维科学
按照人类目标的不同	广义科学、狭义科学
按照人类对自然规律利用的直接程度不同	自然科学、实验科学
按照与实践联系的不同	理论科学、技术科学、应用科学
按照研究手段和方法的不同	理论科学、实验科学、计算科学

目前，理论科学、实验科学和计算科学被广泛认为是推动人类文明进步和科技发展的重要途径，是获得科学发现的三大支柱。

理论科学是提出论题（如经济问题、技术问题）及其解决的办法和方向的设想；实验科学是组织好实际的物质条件，按照理论科学提出的论题进行反复实验，最终得到该理论是否成立的结论；计算科学则是在理论研究、实验进行的过程中用数学手段论证与修正，若理论成立且实验通过，计算科学还能将这些结论和过程转化成实际模型，进而转化为实际应用。理论科学、实验科学、计算科学三者之间的研究关系如图 8-1 所示。

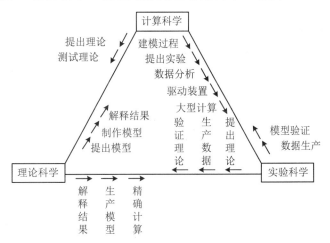

图 8-1　理论科学、实验科学与计算科学之间的关系

3. 计算科学与计算学科

从计算的角度来看，计算科学又称为科学计算，是一种运用数学建模、定量分析方法并使用计算机进行分析、解决科学问题的研究领域。

从计算机的角度来看，计算科学是应用高性能计算能力预测和了解客观世界物质运动或复杂现象演化规律的科学，包括数值模拟、工程仿真、高效计算机系统和应用软件等。

相应地，从计算的角度来看，利用计算科学对其他学科的问题进行计算机模拟或其他形式的计算而形成的学科（如计算化学、计算生物、计算物理等学科）统称为计算学科。

从计算机的角度来看，计算学科是对描述和变换信息的算法过程进行系统的研究，包括算法过程的理论、分析、设计、效率分析、实现和应用等。

计算学科的基本问题是"什么能被（有效地）自动执行"，并讨论可行性的有关内容，包括"什么是（实际）可计算的"，"什么是（实际）不可计算的"和"如何保证计算的自动性、有效性和正确性"。计算学科是在数学和电子科学基础上发展起来的一门新兴学科，它既是一门理论研究很深入的学科，又是一门实践性很强的学科。

8.1.2 思维与科学思维

1. 思维的概念

思维是人脑对客观事物的一种概括的、间接的反映，它反映了客观事物的本质和规律。人脑对信息的加工处理包括分析、抽象、综合、概括等。思维是人类的高级心理活动，是人类认识事物的高级形式；思维是人类和动物的根本区别之一，是人类的重要本质所在。

思维以感知为基础，又超越感知的界限。它探索与发现事物的内部本质联系和规律，是认识过程的高级阶段。思维对于知识具有本原作用。思维是人类获得知识的途径，是加工知识的"机器"。

2. 思维的特征

思维是一个复杂的多面体，它具有如下多重属性。

（1）概括性与间接性

概括性是思维最显著的特性。思维之所以能够揭示事物的本质和内在规律的关系，主要来自抽象和概括的过程。思维的概括性使人类的认知活动摆脱了对具体事物的依赖和直接感知的局限，拓宽了人类的认识范围，也加深了人类对事物的理解，使更迅速、更科学地认识世界成为可能。

思维的间接性就是思维凭借知识经验对客观事物进行的间接反映。首先，思维凭借着知识经验，能对没有直接作用于感觉器官的事物及其属性或联系加以反映。其次，思维凭借着知识经验，能对原本不能直接感知的事物及其属性进行反映。

（2）统一性和差异性

这里的统一性指的是思维的人类性和普遍性。简单地说，人类在思维能力上最基本的东西是一致的。但这并不是说人与人之间在思维上就没有差别，恰恰相反，作为个体的每个人在思维的深层次上常常会有很大的不同。所以说，思维存在着统一性，也存在着差异性。

（3）能动性

思维具有能动性。凭借知识和经验，人类不仅能认识和反映世界，而且还能超越感知提供的信息，揭露事物的本质和规律，预测事物的发展和变化趋势，从而对客观世界进行改造。

3. 思维的类型

1）按照抽象性来划分，思维可分为直观行动思维、具体形象思维和抽象逻辑思维。直观动作思维又称实践思维，是凭借直接感知，伴随实际动作进行的思维活动；具体形象思维是运用已有表象进行的思维活动；抽象逻辑思维则是以概念、判断、推理的形式达到对事物的本质特性和内在联系认识的思维。

2）按照思维的进程方向来划分，思维可分为横向思维、纵向思维、发散思维和收敛思维。横向思维的进程方向大多是围绕同一个问题从不同的角度进行分析，或是在对各个与之相关的事物进行分析时寻找答案；纵向思维就是从其他领域得到启示的思维方法，利用局外信息来发现解决问题的途径；发散思维又称求异思维、辐射思维，是从一个目标出发，沿着各种不同途径寻求各种答案的思维；收敛思维又称聚合思维、集中思维，是把问题所提供的各种信息集中起来得出一个正确的或最佳的答案。

3）按照思维的形成和应用领域来划分，思维可分为日常思维和科学思维。日常思维是指人们运用已获得的知识经验，按照常规的方式解决问题的思维；科学思维能将思维方法模式化，是具有方向性的思维。

4. 科学思维的定义

科学思维是指理性认识及其过程，即人脑对感性认识材料进行整理、归纳、加工处理，形成概念、分析、判断和推理，揭示事物的本质和内在规律的思维活动。

简而言之，科学思维就是人脑对科学信息的加工活动，是人们认识自然界、社会和人类意识的本质，以及客观规律性的高级思维活动。

科学思维比日常思维更具理性、客观性、严谨性、系统性与科学性。科学思维应具有理性思维、逻辑思维、系统思维和创造性思维的表现和特征。

（1）科学的理性思维

理性思维是一种有明确的思维方向，有充分的思维依据，能对事物或问题进行观察、比较、分析、综合、抽象与概括的一种思维。理性思维是一种建立在证据和逻辑推理基础上的思维方式。

（2）科学的逻辑思维

逻辑思维是以抽象的概念、判断和推理作为思维的基本形式，以分析、综合、比较、抽象、概括和具体化作为思维的基本过程，从而揭露事物的本质特征和规律。

（3）科学的系统思维

系统思维就是把认识对象作为系统，从系统和要素、要素和要素、系统和环境的相互联系、相互作用中，综合地考察认识对象的一种思维。系统思维能极大地简化人们对事物的认知，给人们带来对事物的整体感知。

（4）科学的创造性思维

创造性思维是一种运用主动性和开创性来探索未知事物的高级、复杂的思维。通过创造性思维，不仅可以提示客观事物的本质和规律，而且能在此基础上产生新颖的、独特的、有社会意义的思维成果，开拓人类知识的新领域。

5. 科学思维的分类

与理论科学、实验科学和计算科学三大科学相对应，科学思维分为理论思维、实验思维和计算思维。

（1）理论思维

理论思维是对事物的感性认识资料，经过抽象、概括，形成描述事物本质的概念，主要以推理和演绎的方式，探寻概念之间相互联系的一种思维活动。

理论源于数学，理论思维支撑着所有的学科领域。正如数学一样，定义是理论思维的灵魂，定理和证明是其精髓，公理化方法是最重要的理论思维方法。

（2）实验思维

实验思维是通过观察和实验的手段，揭示自然规律法则的一种思维活动。实验思维的特征是观察、整理、归纳、对比和验证。例如，星球运行规律与万有引力的发现、设备性能的物理测量、物质的分解与化合反应、生物的解剖等实验，就是认识事物本质和变化规律的有效手段及思维方法的体现。

与理论思维不同，实验思维往往需要借助某些特定的设备，通过它们来获取数据以便进行分析。

（3）计算思维

计算思维又称构造思维，是指从具体的算法设计规范入手，通过对算法的构造与实施，来解决问题的一种思维活动。

从本质上来说，理论思维、实验思维和计算思维三大思维活动都是人类科学思维方式中固有的部分。其中，理论思维强调推理，实验思维强调归纳，计算思维强调可自动求解。它们以不同的方式推动着科学的发展和人类文明的进步。

8.2　计算思维的概念

目前，计算思维的研究越来越受到人们的关注。计算思维不仅仅属于计算机科学家，它也应当是每个人的基本技能。每个人都应像拥有阅读、写作和算术等基本技能一样拥有计算思维技能，像计算机科学家那样思考，并能自觉地将计算思维应用于日常的学习、研究与工作中。

8.2.1　计算思维的定义

2006 年 3 月，美国卡内基·梅隆大学计算机科学系主任周以真（Jeannette M. Wing）教授在美国计算机权威期刊 *Communications of the ACM* 上对计算思维（computational thinking）进行了定义。

周以真教授认为，计算思维是运用计算机科学的思想与方法进行问题求解、系统设计，以及人类行为理解等涵盖计算机科学之广度的一系列思维活动。

1. 问题求解中的计算思维

利用计算思维求解问题的过程是，首先把实际的应用问题转换为数学问题；然后建立模型、设计算法和编程实现；最后在实际的计算机中运行并求解。其中，前两步是计算思维中的抽象，后两步是计算思维中的自动化。

2. 系统设计中的计算思维

R. Karp 教授认为任何自然系统和社会系统都可视为一个动态演化系统，演化伴随着物质、能量和信息的交换，这种交换可以映射为符号变换，因而能通过计算机进行离散的符号处理。当动态演化系统抽象为离散符号系统后，就可以采用形式化的规范进行描述，建立模型、设计算法和开发软件来揭示演化的规律，实时控制系统的演化并自动执行。

3. 人类行为理解中的计算思维

计算思维是基于可计算的手段，以定量化的方式进行的思维过程。利用计算手段来研究人类行为，可视为社会计算，即通过各种信息技术手段，设计、实施和评估人与环境之间的交互。使用计算思维的观点对当前社会计算中的一些关键问题进行分析与建模，尝试从计算思维的角度重新认识社会计算，找出新问题、新观点和新方法等。

8.2.2 计算思维的特征

计算思维具有以下特征。

1. 计算思维是人类的思维方式

计算思维是人类求解问题的一条途径，属于人的思维方式，而不属于计算机的思维方式，所以绝非要让人类像计算机那样进行思考。计算机之所以能够求解问题，是因为人类将计算思维赋予了计算机，计算机才能够执行如迭代、递归等复杂计算。像计算机科学家那样去思维，意味着不仅仅是只为计算机编程，还要求能够在抽象的多个层次上进行思维。

2. 计算思维是思想，不是人造品

计算思维不是硬件，而是将计算的概念应用于问题求解、日常生活的管理，以及与他人的交流和互动。

3. 计算思维是数学思维和工程思维的互补与融合

计算机科学在本质上源自数学思维，因为像所有的科学一样，它的形式化基础构建于数学之上。计算机科学又从本质上源自工程思维，因为我们建造的是能够与实际世界互动的系统，基本计算设备的限制迫使计算机科学家必须进行工程性的思考，而不仅仅只是数学性的思考。数学思维和工程思维的互补与融合很好地体现在计算思维的过程中。

4. 计算思维应面向所有人和领域

计算思维无处不在，当计算思维真正融入人类活动的整体时，它作为一个问题解决的有效手段，人人都应掌握，处处都会被使用。

8.2.3 计算思维的本质

计算思维的本质是抽象和自动化。计算思维的本质反映了计算的根本问题，即什么能被有效地执行，也就是说，哪些是可计算的，哪些是不可计算的。

1. 抽象

抽象是对事物进行人为处理，抽取关心的、共同的、本质的特征属性，并对这些事物和特征属性进行描述，从而大大降低系统元素的绝对数量。抽象可分为物理抽象、数学抽象和计算抽象。对自然现象或人工现象的计算抽象是将问题符号化，使其成为一个计算系统。

为了实现机器自动化，还需要对抽象问题进行精确描述和数学建模。

案例：哥尼斯堡七桥问题。

哥尼斯堡七桥问题是图论研究领域的热点问题。18 世纪初，在普鲁士的哥尼斯堡的一个公园里，有一条普莱格尔河穿过公园，河中有两个小岛，有七座桥把两个岛与河岸连接，如图 8-2 所示。有人提出一个问题：一个步行者从 A、B、C、D 这四块陆地中的任一块出发，如何才能不重复、不遗漏地一次走完七座桥，并最后回到出发点。

1736 年，瑞士数学家欧拉（Leonhard Euler）把它转化成一个几何问题，他的解决方法是把陆地抽象为一个点，用连接两个点的线段表示桥梁，将该问题抽象成点与线的连接图的问题，又把一个实际问题抽象成数学模型，如图 8-3 所示。这就是计算思维中的"抽象"。

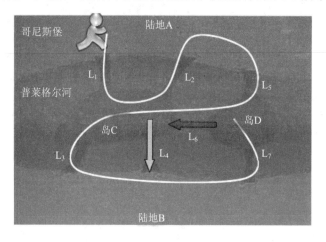

图 8-2 哥尼斯堡问题

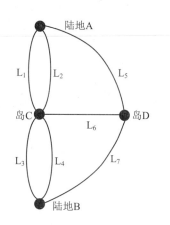

图 8-3 欧拉模型

2. 自动化

自动化就是对抽象的模型建立合适的算法，计算的过程就是执行算法的过程。

8.3 计算思维与问题求解

应用计算思维进行问题分析与求解可以归纳为以下几步。

1. 界定问题，寻找解决问题的条件

界定问题就是把问题理清，弄清楚问题到底是什么，什么是已知的，什么是未知的，并用适当的语言来描述。对同一问题应设计尽可能多的解决方案，再对这些解决方案进行对比，选出最合适的方案来解决问题。

寻找解决问题的条件，首先要缩小问题求解范围；然后可以尝试从最简单的特殊情况入手，再逐渐深入。

2. 若有连续性的问题，则进行离散化处理

图像、声音、时间、压力、自然现象、社会现象等是连续型信息，数字、字母、符号等是离散型信息。连续型信息只有被转化为离散型信息后（即数字化），才能被计算机处理。

3. 从问题抽象出适当的数学模型，然后针对这个数学模型设计算法

算法是问题求解过程的精确描述。在求解一个问题时，可能会有多种算法可供选择。应根据算法的正确性、可靠性、简单性、存储空间、执行速度等标准综合衡量，选择适合的算法。

4. 按照算法编写程序，并调试、测试、运行程序，得到最终解答

在设计程序时应考虑以下问题，按照功能划分程序模块、按照层次组织模块、逐步细化设计过程。

案例：警察抓小偷。警察抓获了 a、b、c、d 共四名盗窃嫌疑犯，其中只有一个人是小偷，审问记录如下。

a 说："我不是小偷。"

b 说："c 是小偷。"

c 说："小偷肯定是 d。"

d 说："c 在冤枉人。"

已知：四个人中有三个人说的是真话，一个人说的是假话。

问：到底谁是小偷？

（1）问题分析

1）依次假设每个人是小偷。

2）检验嫌犯的四句话，验证"四个人中有三个人说的是真话，一个人说的是假话"是否成立。

3）如果成立，则说明第 1）步的假设成立，即可确定谁是小偷。

（2）建立数学模型

1）将 a、b、c、d 四个人编号为 1、2、3、4。

2）用变量 x 存放小偷的编号（如 $x=1$ 表示 a 是小偷）。

a 说："我不是小偷。"表示为"a 说：$x \neq 1$"。

b 说："c 是小偷。"表示为"b 说：$x=3$"。

c 说："小偷肯定是 d。"表示为"c 说：$x=4$"。

d 说："c 在冤枉人。"表示为"d 说：$x \neq 4$"。

3）依次将 $x=1$，$x=2$，$x=3$，$x=4$ 代入问题系统的四句话，检验"四个人中有三个人说的是真话，一个人说的是假话"是否成立，即四个检验结果的逻辑值相加为

$$1+1+1+0=3$$

（3）编写程序

程序代码如下：

```
for x=1 to 4
  if  (x<>1)+(x=3)+(x=4)+(x<>4)=3
then
  print  x&"是小偷"
next x
```

从上述案例可以看出，计算思维是选择一种合适的方式陈述一个问题或对一个问题的相关方面建模，使其更易于处理的思维方式。

计算思维是建立在计算过程的能力和限制之上的，不管这些过程是由人还是由机器执行的。计算方法和模型可以帮助人们完成那些原本无法由个人独自完成的问题求解和系统设计。

计算思维代表着一种普遍的认识和一类普适的技能，每个人，不仅仅是计算机科学家，都应注重学习和运用计算思维。

思考题

1. 科学有哪些分类方法？
2. 什么是思维？思维有哪些特征？
3. 科学思维包括哪些内容？
4. 简述计算思维的概念。
5. 计算思维有哪些特征？
6. 计算思维的本质是什么？
7. 简述应用计算思维求解问题的一般步骤。
8. 举例说明你对计算思维的理解。

参 考 文 献

程传慧，2017．数据库原理与技术[M]．北京：中国水利水电出版社.

韩立刚，2017．计算机网络原理创新教程[M]．北京：中国水利水电出版社.

郝兴伟，2014．大学计算机：计算思维的视角[M]．北京：高等教育出版社.

李凤霞，陈宇峰，史树敏，2014．大学计算机[M]．北京：高等教育出版社.

李根强，刘浩，谢月娥，2017．数据结构（C 语言版）[M]．北京：中国水利水电出版社.

李丕贤，孙美乔，2014．大学计算机概论[M]．北京：科学出版社.

吕云翔，张璐，王佳玮，2017．云计算导论[M]．北京：清华大学出版社.

熊燕，杨宁，2019．大学计算机基础（Windows 10+Office 2016）[M]．北京：人民邮电出版社.

曾剑平，2017．互联网大数据处理技术与应用[M]．北京：清华大学出版社.

BROOKSHEER J. G，BRYLOW D，2017．计算机科学概论[M]．12 版．刘艺，吴英，毛倩倩译．北京：人民邮电出版社.

PARSONS J. J，OJA DAN，2013．计算机文化[M]．15 版．北京：机械工业出版社.